单片机原理及应用
——基于CC2530

（第二版）

刘 华 孟军英 李 莉◎主编

四川大学出版社
SICHUAN UNIVERSITY PRESS

图书在版编目（CIP）数据

单片机原理及应用 ：基于 CC2530 / 刘华，孟军英，李莉主编． — 2 版． — 成都 ：四川大学出版社，2023.1
ISBN 978-7-5690-5809-3

Ⅰ．①单… Ⅱ．①刘… ②孟… ③李… Ⅲ．①单片微型计算机－高等学校－教材 Ⅳ．① TP368.1

中国版本图书馆 CIP 数据核字（2022）第 228216 号

书　　名：单片机原理及应用——基于 CC2530（第二版）
Danpianji Yuanli ji Yingyong——Jiyu CC2530（Di-er Ban）
主　　编：刘　华　孟军英　李　莉

选题策划：唐　飞
责任编辑：王　锋
责任校对：刘柳序
装帧设计：墨创文化
责任印制：王　炜

出版发行：四川大学出版社有限责任公司
地址：成都市一环路南一段 24 号（610065）
电话：（028）85408311（发行部）、85400276（总编室）
电子邮箱：scupress@vip.163.com
网址：https://press.scu.edu.cn
印前制作：四川胜翔数码印务设计有限公司
印刷装订：四川盛图彩色印刷有限公司

成品尺寸：185mm×260mm
印　　张：14.75
字　　数：347 千字

版　　次：2020 年 9 月 第 1 版
2023 年 2 月 第 2 版
印　　次：2023 年 2 月 第 1 次印刷
定　　价：40.00 元

扫码查看数字版

四川大学出版社
微信公众号

内容简介

本书是专为应用型本科院校或职业技能类专业院校开设的“单片机原理及应用”课程所编写的教材。

全书共有 6 个章节，以 CC2530 芯片为对象，分别从认识单片机、单片机的 GPIO、单片机的外部中断、单片机的定时器/计数器、单片机的串行通信以及 ADC 等内容进行理论介绍和应用分析。

每章都有具体的实战项目帮助读者梳理全章的理论知识，手把手指导读者完成实战项目的分析、设计、代码编写及调试。在掌握实战项目后，读者可以通过“挑战”项目来验证自己的学习效果。每章结束后还配有一定数量的练习题。

本书可以作为计算机科学与技术及物联网工程技术专业的本科或专科教材，也可以作为单片机爱好者的入门参考用书。

内容简介

再版前言

本书第一版出版至今已有 3 个年头，在这 3 年之中我们作为书籍的编写者将本书实实在在应用到了单片机课程的教学工作中，并在授课过程中发现了一些问题和错误。与此同时，我们也收到了一些来自同行及读者的反馈，为本书的内容提出了许多宝贵的意见和建议。考虑到广大读者的需求，我们决定调整书籍中的部分内容，相较第一版更换了实战部分所选的硬件设备，更新了实战项目，增加了部分常用传感器的工作原理及应用场景，并在本书最后添加了 10 个比较有典型意义的单片机应用项目案例。

在本书第二版的写作过程中，相较第一版并未调整章节的顺序，但我们编者团队重新进行了人员调整和任务分配。其中第 1 章和第 2 章由孟军英执笔修订，第 3 章由李莉执笔修订，第 4 章和第 5 章由刘华执笔修订，第 6 章由刘华和李莉共同修订。本书的 10 个案例全部由刘华负责执笔编写，孟军英和李莉协助审阅。另外在案例内容的甄选和编写过程中，得到了中智讯（武汉）科技有限公司卢斯先生的大力协助，在此特表示感谢！

由于作者水平有限，书中不足之处在所难免，敬请广大读者和同仁批评指正。

书中所有实战案例源码、项目案例源码及课件，读者均可通过扫描下方二维码进行下载查看。

刘华　孟军英　李莉

2022 年 8 月 5 日于石家庄

目　录

第 1 章　认识单片机

放下手头的书本或者关上你面前的电脑屏幕，看看你周围，你能发现哪些可以被我们远程操控的设备？也许是客厅一角的空调，也许是“躲在”衣橱边上的扫地机器人，别忘了还有阳台上的全自动洗衣机以及厨房整理台上的微波炉……我们谁也不会认为这些设备是“计算机”，因为它们在我们的生活中扮演的角色太单一了，不像我们家里的个人电脑，既可以用来打游戏、看动画片，又可以用来处理电子邮件、视频聊天、网上购物……但其实上面那些“专用”设备都有一颗“计算心”——微控制器（国内大家都称之为单片机，下文中的单片机就是指微控制器）。虽然这些设备不像个人电脑那样“多才多艺”，但它们种类繁多，专用性强，而且就目前来说几乎充斥于我们生活中的每一个角落。

1.1　初步认识单片机

1.1.1　单片机是什么

单片机可以看成一个集成电路（IC）上的计算机。它包含处理器内核、RAM、ROM 以及专门用来执行各种输入输出操作的管脚（PIN）。当一个 IC 上集成了运算、存储、控制、输入和输出所需要的所有组件后，这个 IC 不需要再外接其他的扩展电路就可以完成一些基本的控制功能，例如微波炉上的定时功能。因此，单片机大量地应用在嵌入式系统中，被称为嵌入式系统的核心。

1.1.2　集成电路发展历史

集成电路对应的英文缩写是 IC，全称是 Integrated Circuit，顾名思义，就是把一定数量的常用电子元件，如电阻、电容、晶体管等，以及这些元件之间的连线，通过半导体工艺集成在一起的具有特定功能的电路。那么集成电路是在什么时候，又是因为什么诞生在这个世界上的呢？

1.1.2.1　庞大的 ENICA

图 1－1 是一张非常著名的照片，它展示的是世界上第一台电子计算 ENICA。ENICA 于 1946 年在美国诞生，占地 150 平方米，重达 30 吨，内部的电路使用了 17468

只电子管、7200 只电阻、10000 只电容、50 万条线，整体耗电量达每小时 150 千瓦。ENICA 之所以这么庞大，跟它内部拥有数量众多的电子管不无关系，而体积相对电子管小很多，并且性能稳定，耗电量也少的晶体管在当时还没有被科学家发现并制造出来。

图 1-1　世界上第一台电子计算机 ENICA

1.1.2.2　晶体管的诞生

1947 年 12 月，美国贝尔实验室的肖克莱、巴丁和布拉顿组成的研究小组（图 1-2），研制出一种点接触型的锗晶体管（图 1-3）。于是，大名鼎鼎、影响人类文明进程的晶体管就此诞生。在晶体管发明之前，实现电流放大功能只能依靠体积大、耗电量大、结构脆弱的电子管。而晶体管不仅具有电子管的主要功能，而且它的体积比电子管小得多，结构也比电子管稳定，因此在晶体管发明后，很快就出现了基于半导体的集成电路的构想。

图 1-2　肖克莱（左）、巴丁（中）、布拉顿（右）

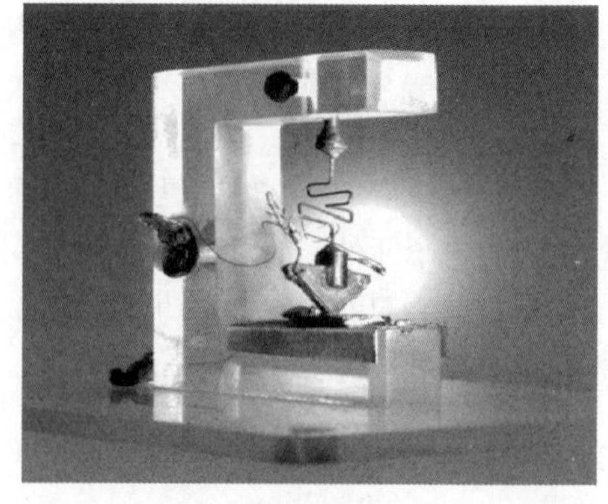

图 1-3　美国贝尔实验室于 1947 年研制出的点接触型锗晶体管照片

1.1.2.3　集成电路思想的首次提出

据有关资料记载，首先提出集成电路思想的是英国科学家达默，他在1952年5月的一次会议中提到：可以把电子线路中的分立元器件，集中制作在一块半导体晶片上，一小块晶片就是一个完整电路，这样一来，电子线路的体积就可大大缩小，可靠性大幅提高。

1.1.2.4　世界上第一块集成电路的诞生

虽然集成电路的思想是由英国人在1952年提出的，但世界上第一块集成电路却是由以美国德州仪器公司（Texas Instruments，TI）的科学家杰克·基尔比（图1-4）为首的研究小组于1958年研制成功的。

图1-4　杰克·基尔比

基尔比的芯片改变了历史的进程，正如晶体管发明人巴丁说的，芯片是轮子之后人类最重要的发明。《硅谷简史》中记录了德州仪器公司前董事会主席汤姆·恩吉布斯所说的一句话："我认为，这些人的工作改变了世界和人类的生活方式，他们是亨利·福特、托马斯·爱迪生、莱特兄弟和杰克·基尔比。杰克发明的集成电路，不但革新了电子工业，还改变了人们的生活。"2000年，杰克·基尔比因为发明了集成电路而被授予诺贝尔物理学奖。

1.1.3　单片机发展史简述

1.1.3.1　20世纪70年代，微处理器先于单片机展示于世人

在集成电路技术不断发展的过程中，首先展示于世人的是微处理器。微处理器内部

并没有集成存储器，这种芯片必须通过外围电路与存储器进行数据交互。最早规模化商用的是 TI 公司的 TMS 1000 系列（图 1－5）和 Intel 公司的 Intel 4004 系列的微处理器，这两款微处理器均诞生于 20 世纪 70 年代初，都是 4 位的微处理器。随后，在 1976 年 Intel 公司推出了 MCS－48 系列微处理器，这款微处理器是 8 位的，由于它的体积小、功能全、价格低而赢得了广泛的应用，为单片机的发展奠定了基础，被称为单片机发展史上重要的里程碑。

图 1－5　TI 公司的 TMS 1000NLP 微处理器外观

1.1.3.2　20 世纪 80 年代，单片机蓬勃发展的年代

到了 20 世纪 80 年代，世界各大公司均竞相研制出品种多、功能强的单片机，约有几十个系列，300 多个品种，此时的单片机实现了真正的单片化，大多集成了 CPU、RAM、ROM、数目繁多的 I/O 接口、多种中断系统，甚至还有一些带 A/D 转换器的单片机，功能越来越强大，RAM 和 ROM 的容量也越来越大，寻址空间甚至可达 64KB。可以说，这个时期的单片机发展到了一个全新阶段，应用领域更广泛，许多家用电器均走向利用单片机控制的智能化发展道路。虽然在同一时期 Intel 公司 16 位单片机也问世了，但至今应用最广泛的还是 8 位单片机（图 1－6）。

图 1－6　Intel MCS－51 系列 8 位单片机芯片 P8051AH 外观

1.1.3.3　现在是 SoC 的时代

SoC，全称 System on Chip，直译为片上系统，也称为系统级芯片，是专用单片机寻求应用系统在芯片上的最大化解决方案的统称（图 1－7）。目前在物联网开发领域使用最为广泛。

图1－7　TI公司低功耗芯片CC2530外观

1.1.4　单片机与微处理器比较

微处理器是一块只有CPU的集成电路板。微处理器作为通用型计算机的核心部件，主要应用在软件编程及游戏制作这类运算复杂度高、内存容量需求大且可任由用户挂接不同外设的工作场景中（硬盘、显示器、可以接入USB接口的设备、无线网卡等相对于微处理器来说都属于外设）。比较常见的著名的微处理器有Pentium、Intel Core i3、Intel Core i7，等等。图1－8所示的就是由Intel公司生产的Core i7系列（国内也称之为“酷睿i7”系列）的CPU芯片外观。

图1－8　Intel Core i7 CPU芯片外观

1.1.4.1　外设

微处理器和单片机之间最关键的不同之处在于外设。单片机把RAM、ROM，EEPROM嵌入其中，而微处理器需要额外的电路来支持外设。如果你拆过台式电脑的主机箱，那么你应该见过主板上除了CPU的插槽外，还有很多形状的插槽设计，这些插槽要么用来插以太网卡，要么用来插显卡，还有的用来挂接硬盘……这些插槽就是额外的电路。

1.1.4.2　价格

单片机因为内部集成的晶体管比微处理器少很多，生产工艺相对简单，因此比微处理器便宜很多。

1.1.4.3 工作主频

单片机的工作主频一般在 8MHz 至 50MHz 之间，而微处理器的工作主频一般都要超过 1GHz，因此微处理器的运算速度比单片机要快得多。

1.1.4.4 功耗

单片机在运行过程中可以根据实际需要而进入省电模式。很多嵌入式设备的工作环境因为客观原因的限制，需要使用电池为这些设备供电，为了保证电池的续航能力，省电模式是必不可少的。而对于微处理器来说，它们工作的环境不但有充足的电源供应，而且有的环境还配备了稳压电源以及 UPS 来应对电源供应方面任何故障的发生，因此许多使用电源供电的微处理器设备不需要考虑省电的问题（使用电池的笔记本电脑除外）。

1.1.5 单片机的特点和用途

虽然单片机的处理速度不如微处理器快，也不能做很复杂的运算，但有时候实际应用的需求就是那么简单。例如十字路口的交通信号灯控制系统，红、黄、绿三种颜色的灯按照一定的顺序和时间间隔来进行亮灭的切换，而且重复执行。这样的应用需求就很简单，只需要定时器和一些简单的逻辑代码控制就能实现。如果对于这样的应用场合，非要在每个十字路口都配备一台装载有高性能微处理器的通用型计算机的话，是不是有种杀鸡用宰牛刀的感觉?

或者有读者会想到“数字电路”中介绍的一些门电路的知识点，如果把这些门电路按照交通信号灯的应用需求做一个电路设计也不是很困难，好像根本找不到单片机在这里存在的必要。但假如你需要修改现在的交通信号灯控制系统中红灯亮的时长，除非重新设计你的电路系统（增加或者调换某些门电路），否则无法实现修改的需求。这对于一个已经焊接在电路板上的控制系统来说几乎是毁灭性的改造。而如果是用单片机来控制交通信号灯的话，只需要修改一下之前编辑的软件代码（由 C 语言编写），然后重新编译链接生成可执行的二进制文件，再利用单片机提供的 JTAG 调试接口把这个二进制文件装载到单片机内部，就可以轻松实现修改红灯时长的需求了。

以上只是介绍了单片机应用的其中一个小案例，其实正是因为单片机具有集成度高、体积小、功耗低、控制性强、易扩展以及环境适应能力强等优点，使得单片机得到了最广泛的应用。

（1）在智能仪器仪表方面：单片机结合不同类型的传感器，可以提高仪器仪表对诸如电压、电流、功率、频率、温湿度、流量、速度、压力等物理量的测量精度和自动化程度（图 1−9）。

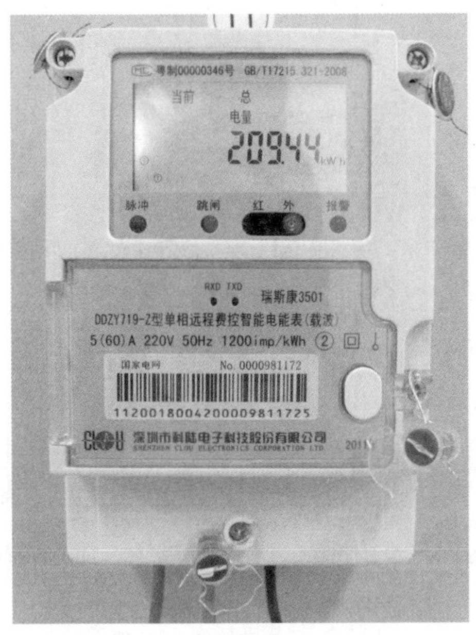

图 1－9　一款远程费控智能电表

（2）在工业控制领域方面：单片机作为很多工业设备的控制器，能充分发挥它体积小、可靠性高、控制性强等优势，大大提升许多工业设备的自动化和智能化程度。数控机床就是单片机在工控领域内应用的一个重要体现（图 1－10）。

图 1－10　数控机床

（3）在民用及医疗领域方面：现在几乎所有家用微波炉、电饭煲、全自动洗衣机、空调、冰箱、电视机以及医院中普遍使用的呼吸机、监护仪（图 1－11）、病床呼叫器，还有许多检测设备等都内含单片机来对其功能进行控制。例如微波炉的定时装置、全自动洗衣机的洗衣模式控制、空气净化器的工作模式控制等都需要单片机来实现。

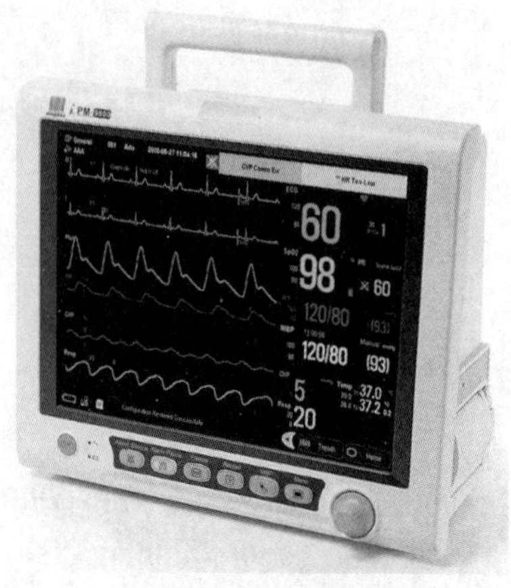

图 1-11　监护仪

（4）在汽车电子方面：汽车中的发动机控制系统、制动系统、胎压监测、ABS 防抱死系统、车载音响系统等都是由单片机实时控制的。

（5）单片机还广泛应用在国防、军工、航空航天等领域。

可以说，几乎很难找到哪个领域是没有单片机的踪迹的。

1.1.6　MCS-51 单片机、8051 单片机、51 单片机

在学习单片机的过程中，有几个专有名称容易引起混淆，这里先做一下解释。

MCS-51 单片机：是指美国 Intel 公司生产的内核兼容的一系列单片机的总称。MCS-51 也代表这一系列单片机的内核。这些内核的硬件结构和指令系统一致，包括 8031、8051、8751、8032、8052、8752 等基本型。

8051 单片机：是 MCS-51 系列单片机中的一个基本型，是 MCS-51 系列中最早期、最典型、应用最广泛的产品，因此 8051 单片机也就成了 MCS-51 系列单片机的典型代表。

51 单片机：是对目前所有兼容 MCS-51 指令系统的单片机的统称，包括 Intel MCS-51 系列单片机，以及其他厂商生产的兼容 MCS-51 内核的增强型 8051 单片机。只要和 MCS-51 内核兼容的单片机都可以叫作 51 单片机。

1.2　MCS-51 单片机工作原理初识

图 1-12 是 MCS-51 单片机的功能模块框图，图中包含的部件都用矩形框来表示，这幅图就是一个基本的 MCS-51 单片机内核的内部构造。图中 CPU 与其他矩形表示的部件通过系统总线进行数据交互。之所以把系统总线画成一组箭头的样子，是因为在总线中不只有一根线。如果 CPU 是 8 位的，那么系统总线至少有 8 根。因此为了与单根线做区分，系统总线往往画成图 1-12 中的一组的样子。

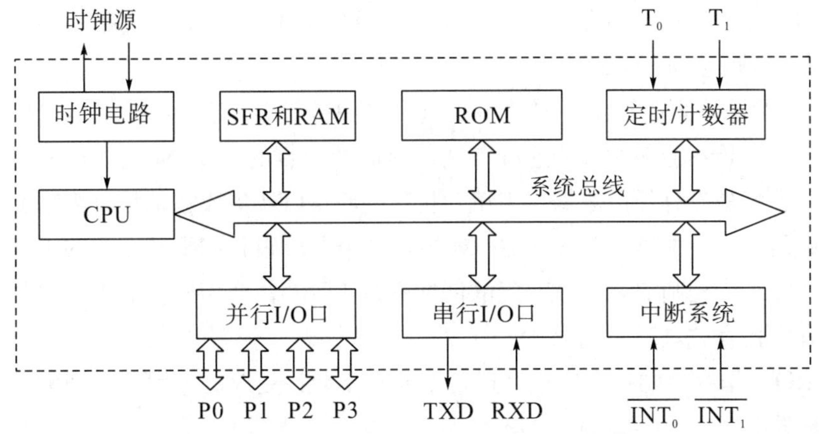

图 1-12　MCS-51 单片机的功能模块框图

如果一个单片机中只包含 CPU、时钟电路、SRF、RAM、ROM 以及并行 I/O 口，就可以构成一个最小的单片机系统。

1.2.1　CPU

CPU 全称是 Center Process Unit，负责所有指令的运行。CPU 内部包含运算器和控制器两大组成部分。

我们可以把数学运算、逻辑运算、外设控制等指令输送到 CPU 内部，让它内部的运算部件完成运算处理。

控制器负责从存储器读取指令，将指令译码成机器语言送到运算器去运行，还要负责暂存运算过程中的中间结果等。

通常所说的单片机的内核，就是指单片机内部的 CPU。关于 CPU 的内部结构以及内部的工作方式我们不做过多的介绍，这里仅需要知道 CPU 是负责指令运行的就可以了。

1.2.2　时钟源及时钟电路

一般情况下，时钟源是石英晶体振荡发生器。石英，是一种在自然界中普遍存在的矿物质，这种矿物质在通电的情况下，可以产生有规律的振荡，人们利用石英的这种特性把它引入电子产品中充当时钟源，在单片机开发领域，我们称其为晶振。

晶振与时钟电路结合后就可以为 CPU 提供工作节奏了，这个工作节奏也叫作 CPU 的工作主频。

1.2.3　ROM

ROM 全称是 Read Only Memory，即只读存储器，是一种具有掉电后数据不会丢失的存储部件，往往存放十分重要的系统指令。单片机每次开机后，CPU 都会首先从 ROM 中把要运行的指令一条一条地读取出来，然后在它自己内部运行这些指令。这些十分重要的系统指令数量不会太多，因此一般容量都不会太大，常用的 8 位 MCS－51 单片机中 ROM 的容量是 4KB。

ROM 虽然是只读存储器，但并不是真的“只能读，不能写”。而是如果不利用一些特殊的方法，是不能随意改变这种存储器里面的内容的。ROM 在出厂的时候里面一般是空的，也就是没有任何数据。当单片机厂商将 ROM 集成在单片机内部时，会将单片机通电后需要运行的指令存放在 ROM 中，这个存放跟我们平常在电脑上保存文件的操作可不一样。工程师需要通过专门的调试端口 JTAG，使用专业的工具软件，把计算机上编写好的指令“烧写”到 ROM 中。

由于 ROM 里存放的指令在程序运行期间是不允许更改的，因此也把它称为单片机的程序存储器。

1.2.4 RAM 和 SFR

RAM，全称是 Random Access Memory，直译为随机读写存储器。

SFR，全称是 Special Function Register，直译为特殊功能寄存器。

RAM 和 SFR 在整体上是一个存储部件，只不过在 RAM 中单独分配一块空间用作 SFR，而其余的空间就可以用来在程序运行过程中存放所处理的数据。一般 RAM 的容量会比 ROM 大一些，大概在 64KB 以上。

1.2.4.1 存储单元

存储器中的数据是以 8 个二进制位为单位进行存放的，8 个二进制位也叫作一个存储单元，或一个字节，单位为“B”，8bit=1B。

1.2.4.2 存储单元的地址

在存储器中，每一个字节都有一个唯一的地址，CPU 通过这些地址来唯一定位具体的存储单元。对这些存储单元的地址编码是按照二进制的方式来编排的。

我们举个例子：假设某个单片机内部的存储器一共有 4 个存储单元，也就是 4 个字节，那么这 4 个字节的地址分别是二进制的“00 01 10 11”；如果存储器有 8 个存储单元，那么这 8 个存储单元的地址就是“000 001 010 011 100 101 110 111”；如果存储器有 16 个存储单元，相信看出规律的读者已经知道该如何对这 16 个单元进行地址编排了。

4 等于 2 的 2 次方，所以 4 个存储单元需要 2 个二进制位进行编码。8 是 2 的 3 次方，所以 8 个存储单元需要 3 个二进制位进行编码。以此类推，假设单片机内部的存储器一共有 2 的 N 次方个存储单元，那么就需要 N 个二进制位来对这些存储单元进行编码。

这个 N 如果小于或等于 4，我们书写起来还算方便，如果这个 N 大于 4，那我们在书写这些存储单元的地址时就显得十分麻烦，而且还容易出错。因此，我们在书写存储单元的地址时，往往使用的是十六进制数，1 位十六进制数相当于 4 位二进制数，这样不仅缩短了书写的位数，也能防止出现错误。

小练习： 假如某个单片机内部存储器的存储容量为 4KB，请写出存储器单元的地址范围。

分析： $4KB=2^2\times2^{10}B=2^{12}B$

4KB 容量需要 12 个二进制位来表示地址，地址范围就是 12 个 0 一直到 12 个 1，如果选择用十六进制来描述，那么 4 个二进制位可以用 1 个十六进制数来表示。

十六进制在书写时需要加上前缀或后缀，用来跟其他进制的数据进行区分。加前缀的方法是在十六进制数前加上‘0x’，例如 0xA028；加后缀的方法是在十六进制数后面加上‘H’，例如 A028H。这两种写法都可以，本书使用前缀方法来书写。

解答： 用十六进制表示的地址范围是 0x000～0xFFF。

1.2.4.3　存储单元的逻辑结构表示

现在，我们来看一下存储器里存放的内容，这里用如图 1－13 所示的一个表格片段来表示存储器中的存储单元的逻辑结构。

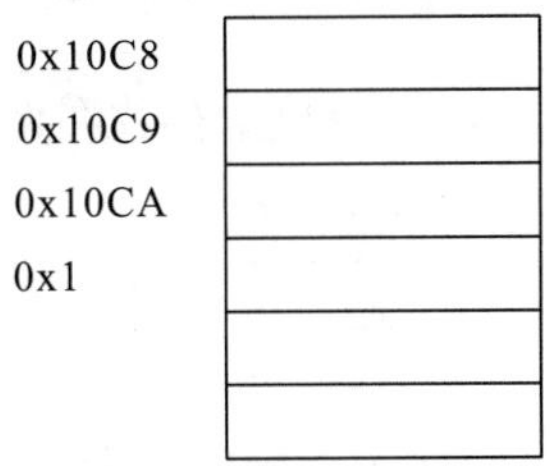

图 1－13　存储单元逻辑结构示意图

图 1－13 中左侧一列描述的是存储单元的地址，这个地址的排列顺序是，低地址在上，高地址在下。图 1－13 中间的一列表格描述的是一段连续的存储空间，其中每一个单元格代表一个存储单元，在存储单元中存放的是具体的数据内容。

1.2.4.4　存储单元中的数据与数据类型的对应关系

在 C 语言或者其他高级语言程序设计的有关书籍中，都会介绍数据类型的概念，最常见的数据类型有字符型、整型、浮点型等。图 1－13 用表格结构为我们形象地展示了数据在存储单元中的存放方式，而 CPU 怎么“看待”这些数据决定了这些数据是什么类型。

（1）一个存储单元用来表示一个独立的数据。

以图 1－13 所示的存储单元及数据内容为例，如果 CPU 把每个存储单元中的数据都当作独立的数据来看待，也就是说，每个存储单元中的数据表示一个具体的数值的话，这种情况下的数据就对应了字符型数据。提到字符型数据，不得不说 ASCII 编码。ASCII 一共有 128 个，使用 7 位二进制数来编码，在一个存储单元中就可以存放下一个字符的 ASCII 编码，如果你仔细观察这些表格中的数据内容，你会发现如果把它们转换成 8 位二进制数据后，这些数据的最高位都是 0。虽然 128 个 ASCII 编码用 7 位二进制数就可以编码，但是每个存储单元中必须存放 8 个二进制数，因此当我们在存储单元中存放 ASCII 编码值的时候，会把 7 位编码前增加一位 0 变为 8 位数据来存储。

（2）两个连续的存储单元用来表示一个独立的数据。

如果 CPU 把连续的两个存储单元的数据所表示的数据当作一个独立的数据来看待，也就是把两个连续存储单元的数据组合成一个 16 位的数据时，就是短整型数据（short int，这里以大多数编译器中的数据类型为例来介绍）。

既然是将连续的两个存储单元的内容组合起来当成一个独立的数据来处理，那么必然有谁在前、谁在后的问题要统一。这里需要引入“大端格式”和“小端格式”的概念。

大端格式：高位数据存放在低地址，低位数据存放在高地址（图 1－14）。

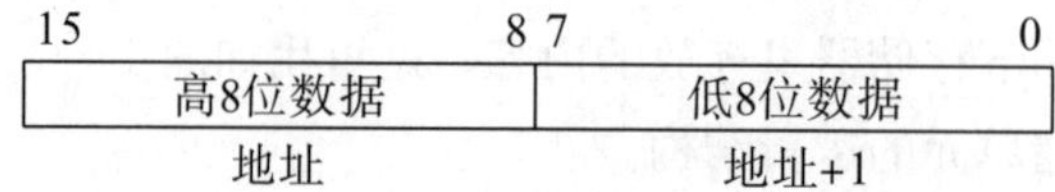

图 1－14　16 位数据大端格式示意图

小端格式：高位数据存放在高地址，低位数据存放在低地址（图 1－15）。

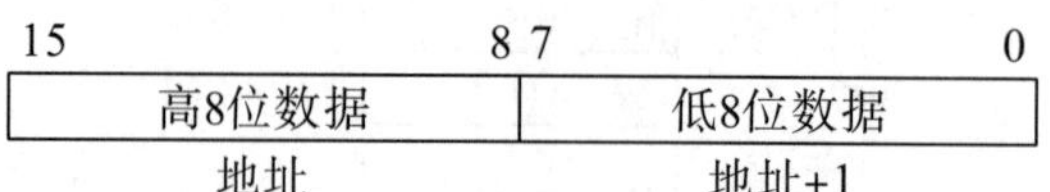

图 1－15　16 位数据小端格式示意图

小练习：以图 1－13 为例，假如同时选择了存储器地址为 0x10C8 和 0x10C9 两个字节的内容，那么采用大端格式和小端格式表示的数值分别是多少？

分析：根据图 1－14 所示，在“高 8 位数据”处填入地址为“0x10C8”的内容，也就是 0x48，在“低 8 位数据”处填入地址为“0x10C9”的内容，也就是 0x65，因此大端格式时数据值为 0x4865。

根据图 1－15 所示，在“高 8 位数据”处填入地址为“0x10C9”的内容，也就是 0x65，在“低 8 位数据”处填入地址为“0x10C8”的内容，也就是 0x48，因此小端格式时数据值为 0x6548。

解答：大端格式的值为 0x4865，小端格式的值为 0x6548。

1.2.4.5　存储单元地址与变量名之间的关系

上面的小练习我们直接用到了存储单元的地址，这个也叫作存储单元的“物理地址”。但实际上以 C 语言进行程序开发时，我们编写的代码中并不会直接使用这样的

“物理地址”。因为物理地址比较难记，不能明确表达出数据内容的意义；另外，不同的单片机系统中 ROM 及 RAM 的地址分配也是不一样的，直接使用存储器的物理地址会导致程序代码不兼容。因此在编写程序代码时，会用到变量，变量在使用前必须先进行定义。这就是为什么我们在写 C 语言代码时，如果要用到一个字符型变量“ch”，会在使用它之前先书写出下面的代码：

```
char ch;
```

我们所编写的 C 语言代码并不会直接被 CPU 读懂，代码在被 CPU 读懂以及执行前都必须先通过编译器进行编译，然后进行必要的链接，最后生成可执行的二进制代码。编译器在编译刚才我们所写的“char ch;”这句代码时，会根据当前单片机的存储器分配机制，在可以进行操作的存储器地址中挑选出一个合适的地址，然后把这个地址跟字符型变量名 ch 对应起来，也可以把这里定义的 ch 理解为那个物理地址的“昵称”。作为程序开发人员，我们没有必要去纠结这个地址是怎么挑选出来的，而只需要将注意力集中在如何使用这个 ch 变量进行运算。

如果我们在 C 语言代码中定义了一个短整型的变量 i，也就是写了以下代码：

```
int i;
```

当编译器对这句代码进行编译时，会在可以分配的存储器地址中挑选一个合适的地址 A，并且紧挨着这个地址 A 的下一个地址 A+1 也是可以被使用的，这样的操作可以理解为编译器为这个整型变量 i 寻找了“一块”由物理地址 A 和 A+1 所表示的连续的两个字节所组成的存储空间，然后将物理地址 A 与变量名 i 对应起来。当代码中涉及对 i 进行读或写操作时，编译器会把它们转换成“从变量名 i 所对应的物理地址开始，连续读两个字节的内容”以及“将数据写入由变量名 i 所对应的物理地址开始的连续两个字节中”的操作来执行。

1.2.4.6　存储单元地址与指针之间的关系

如果上面的内容理解起来完全没有问题，那么我们接下来进一步理解指针这种特殊的数据类型。指针是存储单元地址的一种形象的描述，当某个存储单元或者某段连续的存储单元内所存放的数据是另一个存储单元的地址的时候，就称其为指针类型的数据。

因为指针型数据存放的是存储单元的地址，而一个单片机系统中一旦存储空间的大小确定了，那么用来表示存储单元地址的二进制数据的位数也就固定了。所以，不论这个指针是字符型指针还是整型指针，抑或是函数指针，它的数据长度都是固定的。

图 1-16 中用表格片段的形式来描述存储器的逻辑结构，存储器单元的地址排列依然是低地址在上，高地址在下。

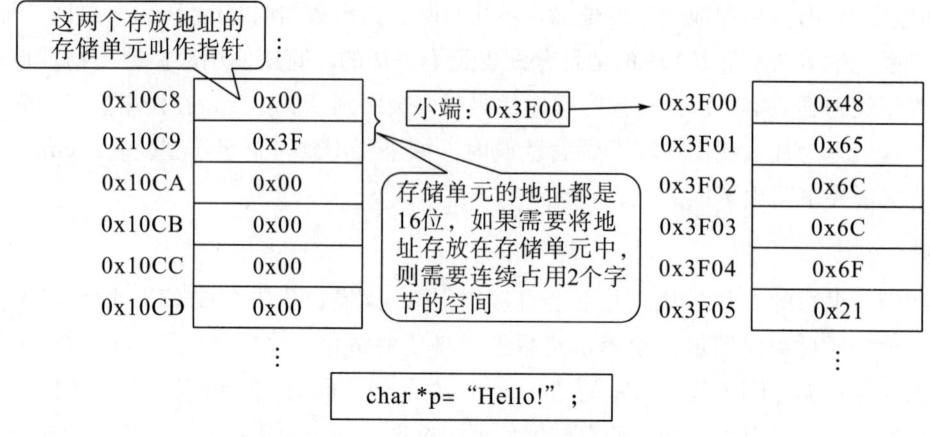

图 1－16　指针存储结构示意图

请注意图 1－16 中左侧存储单元逻辑结构片段中最上面这两个字节的内容，我们以小端格式来理解这连续的两个字节的值时，得到的数据是 0x3F00，如果这个数据恰好是另一个存储单元的物理地址，那么我们顺着箭头看向右边的存储单元逻辑结构片段，会发现物理地址为 0x3F00 的存储单元中存放的值是 0x48。

这里大家需要留意一点，存储单元的地址都是 16 位的，如果需要将地址存放在存储单元中，则需要占用连续的两个字节。图 1－16 中所描述的是通过一组存储单元中的内容找到另一些存储单元内容的过程，这是在单片机内部完成的。实际在开发中，程序员是不会这样写代码的。这是因为：

（1）物理地址不仅难记，而且会导致不兼容的情况。

（2）在程序开发中，程序员一般使用的是高级语言，我们在前面介绍过，这些高级语言中可以通过设置变量来完成对存储单元的操作。

其实图 1－16 下面的那句 C 语言代码表示的意思是“定义了一个字符型指针 p，并为其赋值为字符串 Hello!”，而图 1－16 所描述的正是编译并执行这句代码时所完成的操作。

1.2.5　并行 I/O

前面介绍的 CPU、时钟电路、存储器这几个部分统称为单片机的主机系统，也就是说，如果我们把要执行的代码装载到 ROM 中，给整个主机一通电，CPU 作为单片机的内核，在时钟电路输出的频率控制之下，就会有节奏地将 ROM 中存放的程序代码通过总线系统读入它的内部进行处理。在代码执行过程中，还有可能需要利用总线系统从 RAM 中获取操作数，或者将运算后的结果保存在 RAM 中。CPU 每执行完一条指令，就自动利用总线从 ROM 中获取下一条指令来执行，只要不断电，整个主机系统就会一直运转下去。

虽然 CPU 在时钟电路的控制下能够有节奏地执行 ROM 中的代码，但是我们人类却无法得知 CPU 到底运行到哪了，运行得好不好，是不是已经死机了。

为了让人类可以跟这个“自娱自乐”的单片机主机系统进行交互，我们需要给它增加一个并行的 I/O 接口。I/O 是 Input 和 Output 这两个单词的首字母缩写，表示输入和输出。

把这个并行接口挂载到单片机的总线系统中，就构成了单片机系统的最小计算系统。

当我们在并行 I/O 接口的另一边连接上发光二极管、蜂鸣器及按键等外部元件时，通过编写程序让 CPU 来控制这些元件的工作，我们就能初步跟这个单片机的主机系统打交道了。在本书的第 2 章中，会详细讲解这个并行 I/O 口是如何工作的，以及如何通过编写 C 语言代码让连接在并行 I/O 口上的发光二极管亮起来。

1.2.6　典型单片机系统

单片机如果只有一个最小的计算系统是远远不够的，典型的单片机还会有定时计数器、串行接口及中断系统，都挂接在总线上。本书的第 3 章将会详细介绍中断控制系统，第 4 章详细讲解定时计数器的作用，第 5 章讲解如何利用单片机的串行接口与计算机之间进行通信。

1.3　初识 CC2530

1.3.1　为什么选择 CC2530

选中 CC2530 这款芯片的原因有如下两点：

其一，CC2530 的内核是增强型 8051 内核，不仅完全兼容 MCS－51 内核，而且拥有十分丰富的片上资源，运行速度较快，允许对片上闪存进行编程，提供了访问存储器和寄存器内容的功能以及调试功能。通过学习本书中介绍的 CC2530 内核部件的工作原理，可以在其他单片机芯片学习中顺利地进行知识迁移，事半功倍。而且，在对 CC2530 片上闪存进行编程时使用的一款功能强大的 IDE，即 IAR 的界面友好、工具丰富，对单片机初学者来说很容易上手。

其二，CC2530 是用于 2.4GHz IEEE 802.15.4 / RF4CE /ZigBee 的一个真正的 SoC 解决方案。学习单片机不仅仅是为了知道它的内部结构和工作原理，更多的是为了将单片机应用到具体的场合中完成任务。目前比较火热的一个应用领域是物联网。物联网这个概念最早是由 IBM 公司提出来的，其愿景是实现地球上所有的事物之间都能互联互通。CC2530 可以为构建基于 ZigBee 的物联网提供片上系统解决方案，而 ZigBee 也是在物联网应用领域中使用比较广泛的一种通信协议。读者在学习完本书介绍的内容之后可以无缝衔接到基于 CC2530 的物联网应用开发的相关书籍中。

1.3.2　CC2530 内部功能模块框图

图 1－17 来自 TI 官网提供的 CC253x *User's Guide*（2014 修订版）的“Figure 1－

1. CC253x Block Diagram”，表示 CC2530、CC2531 和 CC2533 这三款芯片的内核模块功能框图都可以参照此图。本书将会重点介绍的“I/O Controller”对应第 2 章的 GPIO，“IRQ CTRL”对应第 3 章的中断，“CLOCK”和“TIMER”对应第 4 章的时钟与定时器，“USART1”对应第 5 章的串口，“12Bit ΔΣ ADC”对应第 6 章的 ADC。

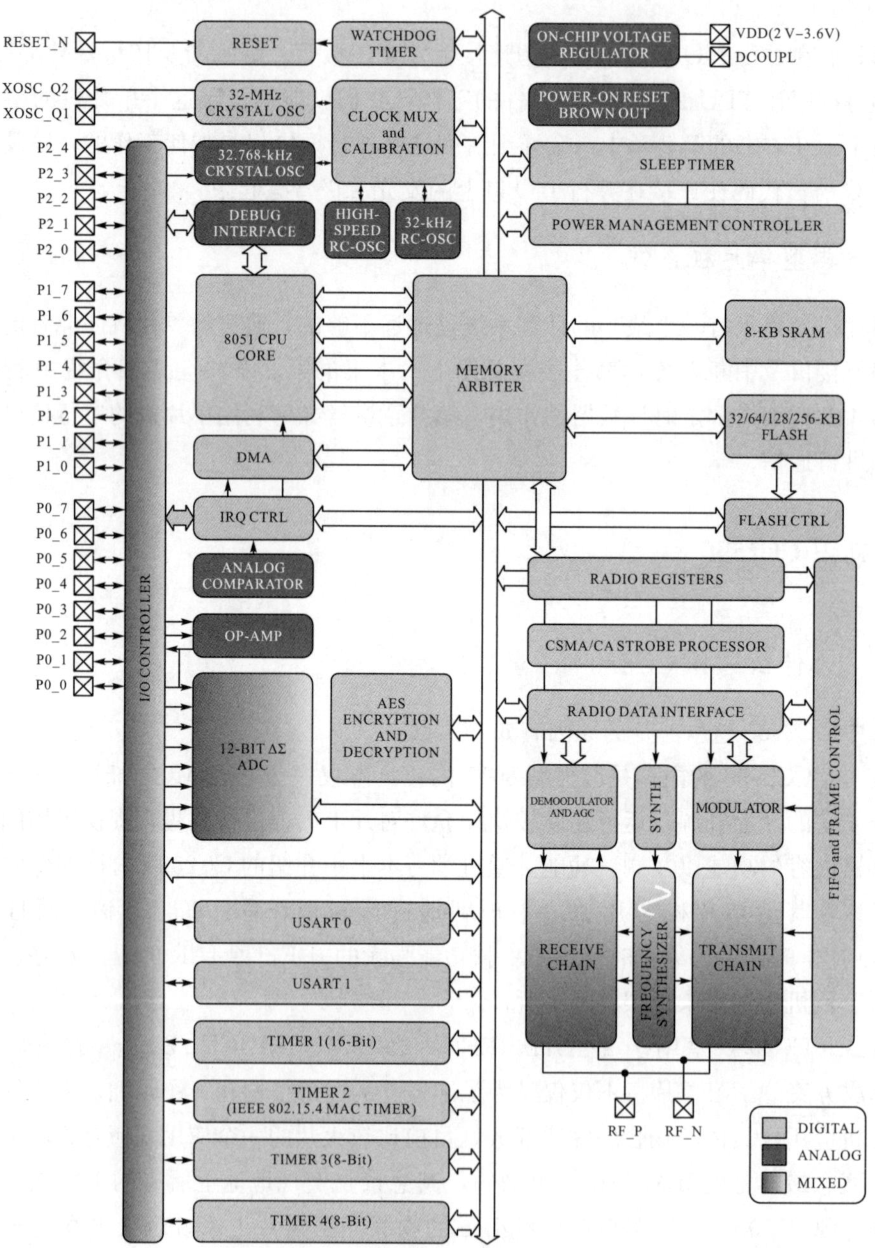

图 1－17　CC253x 内核模块功能框图

1.4　CC2530开发环境介绍

不管学习哪款型号的单片机应用开发，都需要有硬件平台和软件平台来支撑。

1.4.1　CC2530实验环境

图1－18（a）所展示的是CC2530实验底板。

图1－18（a）　CC2530**实验底板**

CC2530实验底板采用ZXBeeLiteB经典型无线节点设计，其中无线模组为MCU主控，板载信号指示灯有电源、电池、网络、数据四类，两路功能按键，板载集成锂电池接口，并集成电源管理芯片，支持电池的充电管理和电量测量；板载USB串口，Ti JTAG仿真器接口，ARM JTAG仿真器接口；集成两路RJ45工业接口，提供主芯片P0_0～P0_7输出，硬件包含I/O、ADC3.3V，ADC5V、UART、RS485、两路继电器等功能，提供两路3.3V、5V和12V电源输出。

该实验底板四周采用磁吸附设计，可磁力吸附传感器开发板，并通过RJ45工业接口进行数据通信，如图1－18（b）所示。

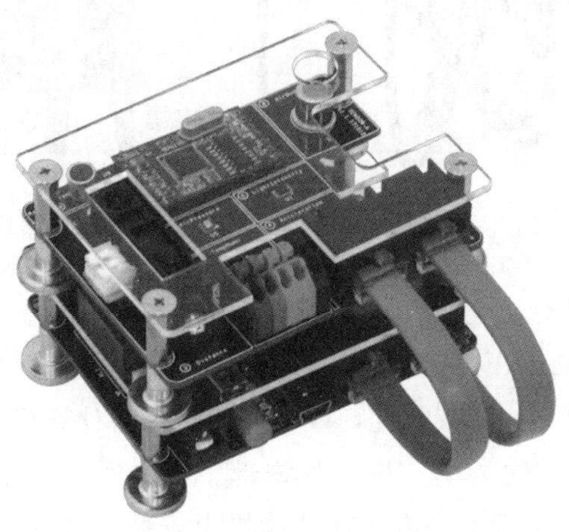

图1－18（b）　CC2530**实验底板与传感器设备叠加使用效果**

1.4.2　SmartRF04EB 仿真器

每一个 CC2530 模组的左侧都有一个标注为调试接口的接口部件。这些调试接口都是支持 JTAG（Joint Test Action Group）协议的接口。

JTAG 是一种国际标准测试协议，主要用于可编程芯片的在线系统编程。如果想将计算机上编写并编译好的 C 语言代码移植到单片机中，那么就需要通过支持 JATG 协议的接口设备来作为计算机和单片机之间的桥梁了。

图 1—19 里的 SmartRF04EB 就是充当这个桥梁作用的设备，往往称其为硬件仿真器。这个设备不仅可以把可执行代码“烧写”在单片机芯片中，还可以模拟单片机的工作方便程序员对软件代码进行调试。

图 1—19 中较宽的排线一端接在 SmartRF04EB 的右端，另一端就插在调试接口上。这个排线的接头构造不是对称的，其中一面是平面，另一面有一个凸起，这个凸起正好与 SmartRF04EB 右端的插槽以及调试接口的插槽中的豁口部分相匹配。这样设计的目的是防止初学者把排线插反。

图 1—19 中右下侧是一个一端为 Mini USB 接口，另一端为普通 USB 接口的 USB 连接线，这条线的 Mini USB 端连接在 SmartRF04EB 的左侧，一端连接在计算机的 USB 接口上。

图 1—20 是仿真器与调试接口正确连接的样子。

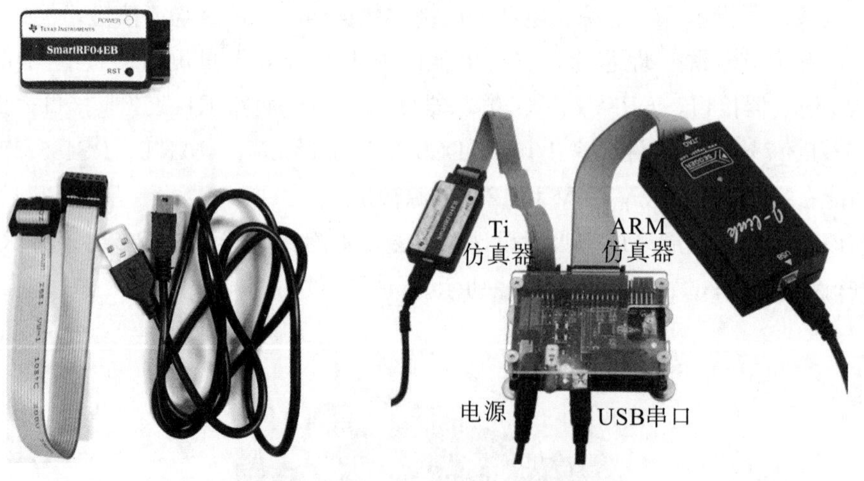

图 1—19　SmartRF04EB 仿真器及连接线　　　图 1—20　仿真器与调试接口的连接

SmartRF04EB 与计算机连接后，需要安装相应的驱动程序才能正常使用。TI 官网提供了一款叫作 SmartRF Flash Programmer 的免费软件，该软件中提供了 SmartRF04EB 的驱动程序。不仅如此，该软件还支持将计算机上编译好的“.hex”类型的代码烧写到 CC2530 这类单片机芯片内部。本书实战案例中提到的是 SmartRF Flash Programmer 1.12.4 版本。请先在计算机上安装该软件，然后将 SmartRF04EB 连接到计算机，系统会自动为仿真器安装驱动。驱动安装成功后，可以在当前计算机的设备管理器中看到如图 1－21 所示的界面。

图 1－21　**成功安装了 SmartRF04EB 驱动后的设备管理器界面**

1.4.3　IAR Embedded Workbench for 8051

IAR Embedded Workbench for 8051 是一款强大的针对兼容 8051 内核的单片机进行嵌入式应用开发的集成开发环境（Integrated Development Environment，IDE）。本书中所列出的实战案例代码均是在该 IAR Embedded Workbench for 8051 9.10.1 版本下进行开发并调试的。本章第一个实战操作的内容是安装该软件。

实战 1：安装 IAR Embedded Workbench for 8051

实战目标	掌握 IAR Embedded Workbench for 8051（以下简称 IAR for 8051）开发环境在 Windows 10 专业版上的安装
实战环境	计算机（Pentium 处理器双核 2GHz 及以上，内存 4GB 及以上），Windows 10 64 位专业版
实战内容	在运行 Windows 10 64 位专业版的计算机上安装 IAR for 8051

☆实战操作☆

步骤 1：鼠标右键单击 IAR for 8051 安装包，并以管理员身份运行安装。

步骤 2：在如图 1－22 所示的安装窗口中选择 Install IAR Embedded Workbench，启动软件安装。

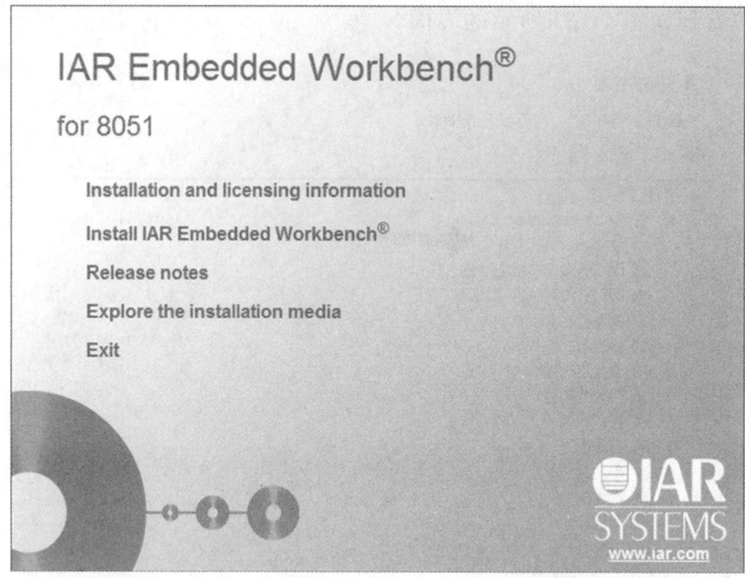

图 1－22　IAR for 8051 安装启动界面

步骤 3：等待软件安装环境的配置，如图 1－23 所示。

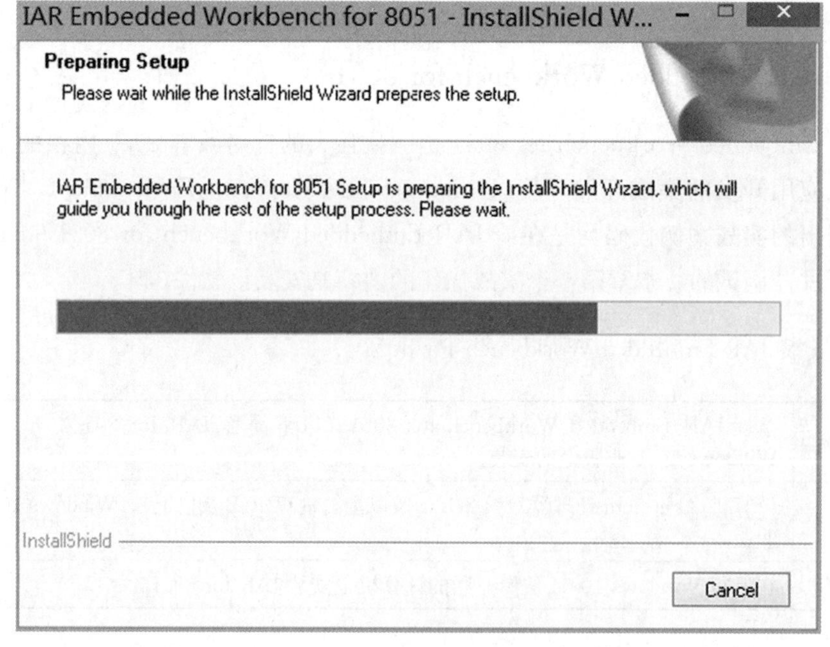

图 1－23　IAR for 8051 安装环境配置等待界面

步骤 4：配置完成后点击图 1－24 中的“Next”执行下一步。

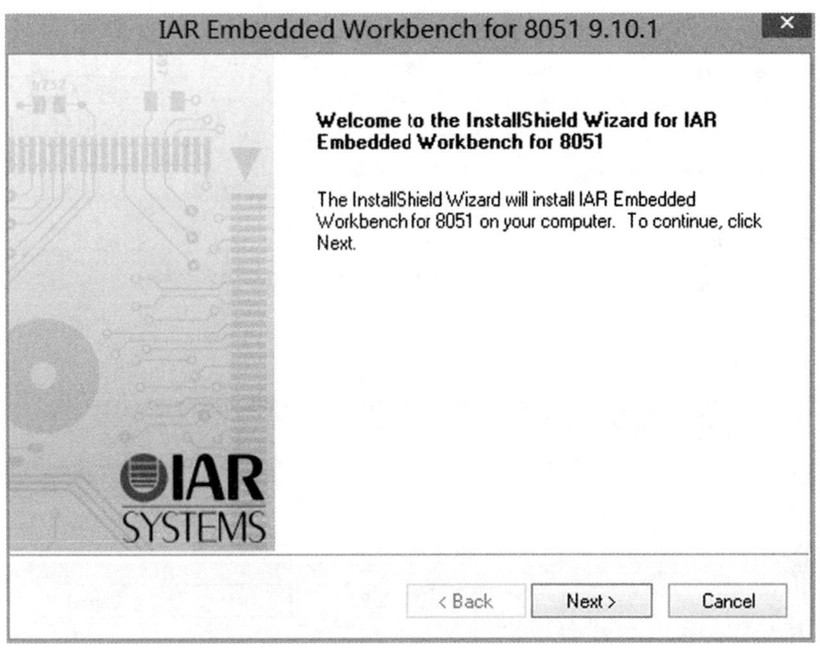

图 1-24　IAR for 8051 安装向导界面

步骤 5：在图 1-25 所示的界面中点击“I accept the terms of the license agreement”接受授权，并点击“Next”执行下一步操作。

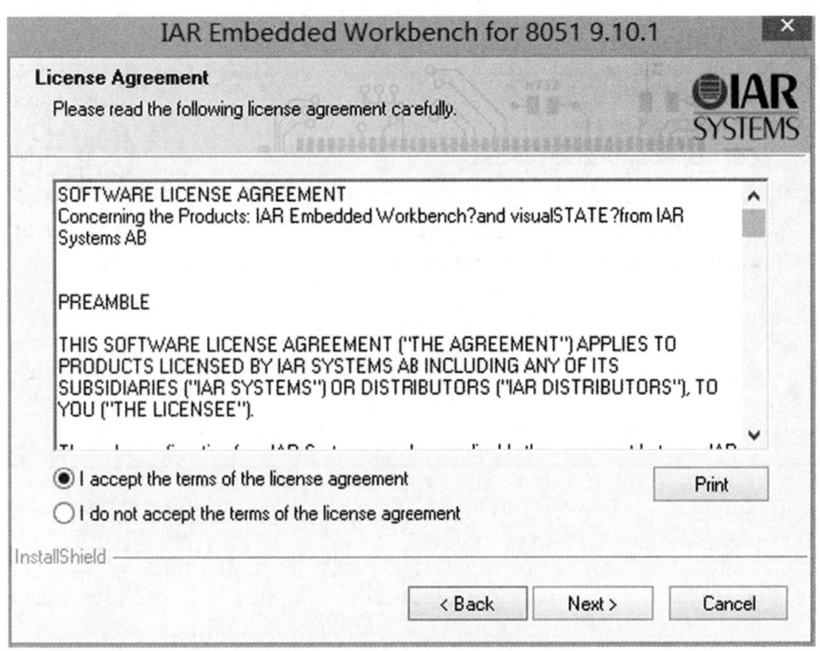

图 1-25　IAR for 8051 协议许可界面

步骤 6：在图 1-26 中点击“Complete”选择完全安装模式，并点击“Next”执行下一步操作。

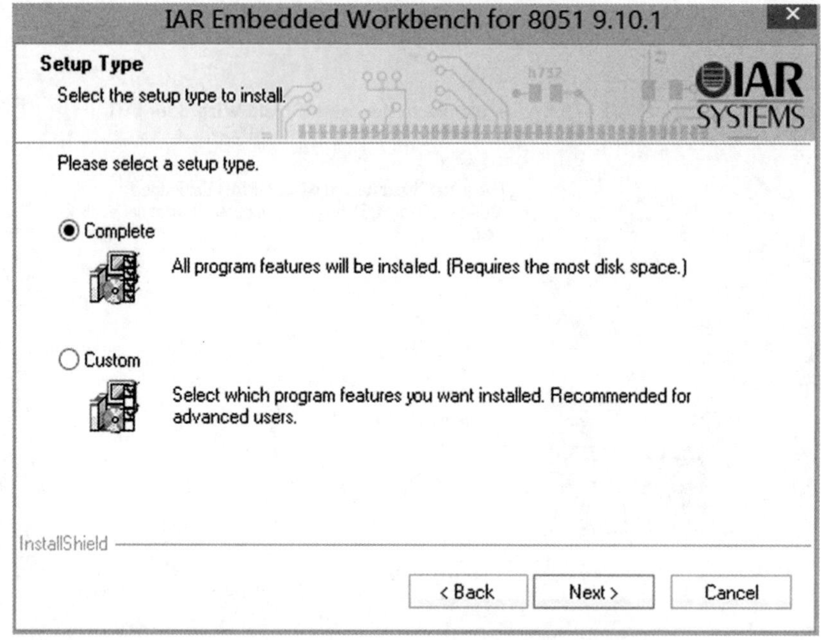

图 1－26　IAR for 8051 安装方式选择界面

步骤 7：在图 1－27 所示的界面中对软件的安装路径进行设置，系统默认安装在 C 盘，若需更改安装路径，请点击“Change”按钮进行配置，完成后点击“Next”执行下一步操作。

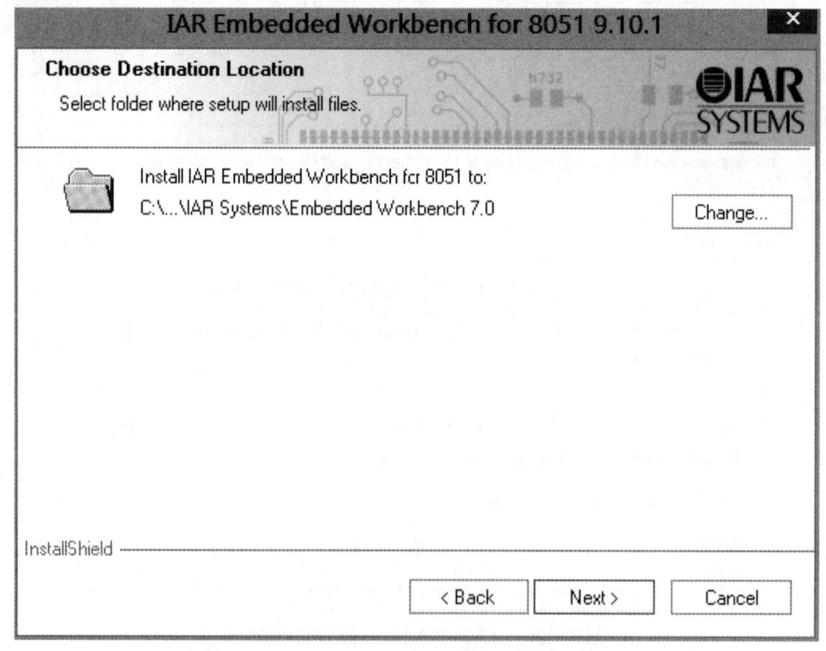

图 1－27　IAR for 8051 安装路径选择界面

步骤 8：在图 1－28 所示的界面中配置软件安装的具体文件夹，系统会默认创建，这里直接点击“Next”即可。

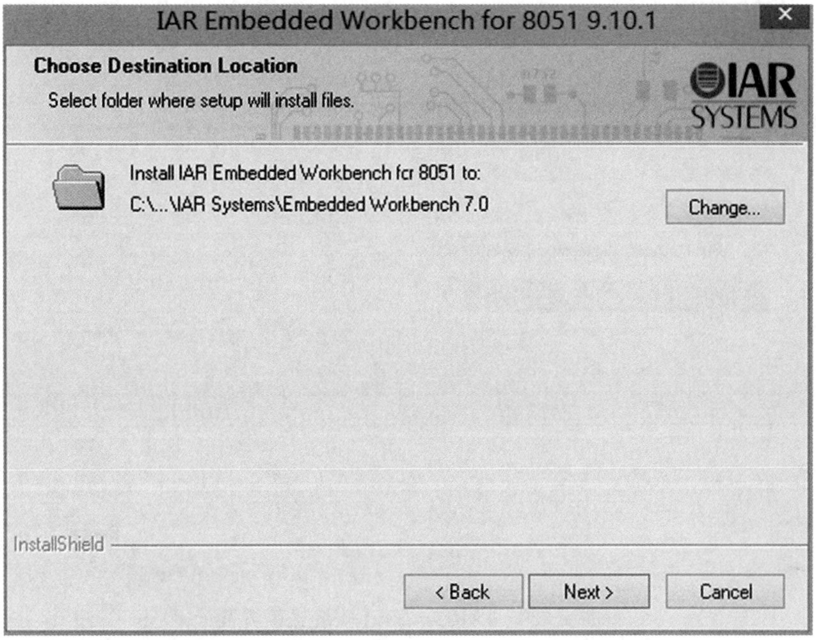

图 1－28　IAR for 8051 安装文件夹配置界面

步骤 9：在图 1－29 所示的界面中点击“Install”开始软件的安装。

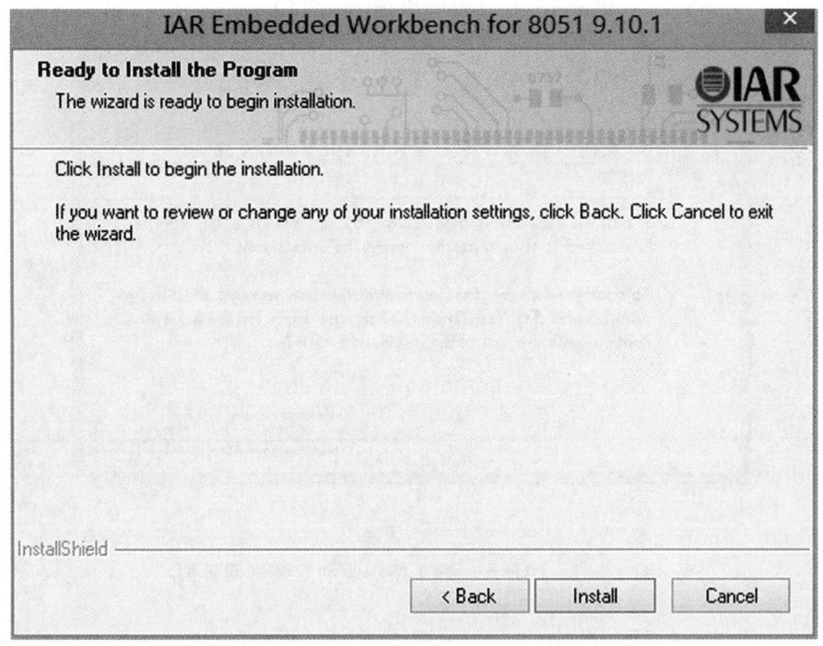

图 1－29　IAR for 8051 开始安装界面

步骤 10：此时出现图 1－30 所示的安装进度界面，耐心等待程序安装完成。

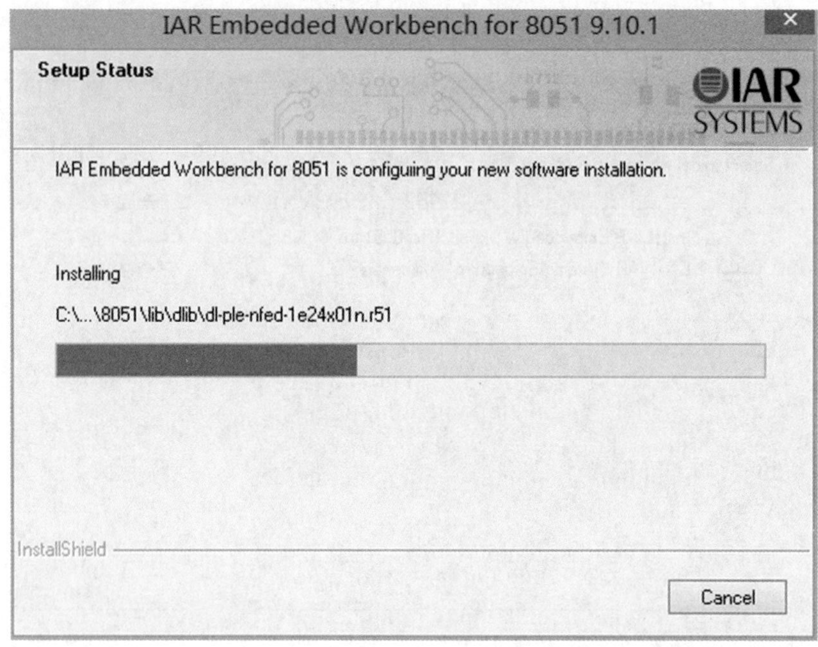

图 1－30　IAR for 8051 安装进度界面

步骤 11：在安装过程中会出现如图 1－31 所示的界面，这里是询问是否需要安装相应的接口驱动，直接点击“是”。

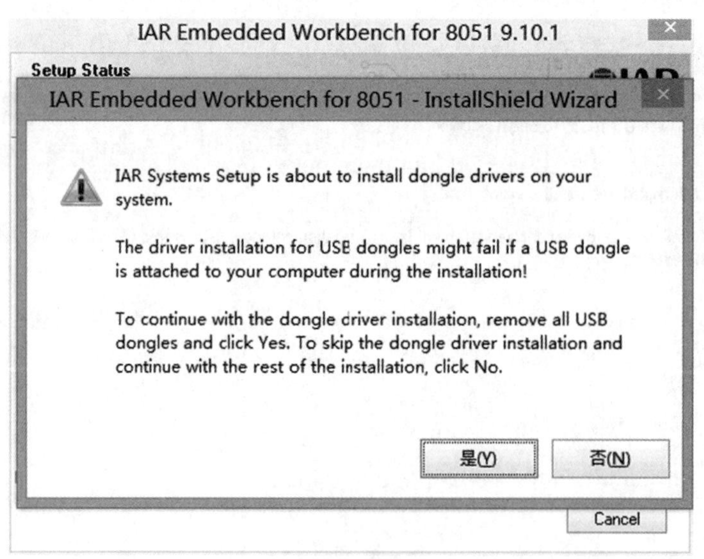

图 1－31　IAR for 8051 接口驱动安装询问界面

步骤 12：待整个软件安装完毕，会出现图 1－32 所示的界面，点击“Finish”结束软件安装。同时，请点击图 1－22 中的“Exit”来退出安装界面。

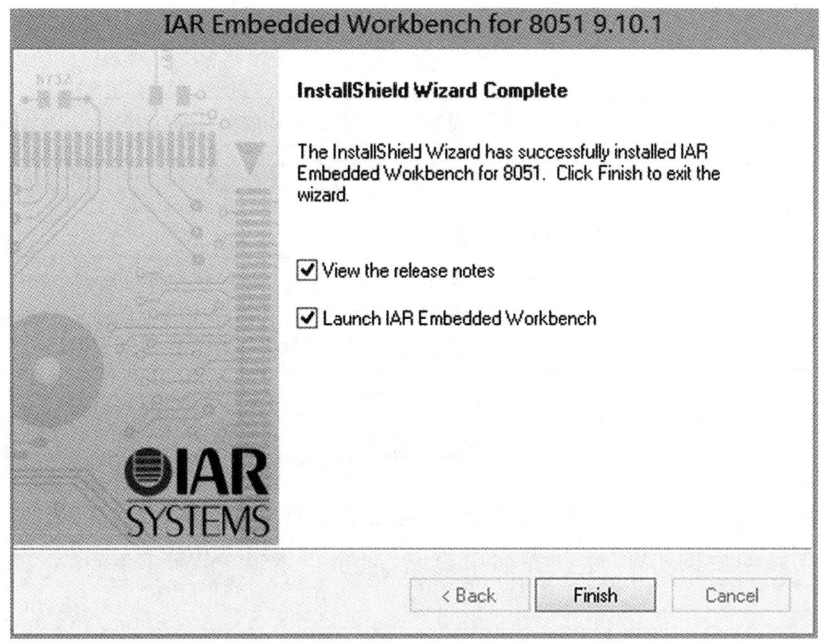

图 1－32　IAR for 8051 安装完成后的界面

步骤 13：运行 IAR Embedded Workbench for 8051，软件操作界面如图 1－33 所示。

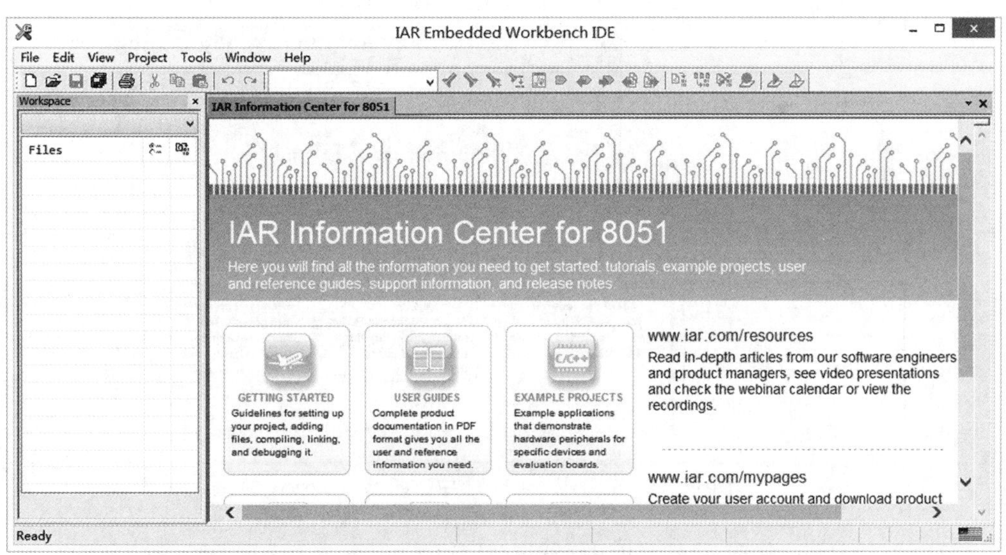

图 1－33　IAR Embedded Workbench for 8051 安装完成后首次启动的界面

实战 2：第一个 IAR for 8051 工程的创建

实战目标	掌握 IAR for 8051 开发环境下创建基于 CC2530 芯片的单片机工程
实战环境	（1）计算机（Pentium 处理器双核 2GHz 及以上，内存 4GB 及以上），Windows 10 64 位专业版； （2）CC2530 实验底板及 SmartRF04EB 仿真器套件
实战内容	创建基于 CC2530 的 IAR 工程，并对工程进行配置，将源码文件添加到工程中进行编译链接，并在 IAR 环境下将可执行代码烧写到 CC2530 芯片中后令程序"全速运行"，可以看到 CC2530 实验底板的无线模组上的 2 个 LED 小灯在规律地进行闪烁

☆实战操作☆

步骤 1：创建工作空间及工程。IAR 工程都需要有工作空间。

（1）在启动后的 IAR 软件界面中点击"File→New→Workspace"，如图 1－34 所示。

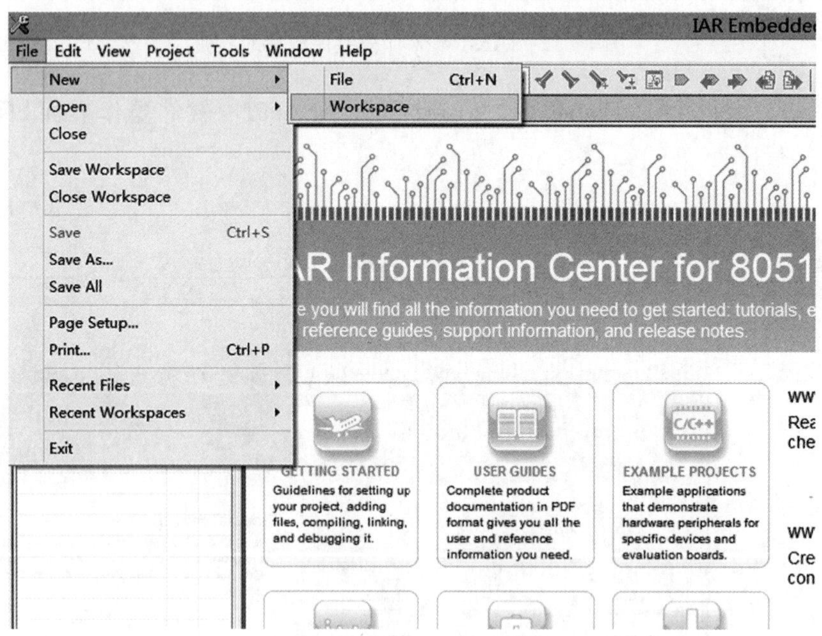

图 1－34 在 IAR for 8051 中新建 Workspace

（2）在 IAR for 8051 软件界面中会出现新建的 Workspace，如图 1－35 所示。

图 1−35　新建的 Workspace

(3) 点击 IAR 软件界面中的“Project→Create New Project”菜单后，会打开“Create New Project”对话框，在对话框中将“Tool chain”选择为 8051，然后点击“OK”按钮，如图 1−36 所示。

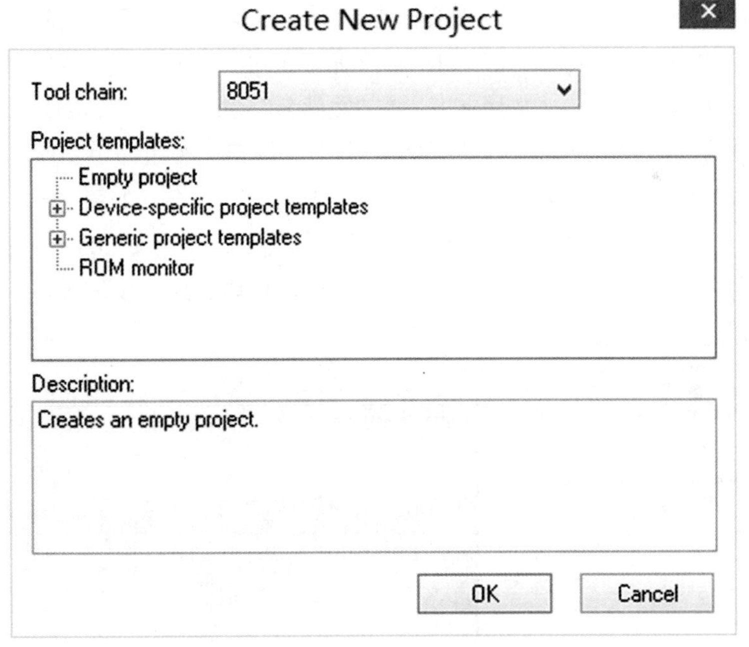

图 1−36　“Create New Project”操作界面

(4) 接着弹出如图 1−37 所示的“另存为”对话框，在该对话框中选择 D 盘根路径(强烈建议读者选择非系统磁盘来保存 IAR 工程，如果系统磁盘是 D 盘，请选择其他的磁盘路径)，并通过“新建文件夹”按钮新建一个名为“MyFirstIARPorject”的文件夹。将“文件名”填写为“MyFirstIARProject”，点击“保存”按钮，完成工程的创建。

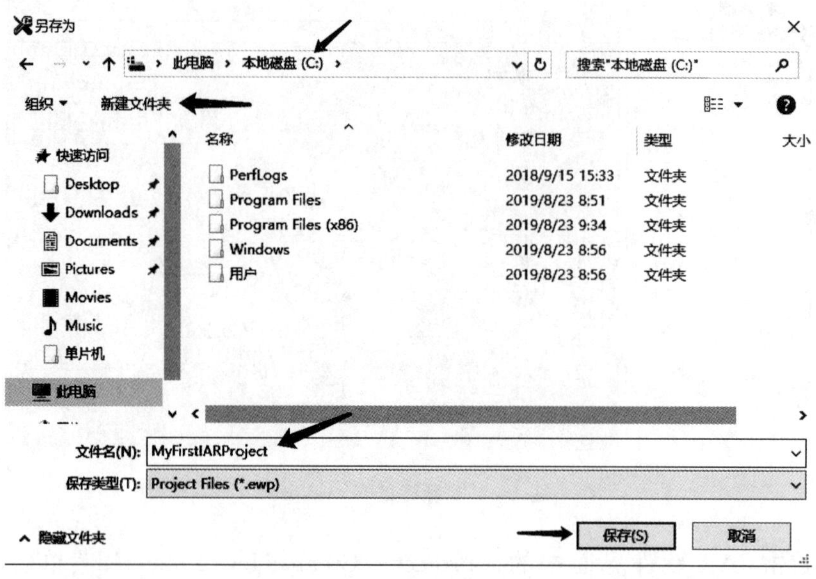

图 1－37　保存工程对话框

（5）图 1－38 为“MyFirstIARProject”工程创建成功后的界面，界面左半部是工作区列表窗口，由于当前工作区还没有保存，所以需要点击工具栏上的“Save All”工具按钮，打开“Save Workspace As”对话框（如图 1－39 所示），这个对话框自动定位到刚才创建的 MyFirstIARProject 文件夹下，在“文件名”中填入“MyFirstIARProject”，“保存类型”已自动选择为“. eww”文件类型，点击“保存”按钮即可。这时，在 IAR for 8051 软件界面的标题栏部分会看到“MyFirstIARProject”字样（如图 1－40 所示）。这一步非常重要，因为很多情况下都只是保存了扩展名为“. ewp”的 IAR 工程文件，而没有保存扩展名为“. eww”的 Workspace 文件，所以请确保这一步你做了。

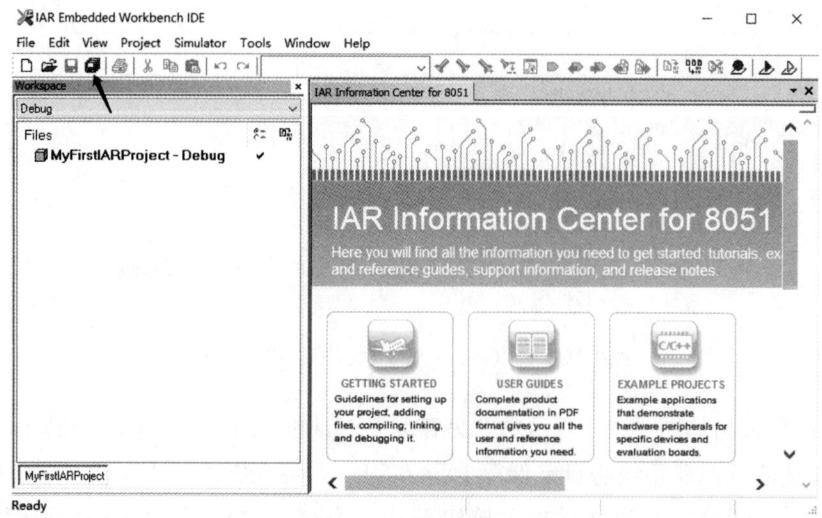

图 1－38　工程创建成功后的界面

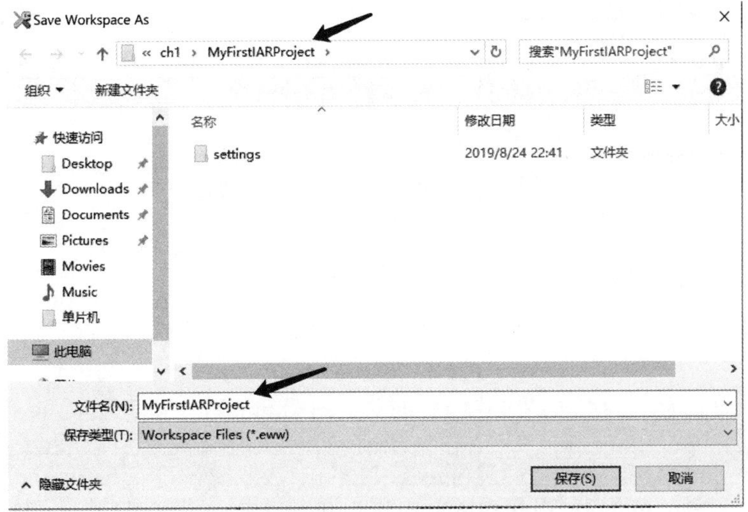

图 1－39　工作区保存对话框界面

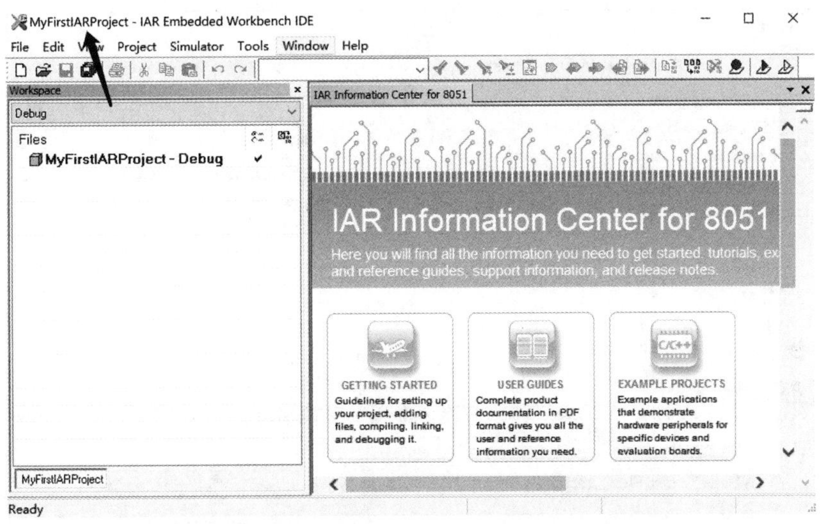

图 1－40　工作区保存后 IAR 的界面

步骤 2：新建源码文件并添加到工程。

（1）在菜单栏中选择“File→New→File”，也可以点击如图 1－40 所示的工程界面中工具栏上最左侧的按钮，这个按钮是“新建文档”的意思。操作后会看到图 1－41 所示的一个空白界面，并看到该空白界面的标题是“Untitled1”。点击该界面中工具栏第三个按钮，将会弹出图 1－42 所示的“另存为”对话框，同样直接定位到工程所在目录，将文件名命名为“main. c”（注意这里需要把文件名写完整），点击“保存”按钮即可。

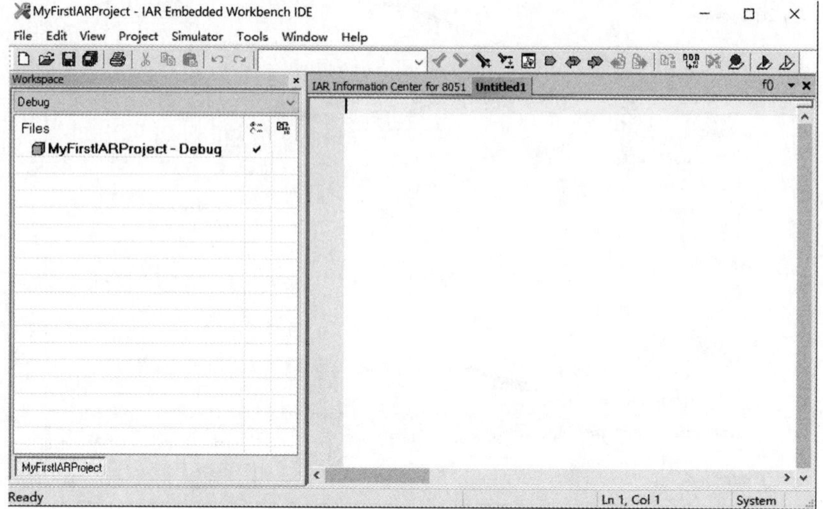

图 1－41　**新建空白文档后 IAR 的界面**

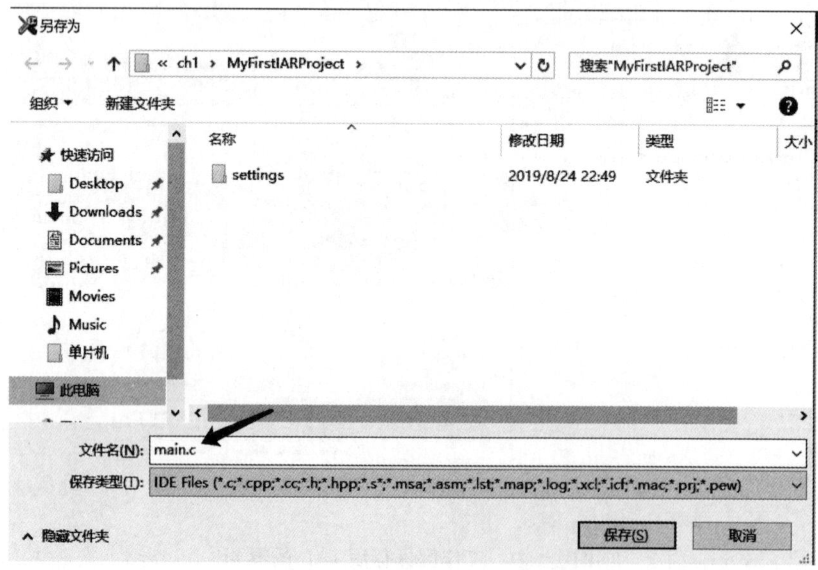

图 1－42　**保存文档对话框**

（2）在新建的 main. c 中编写代码并保存文件。这里先把整个 main. c 的源码展示给大家，具体代码的意思将会在后面的章节中介绍。

```c
// main.c

#include <ioCC2530.h>  //引入CC2530头文件，其中包含各个SFR的定义

#define BLUE    P1_0    //将P1_0管脚定义为蓝色LED
#define RED     P1_1    //将P1_1管脚定义为红色LED

#define ON      0
#define OFF     1

/*******************************
*名  称：halWait
*功  能：延迟函数
*参  数：unsigned char wait
*返回值：无
********************************/
void halWait(unsigned char wait){
  unsigned long largeWait;
  if(wait == 0)return;
  largeWait = ((unsigned short) (wait << 7));
  largeWait += 114 * wait;
  largeWait = (largeWait >> ( CLKCONCMD & 0x07));
  while(largeWait--);
  return;
}

/*****************************
*名  称：delay_ms
*功  能：毫秒延迟函数
*参  数：unsigned short t
*返回值：无
*****************************/
void delay_ms(unsigned short t){
  while(t--){
    halWait(1);
  }
}

/****************************
*名  称：led_init
*功  能：LED初始化
*参  数：无
*返回值：无
****************************/
void led_init(void){
  P1SEL &= ~0x03;         //将P1_0,P1_1设为通用IO
  P1DIR |= 0x03;          //设置P1_0,P1_1的方向为输出

  BLUE = OFF;             //向BLUE输出高电平，将其熄灭
  RED = OFF;              //向RED输出高电平，将其熄灭
}

/***************************
*主函数
***************************/
void main(void){
  led_init();             //初始化led

  while(1){
    BLUE = ON;
    RED = ON;

    delay_ms(500);
    BLUE = OFF;
    RED = OFF;

    delay_ms(500);
  }
}
```

（3）在 IAR 工程界面中，“右击”工程名，选择“Add→Add main. c”，把文件添加到工程中，如图 1−43 所示。

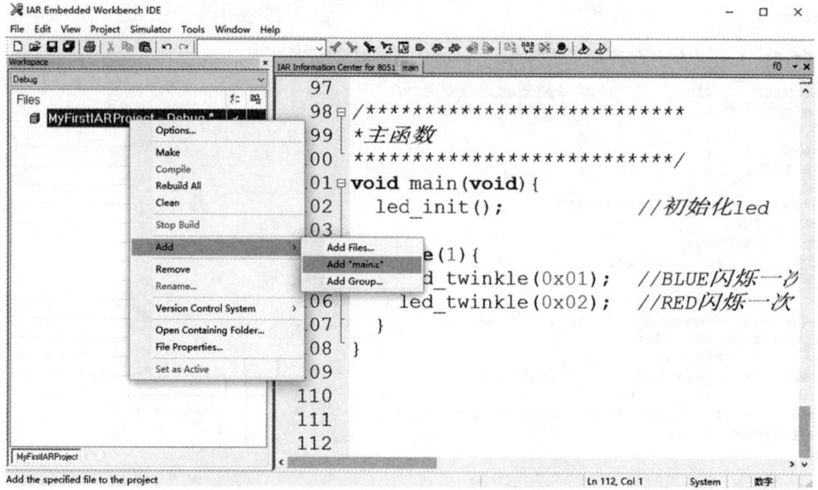

图 1－43　**将源码文件 main. c 添加到工程**

步骤 3：设置工程。IAR 开发环境支持多种单片机的功能开发，因此需要对自己的工程指定特定的单片机配置。

（1）在 IAR 工程界面左侧的 Workspace 区域列表中的工程项目名称上执行右键单击操作，可以看到如图 1－44 所示的快捷菜单。

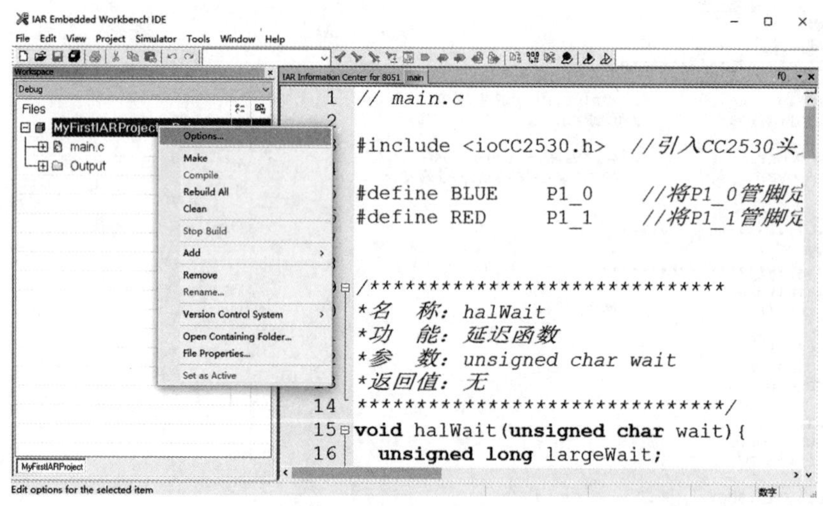

图 1－44　**工程配置菜单“Options...”启动位置**

（2）点击“Options...”菜单后，会启动配置界面。在“General Options”配置的“Target”选项卡的“Device”右侧，点击芯片选择按钮，然后选择“CC2530F256”，如图 1－45 所示。

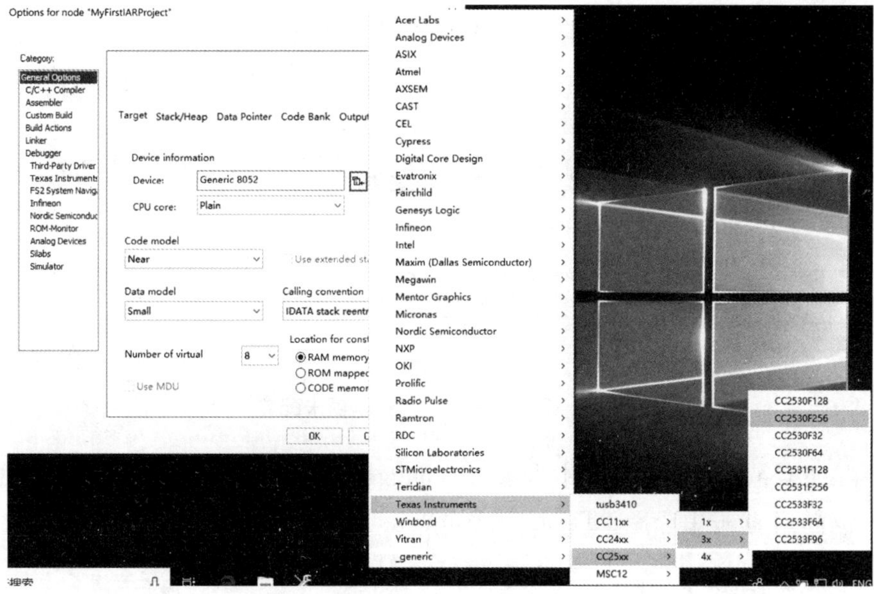

图1－45　选择芯片型号

（3）在“Stack/Heap”选项卡中进行设置，如图1－46所示，将XDATA改为“0x1FF”。

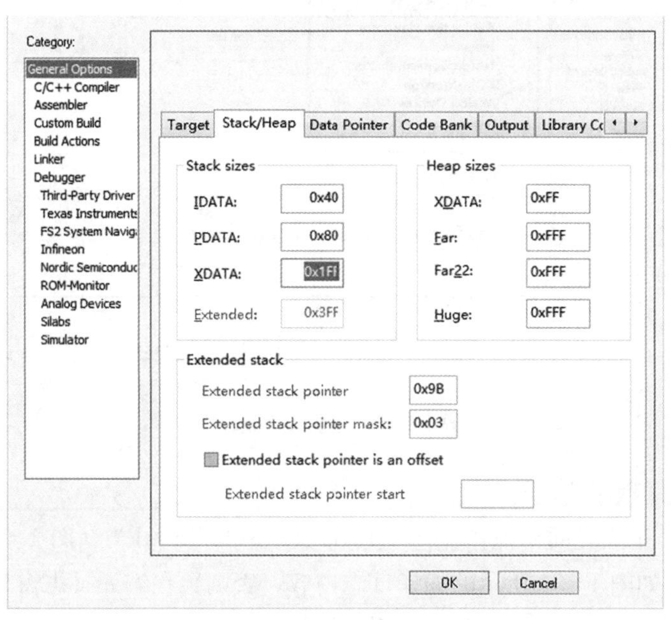

图1－46　Stack/Heap设置

（4）在“Extra Options”选项卡中勾选“Use command line options”。若希望工程编译后可以生成.hex文件（注：使用SmartRF Flash Programmer向目标板烧写程序时，需要使用.hex文件），则需要在“Command line options:”文本框中进行输入，如图1－47所示。

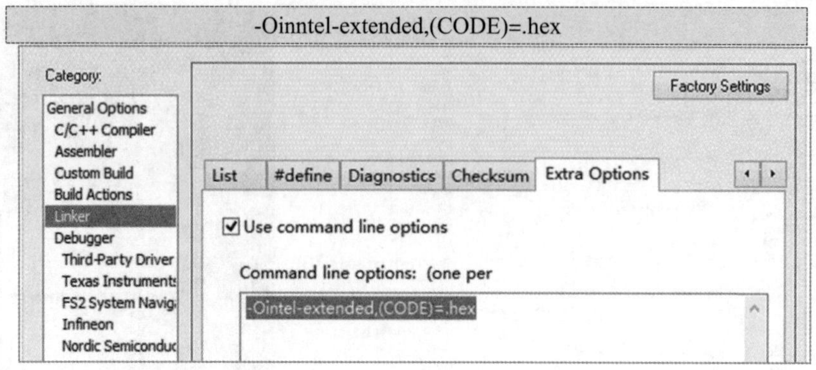

图 1－47　Extra Options 选项卡配置

（5）在“Category”选项框中点击“Debugger”（图 1－48），在“Setup”选项卡“Driver”项的下拉框中选择“Texas Instruments”，然后点击“OK”完成配置。

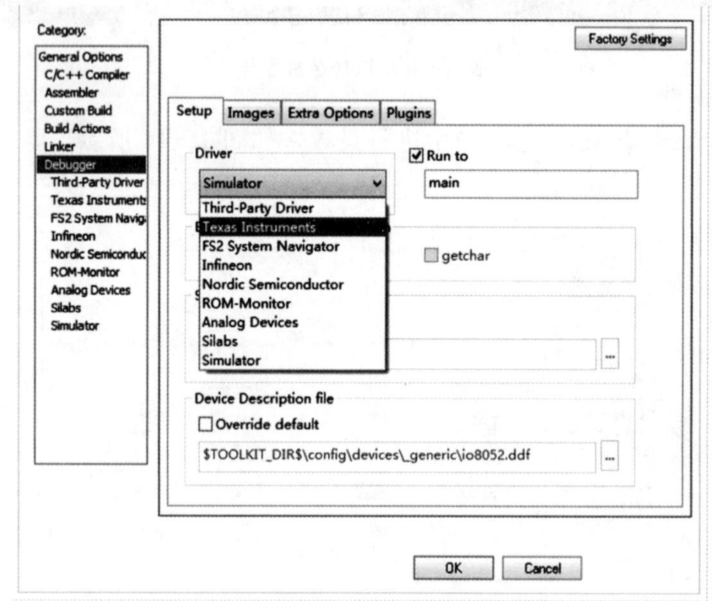

图 1－48　配置 Debugger

步骤 4：编译程序并烧写。

（1）在 IAR 工程界面中点击菜单“Project→Rebuild All”（图 1－49），若编译成功，则可以看到如图 1－50 所示的编译日志内容，否则会在编译日志窗口中显示错误的数量和情况。编译成功后，可在该工程目录下的 Debug \ Exe 目录下看到生成了“MyFirstIARProject. d51”和“MyFirstIARProject. hex”两个文件（图 1－51）。

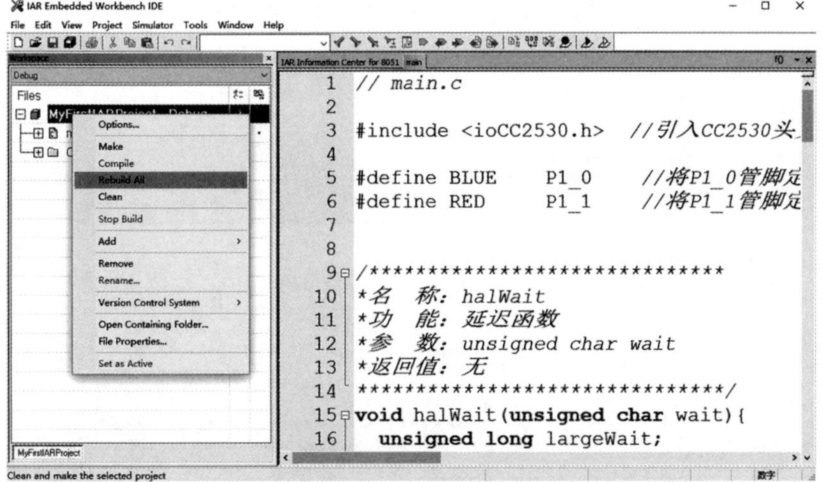

图 1－49　编译程序界面

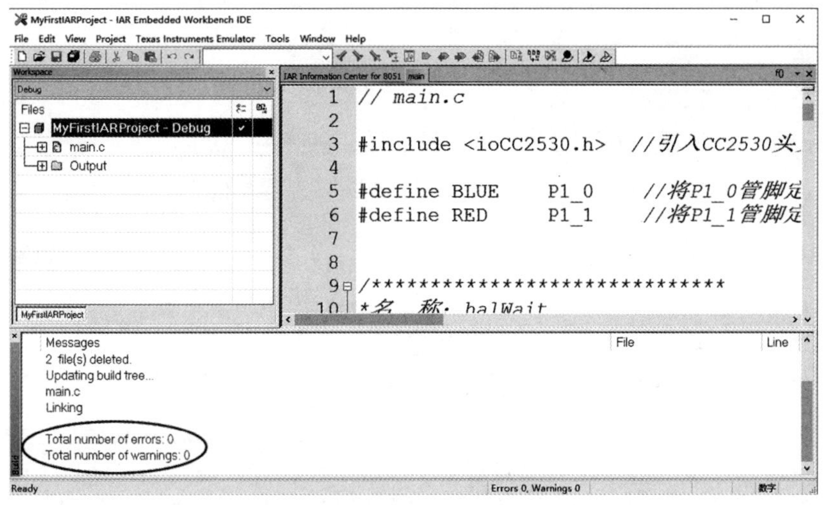

图 1－50　编译成功的显示界面

图 1－51　编译成功后生成的文件

（2）给 CC2530 实验底板接通电源，并使用 SmartRF04 仿真器将 CC2530 实验底板与计算机相连。

（3）点击 IAR 工程界面的菜单项“Project→Download and Debug”（图 1－52）后，有可能会出现如图 1－53 所示的一个出错界面，这个界面上是说“没有发现任何设备”，这里请点击“确定”，然后按一下仿真器上的“RST”键之后，再次执行图 1—52 的菜单，就会看到图 1—54 中的进度条，进度条走完即相当于程序烧写完毕，然后马上进入图 1—55 所示的调试界面。

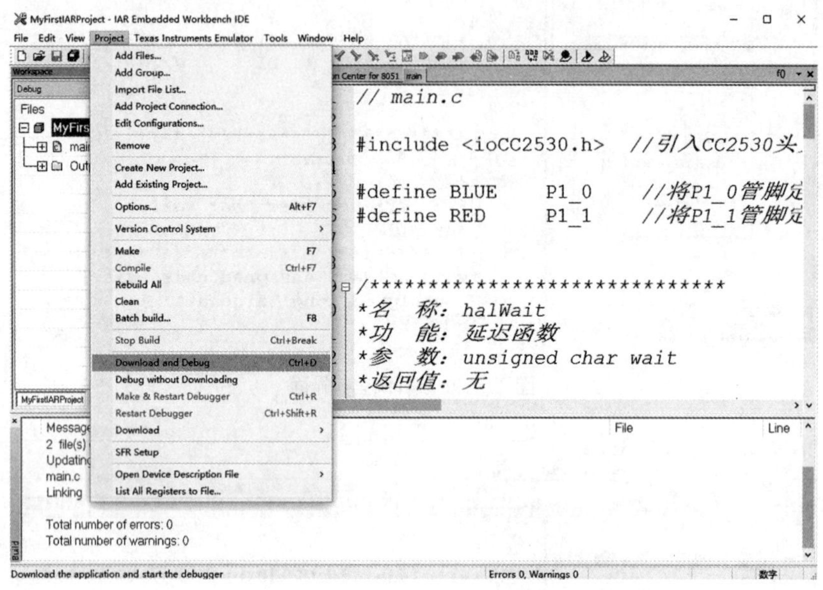

图 1—52　“Download and Debug”菜单位置

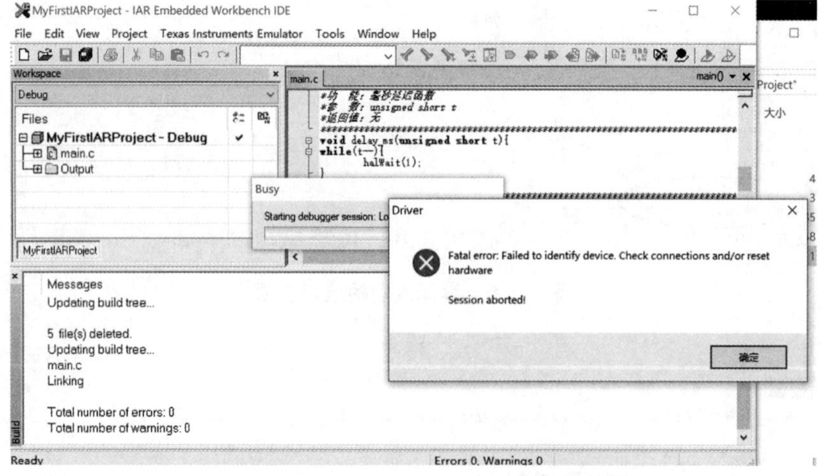

图 1—53　CC2530 设备未找到时的错误提示

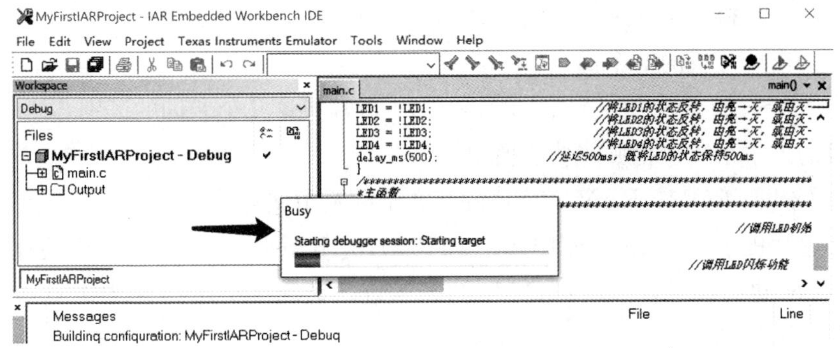

图 1－54　程序执行下载过程

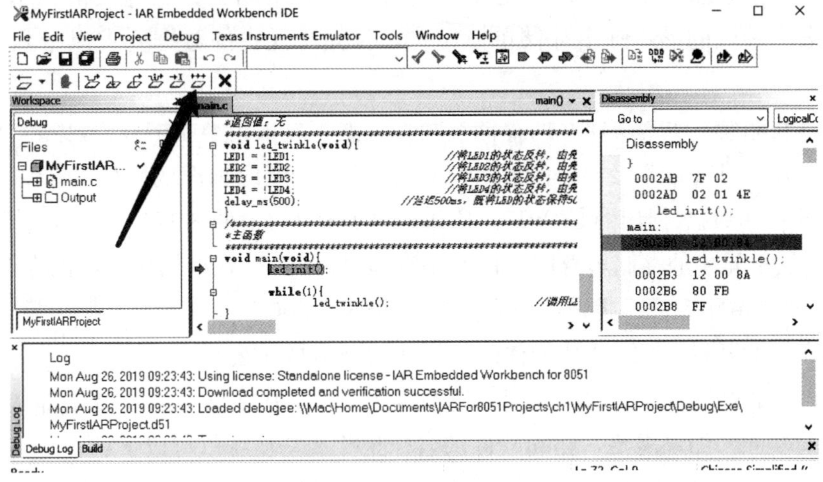

图 1－55　调试界面

（4）点击 IAR 工程界面，找到图 1－55 中斜向箭头指向的那个按钮，该按钮是让程序“全速运行”的意思，这时你会发现 CC2530 实验底板的无线模组部分一蓝一红两个 LED 会出现“亮”“灭”的状态变化，并且循环往复。

步骤 5：关闭仿真调试，结束程序。

（1）在 IAR 工程界面中找到图 1－55 中“Go”按钮右侧的“✕”按钮，点击该按钮后程序退出调试状态。但是实验底板上的蓝色和红色 LED 的闪烁并没有因此停下来。这时因为程序代码已经“烧写”到了 CC2530 的内存区域中，在通电的情况下，CC2530 会自动从内存区中找到可执行代码来运行程序。

（2）从 CC2530 实验底板上拔掉仿真器，代码依然在运行着。

（3）关闭供电电源，程序结束。

习题

1. 世界上第一个晶体管是在什么时间由谁发明的？
2. 集成电路最早是由哪家公司的哪位科学家制造出来的？
3. 单片机大规模发展是在什么年代？请列举当时生产单片机的厂商名单。

4. 简要说明单片机与微处理器之间的区别。
5. 请至少列出单片机的 6 个优点。
6. 请说出 MCS−51 单片机、8051 单片机、51 单片机这几个名词的区别。
7. 单片机的最小系统包含哪些功能模块？
8. 请写出 CPU、ROM、RAM、SFR 的英文全称及中文意思。
9. 假设某单片机系统有 4KB 的 ROM 和 128KB 的 RAM，已知该单片机的存储系统中先对 ROM 进行编址，然后对 RAM 进行编址，请问该单片机系统中 ROM 和 RAM 的地址范围分别是多少？
10. 如果把十进制数据 1234 分别以大端格式和小端格式存放在某单片机存储系统 RAM 区物理地址以 0x4010 为起始的存储区域，请画出数据存放情况示意图。要求用表格片段的形式画出存储单元结构，存储单元中的数据要求以十六进制形式表示。
11. 某单片机系统一共有 64KB 的存储空间，数据存放采用小端格式。已知 C 语言代码 char * p= “Please”；经编译器编译后为指针 p 分配的物理地址为 0x3100，物理地址 0x3100 中的数据内容是 0x10，物理地址 0x3101 中的内容是 0x40，请画出指针 p 在存储单元中的存储示意图，以及字符串“Please”在存储单元中的存储示意图。
12. CC2530 是由哪家公司生产的？它是单片机还是 SoC？
13. 本章介绍的开发 CC2530 功能代码的软件的全称是什么？
14. 将软件代码烧写在 CC2530 的调试设备叫什么？是什么型号的？该设备是否需要安装驱动软件？如果需要，驱动软件的名称是什么？从哪里可以下载？
15. 创建基于 CC2530 的 IAR 工程后，如何对工程进行配置才能使工程源码经编译后生成十六进制的可执行文件？

第 2 章　GPIO

"Hello，World!"，几乎任何一门开发语言的入门级代码都是从这一句开始的。上一章实战 2 中那些闪烁的 LED 就好比是单片机在跟世界说"你好"。然而，如果想要跟单片机"表达"得更多，也想让单片机得到更多的"回应"，跟它保持良好的沟通，就必须了解它与外部设备沟通的桥梁——GPIO。

2.1　单片机中的 GPIO

2.1.1　初识 GPIO

GPIO（General-purpose input/output），中文直译为"通用 I/O"，是 CPU 与外部设备之间进行数据交互的通道。

图 2-1 是 Renesas 官方网站中的一幅图片（原图为英文版，这里将图片中的部分英文翻译成了中文）。在这幅图中，可以把 CPU 和内存看作一个人的大脑，总线就像一个人的神经系统，而所有片上外围设备就好比一个人的骨骼和肌肉系统。

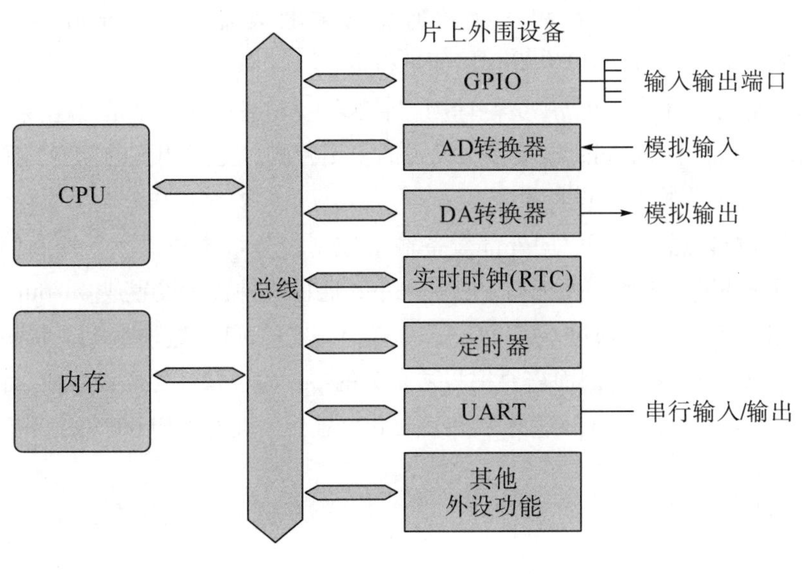

图 2-1　单片机内部逻辑图

图中 GPIO 作为和外部设备打交道最多、最频繁的组成部分，就好像我们用眼睛看、用耳朵听、用嘴巴尝来接收外部世界的信息；同时我们用微笑、眼泪、语言来向外部世界输出我们的想法。

在嵌入式系统中，经常需要控制许多结构简单的外部设备或者电路，这些设备有的需要通过 CPU 控制，有的需要 CPU 提供输入信号。并且，许多设备或电路只要求有开/关两种状态就够了，比如 LED 的亮与灭。对这些设备的控制，使用传统的串口或者并口显得比较复杂，所以在嵌入式微处理器上通常提供一种通用可编程 I/O 端口，也就是 GPIO。

一个 GPIO 端口至少需要两个寄存器，一个是控制用的通用 I/O 端口控制寄存器，另一个是存放数据的通用 I/O 端口数据寄存器。数据寄存器的每一位和 GPIO 的硬件引脚是对应的，而数据的传递方向是通过控制寄存器设置的，通过控制寄存器可以设置每一位引脚的数据流向。

2.1.2 GPIO 的作用

对电子产品进行控制的单片机是由 CPU、内存及外设功能等部分组成的。CPU 根据指令（程序），执行运算、数据的读写以及进行条件判断等，而内存则用来保存该程序（记忆）。外设功能是指为了使单片机便于使用的各种功能。例如，CPU 为了与外部的传感器及开关等进行信号交换，需要输入/输出端口（I/O 端口）这种外设功能。而将模拟输入信号转换为数字值的 A/D 转换器以及反过来将数字值转换为模拟输出信号的 D/A 转换器则是单片机对各种信号进行处理时不可或缺的外设功能。

另外，还有为了正确测量时间所用的定时器以及提供日期和时计的实时时钟（RTC），用于进行与时间相关的处理。此外还有将并行信号（parallel signal）和串行信号（serial signal）进行互相交换的通用异步收发器（Universal Asynchronous Receiver Transmitter，UART）等，以便进行通信。

GPIO 中包含若干个 pin（中文翻译为“管脚”）。这些 pin 可以是只连接一个外部设备的专用管脚，也可以是同时连接多个设备的复用管脚（通过相应的控制器和软件代码来设置该 pin 当前为哪一个设备服务）。

（1）CPU 可以通过 GPIO 向外部设备输出控制信号，这种情况下控制信号的传递方向是 CPU→外设，因而需要把与之有关的 pin 通过软件代码设置成 output。

（2）外部设备也可以通过 GPIO 向 CPU 输入状态信息，这种情况下状态信号的传递方向是“外设→CPU”，因而需要把与之有关的 pin 通过软件代码设置成 input。

以上两项描述说明 input（输入）和 output（输出）是从 CPU 的角度来看待数据流向的。

2.2　CC2530 中的 GPIO

2.2.1　概述

CC2530 中的 GPIO 一共有 21 个输入/输出 pin。逻辑上把它们划分为三组端口，即 Port 0、Port 1 和 Port 2。每组端口都有一个名称，分别是 P0、P1 和 P2。其中 P0 和 P1 都有 8 个 pin，而 P2 只有 5 个 pin。这些 pin 都可以通过软件代码设置为通用 I/O 或外设 I/O。

图 2-2 是 TI 官方网站提供的 CC2530 数据手册中对 CC2530 内部模块的描述，这幅图左侧被虚线标识出来的那块区域是 CC2530 中 GPIO 的所有 pin，图中每一个 pin 都有自己的名字，名字中下划线左侧是 pin 的端口名，下划线右侧是 pin 在组里的编号，例如 P1_0 代表 P1 端口的 0 号管脚。

2.2.2　通用 I/O 和外设 I/O

CC2530 的 GPIO 中所有 21 个 pin 在初始未做任何配置的情况下，默认工作在通用 I/O 状态。开发人员可以根据单片机应用开发的需要，把一些电子器件接在 GPIO 上进行控制。这些电子器件可以是发光二极管、蜂鸣器、步进电机、继电器、光敏电阻传感器、温湿度传感器、气压传感器等。例如第一章实战 2 中，那些闪烁的 LED（也叫发光二极管）就连接在 P1 端口的 P1_0、P1_1 上，然后通过代码以通用 I/O 的方式进行控制。

CC2530 并不是 CPU 的名字，而是一个集成了增强型 8051CPU 和其他外围功能的单片机芯片。在这款单片机芯片内部有计时器、串口通信控制器以及模数转换控制器，这些对于 CPU 来说是外设，它们需要连接在 pin 上跟 CPU 进行交互，因此有些固定的 pin 在生产时就被这些芯片内置的外设占用了。当程序开发中需要对这些片上内置的外设进行控制操作时，需要把相应的 pin 设置成外设 I/O 的模式才能正常运行。

本章只介绍 GPIO 工作在通用 I/O 状态下的功能与控制。

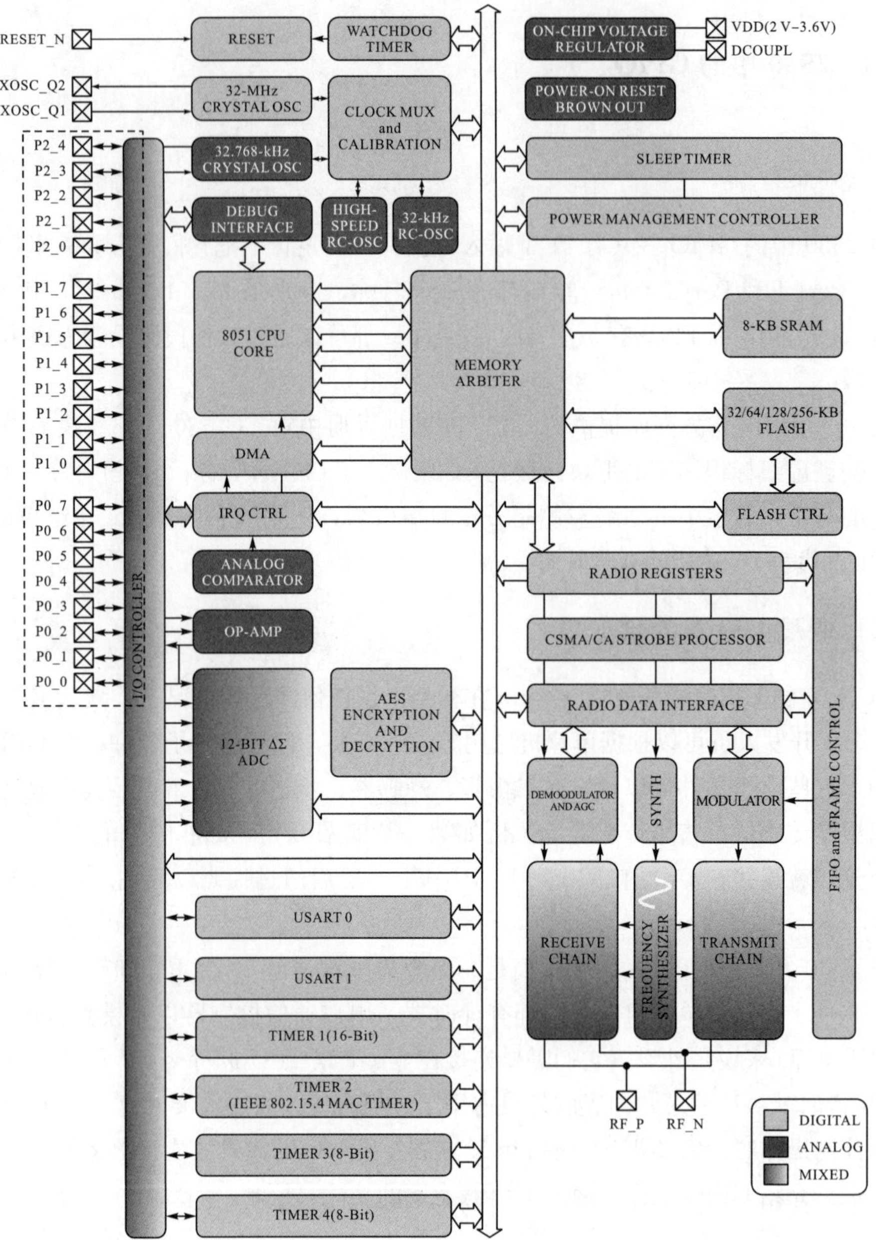

图 2－2　CC253x 内部模块示意图

2.2.3　如何操作 GPIO

当需要使用 GPIO 中的这些 pin 时，首先需要对它们进行设置，包括：打算用作通用 I/O 还是外设 I/O？打算使用这 21 个 pin 中的哪个或者哪几个？被使用的 pin 是 input 还是 output？被使用的 pin 将用作什么功能模式？等等。这种设置的作用就好像是让微波炉热东西之前先要设置微波炉的工作模式（解冻、小火、中火、高火）。微波炉提供了操控面板用来让我们完成刚才的设置，那么单片机里该怎样对这些将要使用的

pin 进行设置呢?

这里引入一个新的名词——SFR（Special Function Register，特殊功能寄存器）。它们实际上是存放在内存中特定位置的一组可读写内存单元的统称。当 CPU 想要控制某个外围设备的工作时，就向控制这个设备的 SFR 写数据；当 CPU 想要知道某个外围设备的工作状态时，就从控制这个设备的 SFR 中读数据。当然，控制不同外围设备的 SFR 的名字也不一样。就 GPIO 来说，与之有关的 SFR 有很多，为了保证学习效果，本章只介绍几个关键的 SFR。

2.3　通过 SFR 设置 CC2530 中的 GPIO

2.3.1　设置 pin 的工作模式

要使用 GPIO 中的某个或者某些 pin，需要首先选择它或它们的工作模式是通用 I/O还是外设 I/O。这里与之有关的 SFR 有 P0SEL、P1SEL 和 P2SEL。这几个 SFR 的名字中前两位字符是 GPIO 的端口号，后三位字符是“selected”这个单词的简写，通过这种方式便于开发人员见名知意。所有的 SFR 都是由内存单元充当的，1 个内存单元表示 8 个二进制位，每个二进制位的取值只有“0”和“1”两种情况。

在 CC2530 中，通过 PxSEL（x=0，1，2）来对 GPIO 的 pin 进行工作模式选择，图 2-3 是 CC2530 P0SEL 的数据解释。

（1）某个二进制位取值为“0”：对应的 pin 工作在通用 I/O 模式下。

（2）某个二进制位取值为“1”：对应的 pin 工作在外设 I/O 模式下。

P0SEL (0xF3) – Port 0 Function Select

Bit	Name	Reset	R/W	Description
7:0	SELP0_[7:0]	0x00	R/W	P0.7 to P0.0 function select 0:　General-purpose I/O 1:　Peripheral function

图 2-3　CC2530 P0SEL 数据解释

为了便于 C 语言源代码的读写，这里约定所有的二进制数据都用十六进制的格式进行表述。

例如要选择 P0_1这个 pin 作为通用 I/O 时，对应的 C 语言源码为：

```
P0SEL &=~0x02;
```

代码解释：

（1）上面这行代码是一条赋值语句，“&=”左侧是 SFR 的名字，“&=”右侧是所赋的数值，这个数值的第一个字符“~”代表取反。“0x02”是一个十六进制数，把它写成二进制的格式就是“0000 0010”，对这个数值取反，结果是“1111 1101”。整行代码的意思是把“1111 1101”这个数值写到 P0SEL 中，就可以把 P0_1这个 pin 当作通用

I/O 了。

(2) 之所以写成“～0x02”而不写成“0xFD”是由于编码经验。因为“0000 0010”这个二进制数一眼就能定位到 D1 位与其他位不同，而且对这个二进制数取反就能得到“1111 1101”，比我们口算得出“0xFD”快多了。

(3) “&=”表示把左侧的 P1SEL 与右侧的数值“相与”，把计算的结果再赋值给左侧的 P0SEL。这样最明显的好处是省去了再录入一遍“P0SEL”，省时省力。当需要把某个二进制位设置为“0”时，都是通过“与”操作来实现的。

2.3.2 设置 pin 是 input 还是 output

当 GPIO 中的每一个 pin 用作通用 I/O 时，都可以被设置为 input 或者 output，用来设置它们的 SFR 叫作 PxDIR（x=0，1，2）。DIR 是“Direction”的简写，表示数据输入输出的方向。图 2-4 是 CC2530 P0DIR 的数据解释。

P0DIR (0xFD) – Port 0 Direction

Bit	Name	Reset	R/W	Description
7:0	DIRP0_[7:0]	0x00	R/W	P0.7 to P0.0 I/O direction 0: Input 1: Output

图 2-4 CC2530 P0DIR 的数据解释

PxDIR 的定义规则如下：

(1) PxDIR 某个二进制位上取值为“0”表示 Px 端口中对应的 pin 为 input。

(2) PxDIR 某个二进制位上取值为“1”表示 Px 端口中对应的 pin 为 output。

这里的 input 和 output 是从 CPU 的角度观察数据的流向来定义的。当 CPU 向某个 pin 写入数据时，数据的方向就定义为 output；当 CPU 从某个 pin 中读取数据时，数据的方向就定义为 input。

例如，要选择 P0_1这个 pin 的数据方向为输出时，对应的 C 语言源码为：

```
P0DIR |= 0x02;
```

代码解释：

(1) 上面这行代码也是一条赋值语句，“|=”左侧是 SFR 的名字，“|=”右侧是所赋的数值。

(2) “|=”表示把左侧的 P0DIR 与右侧的数值“相或”，把计算的结果再赋值给左侧的 P0DIR。

(3) 代码中之所以使用“|=”而没有直接使用“=”来进行赋值，是因为这样操作可以只修改 SFR 中需要用到的二进制位数据，而没有用到的数据位希望保持原有的数值不变。如果直接使用“=”来赋值，会把 SFR 中所有的二进制位的数据都进行修改，有可能会影响到其他 pin 的配置要求。

小练习：已知某以 CC2530 为核心的单片机开发板上有 2 个 LED 直接连接在了 CC2530 的 P0_0和 P0_4上，请问该如何对 CC2530 的 GPIO 编写相应配置代码？

分析：2 个 LED 直接连接在了 P0_0和 P0_4上，而且 LED 属于输出设备，因此需要将 P0_0和 P0_4这两个 pin 都设置成通用 I/O，数据方向为输出。

解答：

```
P0SEL &=~0x11;
P0DIR |=0x11;
```

实战：流水灯

实战目标	掌握 CC2530 GPIO 的通用 I/O 的设置方法
实战环境	（1）计算机（Pentium 处理器双核 2GHz 及以上，内存 4GB 及以上），Windows 10 64 位专业版； （2）CC2530 实验底板、Sensor－B 设备及 SmartRF04EB 仿真器套件
实战内容	在 Sensor－B 上有一个 RGB 三色 LED 灯和一个蜂鸣器，通过编写 C 语言代码实现控制三色灯的亮灭以及蜂鸣器发声

从本章开始，所有实战都会按照理论分析和实战操作两大部分来描述。其中理论分析部分主要是帮助分析实战内容的功能，梳理开发思路并给出相关的流程图和软件源码等内容；实战操作主要介绍 IAR 工程创建、相关线缆的连接、所需驱动的安装以及程序调试等内容。

☆理论分析☆

1. 功能分析

图 2－5 是 Sensor－B 的外观图，该设备需要与 CC2530 实验底板通过磁柱吸附叠加后，并使用短网线将 CC2530 实验底板的传感器端子与该设备连接后才能使用。图中标识出了 RGB 灯的位置和蜂鸣器的位置，还需要通过电路原理图查看 RGB 三色灯的控制管脚 pin 是哪些，蜂鸣器的控制管脚是哪些，之后再编写 C 语言代码，通过设置这些 pin 的工作模式和数据方向，编写合理的功能函数，最后实现实验内容要求的效果。

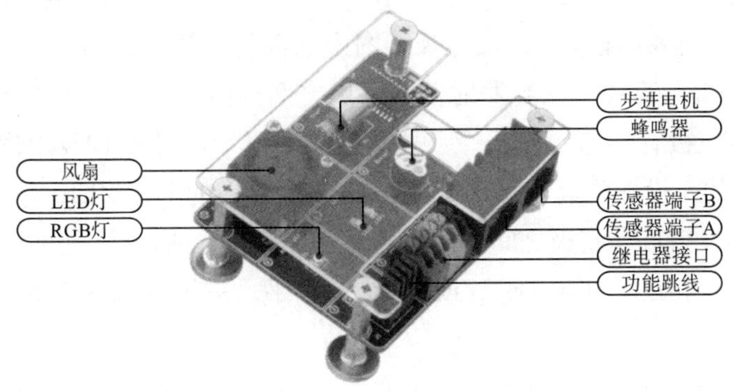

图 2－5　Sensor－B 外观图

2. 电路原理图

图 2－6 中左侧图为 RGB 灯的电路图，图中 VCC _ 3V3 表示此处接通的为 3.3V 电源。分析此电路可知：当 RGB _ R、RGB _ G 和 RGB _ B 端各自分别为低电平时，电路导通，LED－RGB 会亮；当 RGB _ R、RGB _ G 和 RGB _ B 同时都为高电平时，电路不导通，LED－RGB 会灭。由于 LED－RGB 是三色灯，如果 RGB _ R、RGB _ G 和 RGB _ B 中只有一端是低电平，而其他两端是高电平，那么 LED－RGB 会显示出其中为低电平一端的颜色；如果有其中两端是低电平，剩下的一端是高电平，那么 LED－RGB 会显示两种低电平颜色的混合颜色；如果三端都是低电平，那么 LED－RGB 会显示红、绿、蓝三色的组合颜色。

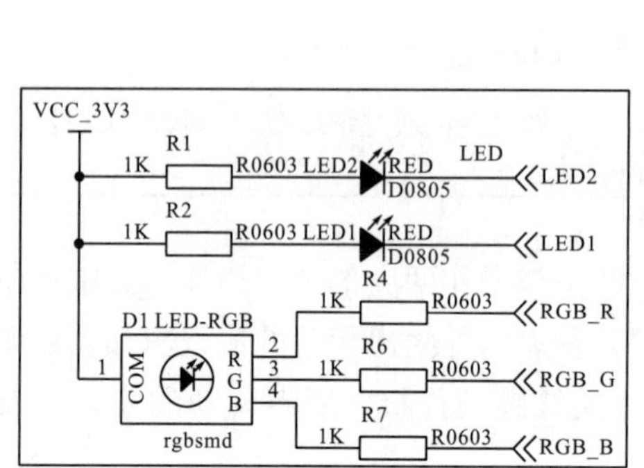

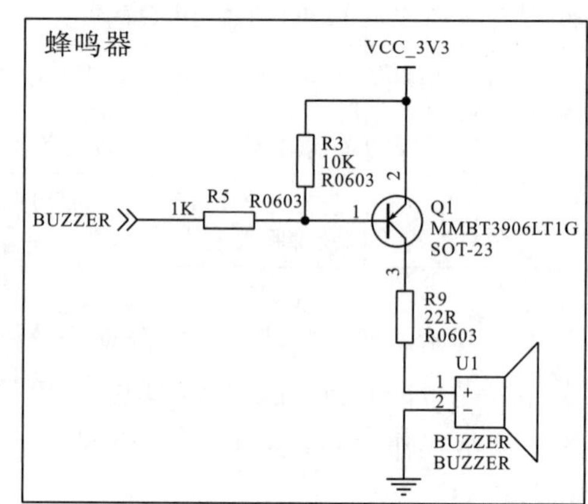

图 2－6　Sensor－B 中 RGB 灯和蜂鸣器电路原理图

在单片机中数字信号 0 是低电平（一般电压值为 0～0.5V），数字信号 1 是高电平（一般电压值为 2.4～3V）。很显然，在 RGB _ R、RGB _ G 和 RGB _ B 端都写入 1 时，因为同样是高电平，LED－RGB 左右两边无电压差，所以是灭的状态；相反，如果给 RGB _ R、RGB _ G 和 RGB _ B 的任何一端写入 0 时，因为是低电平，LED－RGB 左右两边形成电压差，就被点亮了。

图 2－6 中右侧图为蜂鸣器的电路图，图中 Q1 位置标识的是一个三极管，在数字电路中用于开关效果，也就是利用它的饱和和截止两种状态来控制电流是否可以流过。图中 1 是基极，2 是发射极，3 是集电极，图中三极管的箭头方向向内，表示这是一个 PNP 结，这种情况只需要记住当发射极和基极之间有电压差时，电流会顺着箭头的方向流动，使得该三极管导通。分析蜂鸣器的电路图可知，若要 BUZZER 发出声音，必须将 U1 处标识的 1 设置为高电平。只有电路图中标识的 BUZZER 端为低电平时，才会使得三极管的发射极和基极之间产生电压差，三极管导通，U1 处标识的 1 为高电平，蜂鸣器发出声音。相反，如果 BUZZER 端为高电平，三极管未处于导通状态，则蜂鸣器就不会发出声音。

图 2－7 是 Sensor－B 设备的跳线分布图，图中 J1B 表示 CC2530 的 GPIO 中的 P0_0 到 P0_3被单独引出，J1C 中的 RGB _ R、RGB _ G、RGB _ B 和 BUZZER 与图 2－6 中

标识的 RGB _ R、RGB _ G、RGB _ B 和 BUZZER 一一对应。通过使用跳线帽，将 J1B 的 P0_0与 J1C 的 RGB _ R 短接，就可以通过编写控制 CC2530 的 P0_0的代码来实现对 RGB _ R 端的电平信号控制。同理，要想把不同的电平信号通过编写代码的方式送到 RGB _ G、RGB _ B 和 BUZZER 端，则必须用跳线帽将它们分别与 J1B 中的 P0_1、P0_2和 P0_3短接才行。

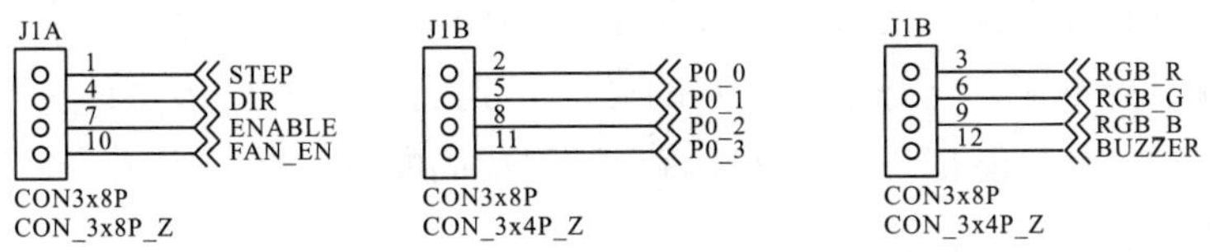

图 2－7　Sensor－B 跳线分布图

Sensor－B 跳线短接示意图如图 2－8 所示。

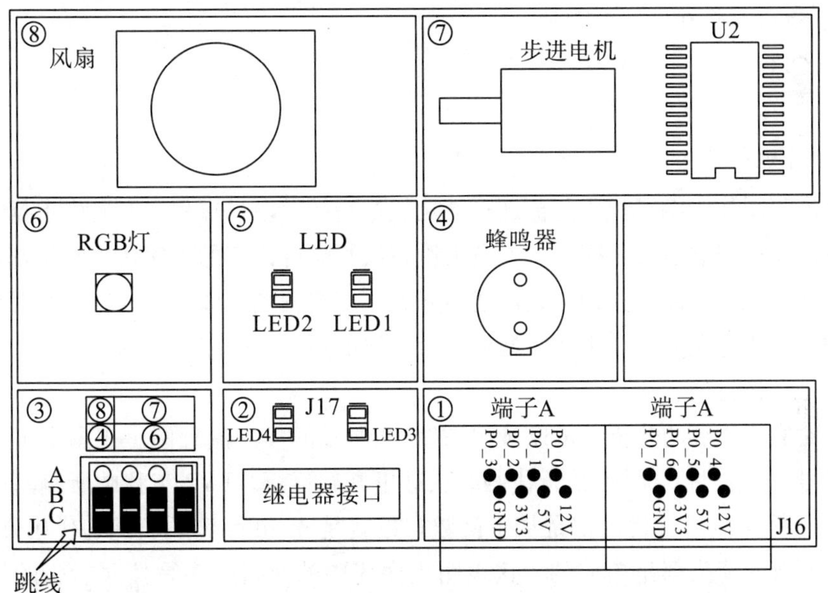

图 2－8　Sensor－B 中 RGB 与蜂鸣器功能的跳线短接示意图

图 2－8 左下角标注了跳线的短接方式，其中空心圆圈表示引脚裸露，实心矩形中间带一条白线表示通过跳线帽将引脚短接。

通过以上的电路图分析可以得出的结论是：如果要控制 RGB 三色灯的变化和蜂鸣器的鸣叫，需要把 P0_0、P0_1、P0_2和 P0_3同时设置为通用 I/O 的 output。

要想向 GPIO 的 pin 写入数据，需要操作相应的 SFR，这里针对 GPIO 三个端口的 SFR 的名字分别是 P0、P1 和 P2。由于我们一般只操作某个或某几个 pin，因此这三个 SFR 中每个二进制位也有对应的名字供编码时使用，这些位的命名规则如下：

端口号 _ 位编号

例如 P0_0代表 P0 端口的 0 号 pin。以图 2－6 所示电路图为例，如果要让 LED－

RGB 亮绿灯，C 语言代码如下：

```
P0_0=1;
P0_1=0;
P0_2=1;
```

就代码的健壮性来说，上面的代码肯定是语法正确、逻辑正确的。但是从代码的可读性来说，就显得不那么友好了。通常的做法是先确定一个 C 语言的头文件，用宏定义的方式将 GPIO 与功能相对应，这样就会增强代码的可读性。例如：

```
#define RGB_R    P0_0
#define RGB_G    P0_1
#define RGB_B    P0_2

#define ON       0
#define OFF      1
```

3. 程序流程图

程序流程图作为编写代码前梳理程序功能逻辑的手段，在程序开发中占据了十分重要的地位。这里强烈建议程序设计人员无论在编写哪种语言的程序代码时，都最好先把要编写的功能用程序流程图的方式描述出来。程序流程图可以帮助开发人员对程序功能进行结构化分析，在流程图中会清楚地展示程序的运行是顺序进行的，或是有条件执行的，还是循环执行的。

通过对实战内容的分析，可以画出图 2-9 所示的程序流程图。在图中可以看到一个开始符号，这表明 CPU 在执行代码时从这里开始运行。IAR 工程中所编写的代码是 C 语言的，所有 C 语言代码都是从主函数，也就是 main 函数的第一句代码开始执行。流程图中所有的箭头都是单向的，这表明程序代码的执行顺序是按照箭头的指引来进行的。

在开始符号下面是初始化 GPIO 功能，通常用矩形表示一句代码或者一组功能相对独立的代码。这里初始化 GPIO 表示对 P0_0、P0_1、P0_2和 P0_3进行配置，也可以称之为初始化配置。可以把对 GPIO 的初始化配置代码单独写在一个函数中，然后在 main 函数中进行调用。

图 2-9 所示的流程图中提到了“闪烁”一词，表示亮灭交替。本次实验代码通过让不同颜色的灯亮 0.5s 后灭 0.5s，以实现闪烁的效果。

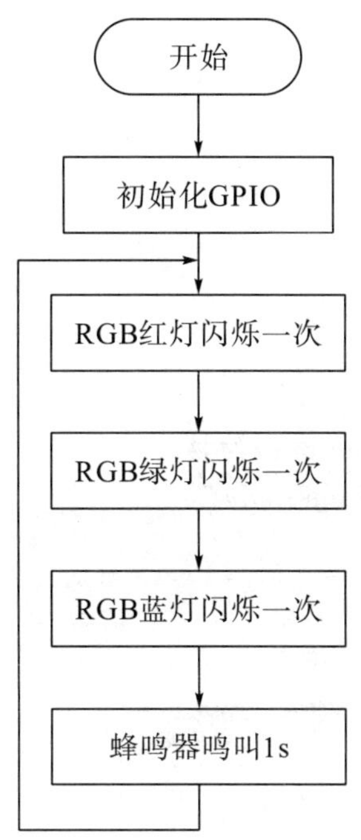

图 2－9　声光电报警功能程序流程图

在执行 LED 闪烁功能时，我们向连接 LED 的 pin 传送数字信号“0”可以让它亮，传送数字信号“1”可以让它灭。如果传送完“0”之后紧接着传送“1”，由于 CC2530 的工作频率比较快，而人的视觉残留导致我们还没来得及分辨出亮的状态它就灭了。因此需要在亮和灭的代码执行之后分别增加一定时间的延迟，让我们能够看到它的状态。本次实战中所使用的延迟函数是 TI 官方举例中给出的软件延迟源码，我们不需要知道该函数的具体定义，只要把它写在正确的位置然后调用即可。

4. 根据流程图写代码

既然要编写程序代码，就一定要建立程序文件。IAR for 8051 的工程都是从“main. c”这个文件的“main 函数”的第一句代码开始执行的。需要强调的是，“main. c”这个文件名不能任意命名，如果工程中没有“main. c”这个文件，那么 CPU 就找不到程序的入口，也就无法开始执行。

虽然流程图描述的是代码在 main 函数中的运行情况，但不代表所有的源码都要写到“main. c”同一个文件中，因为那样做会使“main. c”整个文件看起来很臃肿，而且一些功能相对独立的代码被独占在了一个文件中，不方便代码重用。

为了使代码结构看起来更加简洁，同时为了增强代码的可重用性，将与 RGB 和 BUZZER 有关的功能代码写在单独的文件“alarm. h”和“alarm. c”中，而声光电报警功能写在“main. c”文件中。

C 语言中使用“. h”类型的头文件来指定所需要的其他重要头文件，指定宏定义以及声明函数原型；使用同名的“. c”文件对函数原型进行定义。

```
/**********************
* 文件：Alarm.h
**********************/

/**********************
* 宏条件编译
***********************/
#ifndef  __ALARM_H__
#define  __ALARM_H__

/**********************
* 头文件
***********************/
#include <ioCC2530.h>

#define RGB_R   P0_0    //RGB灯红色控制引脚
#define RGB_G   P0_1    //RGB灯绿色控制引脚
#define RGB_B   P0_2    //RGB灯蓝色控制引脚
#define BEEP    P0_3    //蜂鸣器控制引脚

#define ON      0
#define OFF     1

/***********************
* 内部原型函数
***********************/
void alarm_init(void);  //声光报警传感器初始化
void rgb_blink(unsigned rgb);  //三色闪烁功能

#endif /*  __ALARM_H__  */
```

在“alarm.h”文件中，引用 ioCC2530.h 文件的代码中使用了尖括号，而在“alarm.c”文件中引用其同名的头文件时使用了双引号，两种不同的引用符号所代表的功能并不一样。

（1）尖括号：代表所引用的文件属于标准库头文件，这些头文件是在安装 IAR 这类具有 C 语言编译功能的 IDE 时被复制在指定目录的，只需要使用尖括号来包裹这些标准库头文件就可以被编译器正确找到。简单来说，在尖括号中所包裹的头文件是开发环境自带的，不是我们编写的。

（2）双引号：在 C 语言代码开发过程中，开发人员可能会涉及编写自己的头文件，而且还会有与之同名配对的源码文件，例如上面提到的“alarm.h”和“alarm.c”。这两个文件一般会同时创建并存放在同一个目录下，头文件中规定了宏定义和声明函数原型，源码文件中对函数原型进行定义，因此必须在源码文件中对头文件进行引用。在“.c”源码文件中使用“#include”引用同名的“.h”文件时，在双引号中写的是“.h”文件与“.c”文件的相对路径。编译器在编译过程中定位文件的方式有两种，即绝对路径或者相对路径。绝对路径是从“根”出发找到该文件的路径，而相对路径是从当前文件所在位置出发找到另一个文件的路径。

“alarm.h”代码中使用了“#ifndef…#define…#endif”，这样的结构称为“宏条件编译”。这样做是为了防止该头文件被重复引用。“被重复引用”是指一个头文件在同一个 C 语言源码文件中被“#include”了多次，这种情况往往是由于“#include”嵌套造成的。下面用“first.h”“second.h”“main.c”三个文件的示意代码来举例说明嵌套是如何造成的（这三个文件在同一个目录下）。

first.h 的代码如下：

```
/*****************************************************
 * 文件：first.h
 * 没有添加条件编译
 *****************************************************/

#define ON      0
#define OFF     1
void function1(void);
```

second. h 的代码如下：

```
/*****************************************************
 * 文件：second.h
 * 没有添加条件编译
 *****************************************************/

#include "frist.h"

#define TRUE    1
#define FALSE   0
void function2(void);
```

main. c 的代码如下：

```
/*****************************************************
 * 文件：main.c
 *****************************************************/

#include "first.h"
#include "second.h"

void main(void){
    // do sth
}
```

在“second. h”中引用了“first. h”，而在“main. c”中同时引用了“first. h”和“second. h”，这就导致“first. h”在“main. c”中被重复引用了 2 次。有些头文件的重复引用只是增加了编译工作的工作量，除了导致编译效率低，似乎不会引起太大的问题；如果有些头文件中定义了全局变量，那么对这种头文件的重复引用造成的后果几乎就是灾难性的，因为我们无法控制这个全局变量的值。对于程序员来说，仅仅编写出语法正确的代码是远远不够的，养成良好的编程习惯（对头文件添加条件编译，尽量不在头文件中定义全局变量，适当添加注释、变量及函数命名做到见名知意，合理使用条件及循环等结构……）才能成为优秀的程序员。

“_ _ALARM_H”只是一个标识符，其一般与头文件的名字保持一致，这样不仅易读，而且也免去了“起名”的困扰。文件名中的“.”在 C 语言的语法中不能用作标识符，所以就用下划线代替了。

与“alarm. h”对应的“alarm. c”中是所有在“alarm. h”中声明的函数的定义，代码如下：

```
/*******************************
* 文件：alarm.c
*******************************/

/*******************************
* 头文件
*******************************/
#include "alarm.h"
#include "delay.h"

/*******************************
* 名称：alarm_init()
* 功能：声光报警传感器初始化
* 参数：无
* 返回：无
*******************************/
void alarm_init(void)
{
  P0SEL &= ~0x0F;          //配置管脚为通用IO模式
  P0DIR |= 0x0F;           //配置控制管脚为输入模式
}

/*******************************
* 名称：rgb_blink(unsigned)
* 功能：三色灯闪烁
* 参数：unsigned
* 返回：无
*******************************/
void rgb_blink(unsigned rgb){
  switch(rgb){
    case 0x01:
      RGB_R = ON;
      delay_ms(500);
      RGB_R = OFF;
      delay_ms(500);
      break;
    case 0x02:
      RGB_G = ON;
      delay_ms(500);
      RGB_G = OFF;
      delay_ms(500);
      break;
    case 0x03:
      RGB_B = ON;
      delay_ms(500);
      RGB_B = OFF;
      delay_ms(500);
      break;
    default:
      break;
  }
}
```

本次实验内容中还涉及了通过延迟实现闪烁的功能。延迟效果须通过编写具体的代码来实现，为了方便以后对延迟功能的调用，特专门编写与延迟有关的独立文件“delay. h”和“delay. c”。

在“delay. h”中定义了多个不同时长的延迟，用以满足以后代码开发的需要。在代码第 19 行到第 21 行，对 C 语言中的数据类型进行了重新声明，用“u8”表示“unsigned char”类型，用“u16”表示“unsigned short”类型，用“u32”表示“unsigned long”类型。这样做是为了方便书写，同时也能准确获悉数据类型的长度，防止写入数据时溢出错误的出现。

```c
/****************************************
* 文件：delay.h
*****************************************/

/*****************************************
* 头文件
******************************************/
#include <ioCC2530.h>              //引入CC2530所对应的头文件（包含各SFR的定义）

/*****************************************
* 宏条件编译
****************************************/
#ifndef __DELAY_H__
#define __DELAY_H__

/****************************************
* 申明定义无符号数据类型
*****************************************/
typedef unsigned char   u8;            //将unsigned char 声明定义为 u8
typedef unsigned short  u16;           //将unsigned short 声明定义为 u16
typedef unsigned long   u32;           //将unsigned int 声明定义为 u32

/****************************************
* 宏定义
****************************************/
#define CLKSPD  (CLKCONCMD & 0x07)     //宏定义系统时钟分频系数

/***************************************
* 内部原型函数
****************************************/
void delay_s(u16 times);               //硬件延时函数秒
void delay_ms(u16 times);              //硬件延时函数毫秒
void delay_us(u16 times);              //硬件延时函数微秒
void hal_wait(u8 wait);                //硬件毫秒延时函数

#endif /*__DELAY_H_*/
```

```c
/**********************
* 文件：delay.c
***********************/

/**********************
* 头文件
************************/
#include "delay.h"

/*********************************************************
* 名称：hal_wait(u8 wait)
* 功能：硬件毫秒延时函数
* 参数：wait—延时时间（wait < 255）
* 返回：无
* 注释：CC2530系统固件库系统的精确毫秒延时函数,由TI官方提供
***********************************************************/
void hal_wait(u8 wait)
{
  unsigned long largeWait;                  //定义硬件计数临时参数

  if(wait == 0) return;                     //如果延时参数为0,则跳出
  largeWait = ((u16) (wait << 7));          //将数据扩大64倍
  largeWait += 114*wait;                    //将延时数据扩大114倍并求和

  largeWait = (largeWait >> CLKSPD);        //根据系统时钟频率对延时进行放缩
  while(largeWait --);                      //等待延时自减完成
}

/**********************************************
* 名称：delay_s()
* 功能：在延时毫秒的基础上延时秒
* 参数：times—延时时间
* 返回：无
* 注释：延时为990,用于抵消while函数的指令周期
***********************************************/
void delay_s(u16 times)
{
  while(times --){
    delay_ms(990);                          //延时1S
  }
}
```

```c
/*********************************************
* 名称：delay_ms()
* 功能：再硬件延时上延时大于255的毫秒延时
* 参数：times—延时时间
* 返回：无
*********************************************/
void delay_ms(u16 times)
{
  u16 i,j;                                  //定于临时参数
  i = times / 250;                          //获取要延时时长的250ms倍数部分
  j = times % 250;                          //获取要延时时长的250ms余数部分
  while(i --) hal_wait(250);               //延时250毫秒
  hal_wait(j);                              //延时剩余部分
}

/************************************
* 名称：delay_us()
* 功能：估算的微秒延时函数
* 参数：times—延时时间
* 返回：无
************************************/
void delay_us(u16 times)
{
  while (times--){
    asm("NOP");                           //汇编指令,空操作
    asm("NOP");                           //汇编指令,空操作
    asm("NOP");                           //汇编指令,空操作
  }
}
```

```c
/*******************************
* 文件：main.c
*******************************/

/*******************************
* 头文件
*******************************/
#include <ioCC2530.h>
#include "delay.h"
#include "alarm.h"

/********************************
* 名称：main()
* 功能：逻辑代码
* 参数：无
* 返回：无
********************************/
void main(void)
{
  alarm_init();          //声光报警初始化

  while(1)               //死循环
  {
    rgb_blink(0x01);
    rgb_blink(0x02);
    rgb_blink(0x03);
    BEEP = ON;
    delay_ms(1000);
    BEEP = OFF;
  }
}
```

☆实战操作☆

步骤 1：创建新的工程。

（1）创建一个工作区文件夹。

将工作区文件创建在 Windows 中“我的文档”文件夹下，命名为“Ch2”。

（2）创建工程文件夹。

在“Ch2”文件夹下创建“project”文件夹。

（3）创建工程并保存工作区。

• 请参考第 1 章实战 2 的步骤 1 里的操作，创建新的工作区和新的工程。将工程命

名为“Ch2－Alarm”并保存在“project”目录下。

·将工作区命名为“Ch2”，也保存在“project”目录下。

步骤 2：新建源码文件并添加到 Ch2－Alarm 工程中。

（1）创建源码目录。

在“Ch2”目录下新建一个“source”目录，用来存放工程中的所有源码文件。

（2）创建源码文件。

依次新建 5 个文件，并将其分别命名为“alarm. h”“alarm. c”“delay. h”“delay. c”和“main. c”。请按照理论分析部分给出的源码内容将源码文件编写完整，然后将这 5 个文件保存在“Ch2”目录下的“source”目录中。

（3）添加源码文件到工程。

在 IAR 工作区中，右击工程名“Ch2－Alarm”，在弹出的代码中选择“Add→Add Files...”，这时会打开文件选择窗口。请注意，只需要将“. c”的源码文件添加到工程中即可，“. h”头文件会自动被引用到工程中来。也就是只需要选择“led. c”和“mian. c”两个文件即可。

由于在“alarm. c”文件中对“alarm. h”文件添加了引用，因此在 IAR 工程的资源列表窗口中可以看到“alarm. c”文件前面有一个“+”号，如果点击这个“+”号，就能看到被折叠的“alarm. h”以及“delay. h”（图 2－10）。同样，如果点击“main. c”前面的“+”号，也能看到被折叠的“ioCC2530. h”“alarm. h”和“delay. h”这 3 个文件。因此还要再强调一下，在 IAR 工程项目中，只需要添加“. c”源码文件即可。

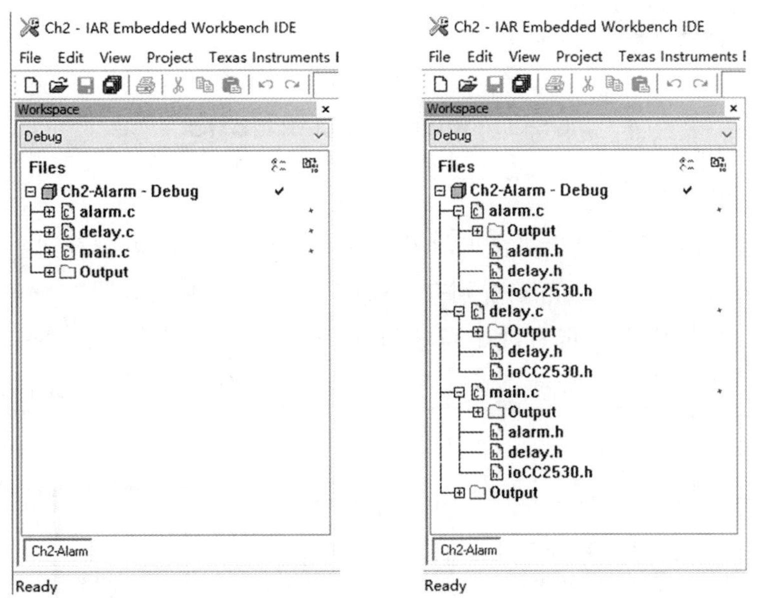

图 2－10　在工程中添加的源码文件（左图折叠头文件，右图展开被折叠的文件）

步骤 3：配置工程。

工程配置部分的操作请参考第 1 章实战 2 中的步骤 3，所有工程配置都是一样的。

步骤 4：编译工程。

源码文件必须经过编译器进行编译，以便检查是否有语法错误。点击“Project”菜单下的“Rebuild All”菜单，等待编译器将源码编译完成，如果出现如图 2-11 所示的内容，特别是可以看到椭圆形区域中的内容，表明我们的代码没有语法错误，编译成功了。

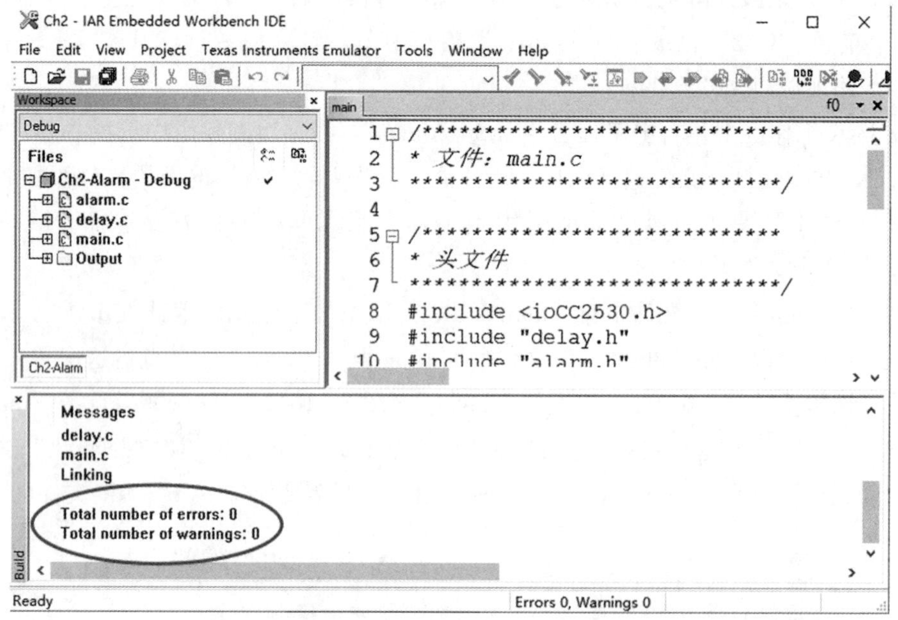

图 2-11　编译成功后的 IAR 工程界面

步骤 5：烧写代码。

IAR 工程源码编译成功后，在当前工程项目所在的目录下可以看到一个“Debug”文件夹，进入这个文件夹后可以看到有“Exe”“List”和“Obj”三个文件夹。进入“Exe”目录下，我们会发现有两个可执行文件，即“Ch2－Alarm.d51”和“Ch2－Alarm.hex”。如图 2－12 所示，不难看出“.hex”文件比“.d51”文件的容量要小很多。

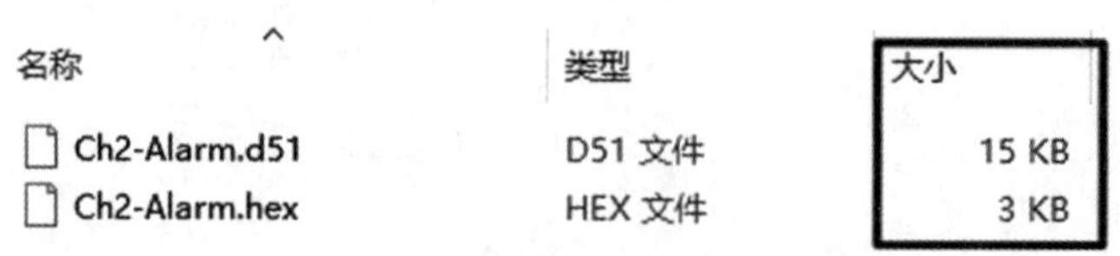

图 2-12　工程编译后生成的可执行文件

如果工程配置中的“Linker”选项使用命令行的形式对源码进行链接，那么根据所写的命令内容可以生成 .hex 格式的可执行文件：

－Ointel－extended，（CODE）＝. hex

在 IAR 工程界面中，通过执行“Project”菜单下的“Download and Debug”菜单项操作，会将“. d51”这个可执行文件经过“SmartRF04EB”仿真器烧写到与之相连的 CC2530 的 ROM 中，并自动进入代码调试状态。代码开发人员可以使用 IAR 提供的调试工具对工程的源码进行调试。

“. hex”文件的烧写需要借助另外一个软件——“Texas Instruments SmartRF Flash Programmer”。这个软件在第 1 章介绍“SmartRF04EB”仿真器套件时已经要求读者安装上了。启动该软件，这时如果使用“SmartRF04EB”仿真器将 CC2530 底板与计算机连接，按下仿真器上的“RST”按钮后，会在界面的“System－on－Chip”处看到已经连接成功的 CC2530 芯片信息（图 2－13）。

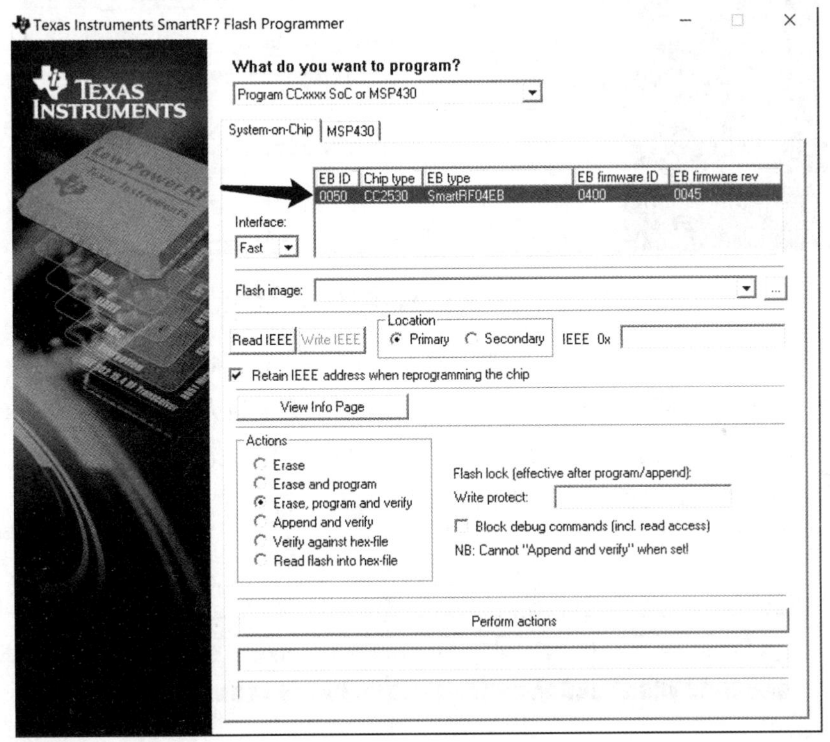

图 2－13　Texas Instruments SmartRF Flash Programmer 界面

在图 2－14 所示的界面中点击“Flash image:”一栏右侧的“...”按钮后，会弹出一个文件定位窗口，在这个窗口里找到“Ch2－Alarm. hex”文件，然后点击“打开”按钮。

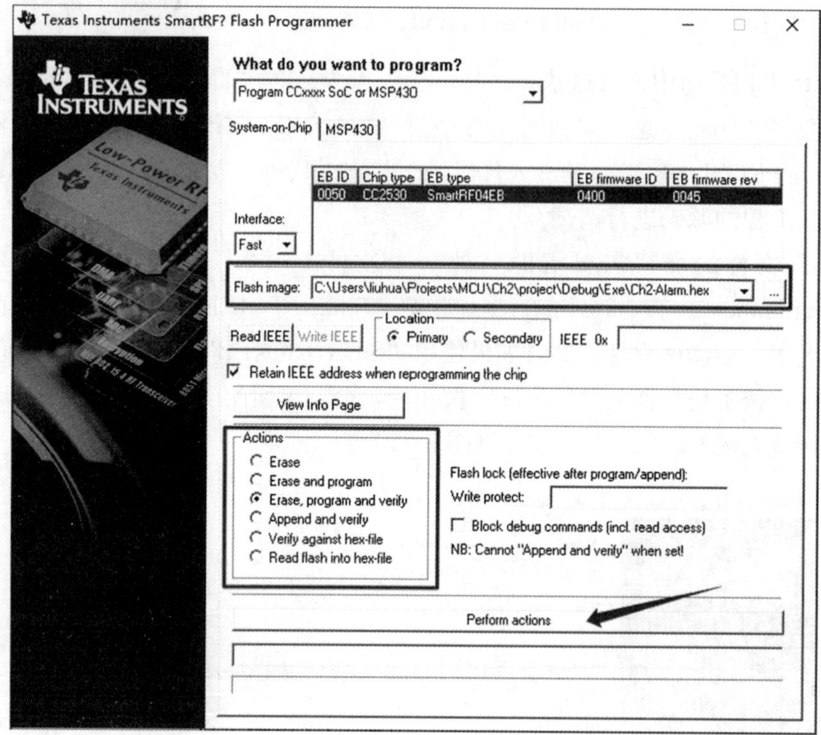

图 2－14　设置 Hex 文件以及烧写操作

接着请确认“Actions”一列中选中的是“Erase，program and verify”（表示将 CC2530 的 ROM 进行擦除、编程并验证），最后点击那个最大的“Perform actions”按钮，在这个按钮下侧空白区域中会出现蓝色的进度条，用来指示当前的执行进度，如果看到如图 2－15 所示的提示，就表明代码烧写成功了。

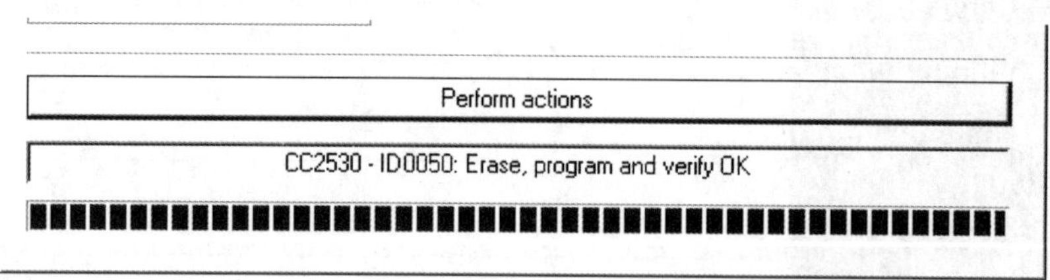

图 2－15　在 Flash Programmer 中成功烧写 Hex 文件后的提示

总结一下两种烧写方式：如果代码需要调试，请在 IAR 中使用“Download and Debug”的方式烧写“. d51”文件；如果代码正确、功能无误，无须再进行调试而只需要演示效果时，可以使用“Flash Programmer”烧写“. hex”文件。

接下来，需要将 CC2530 实验底板与 Sensor－B 通过磁柱叠加，参考图 2－16 的示例，CC2530 实验底板在下，Sensor－B 在上，同时两个设备的端子在同一侧，方便通过短网线连接。取两根 5cm 长的网线，两端水晶头分别插在 CC2530 实验底板和 Sensor－B 上，实现端子间的数据通信。给 CC2530 实验底板接通电源，可以看到 Sensor－B 上的 RGB 灯开始了红、绿、蓝三色闪烁，闪烁一次后，蜂鸣器鸣叫 1s，周而复始。

图 2－16　传感器设备与 CC2530 实验底板叠加使用示意图

※挑战一下：让风扇转起来

Sensor－B 上有一个风扇，电路图如图 2－17 所示，请参考本章学过的知识点，编写可以让 Sensor－B 上的风扇转动的 IAR 工程，并调试效果。

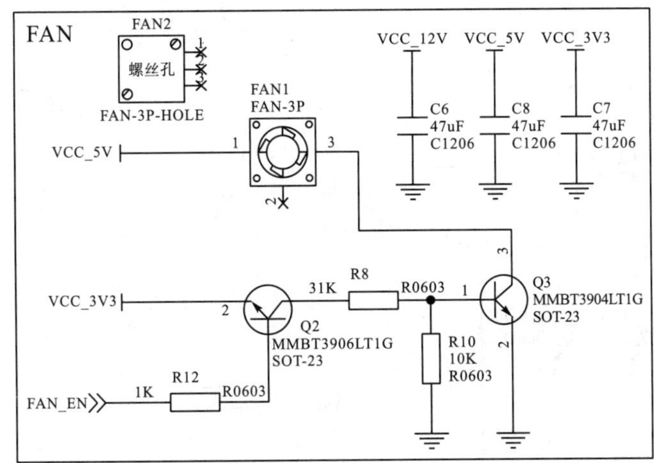

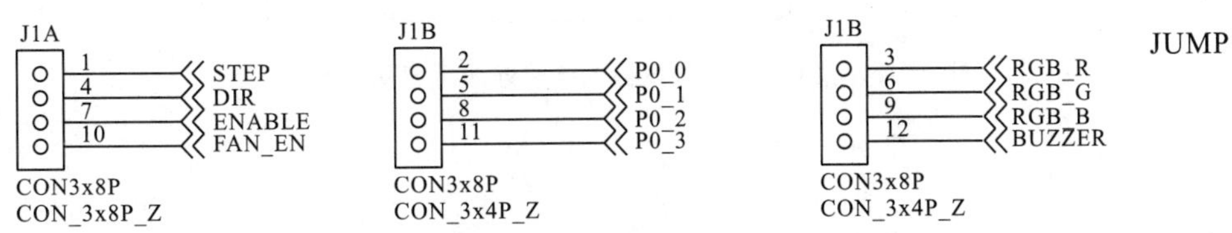

图 2－17　Sensor－B 设备风扇电路及跳线分布示意图

习题

1. 请写出 GPIO 的英文全称以及中文意思。
2. CC2530 的 GPIO 共有多少个 pin，分为几组，每组各几个？
3. CC2530 的 GPIO 有几种工作模式，分别是什么？
4. 请写出 PxSEL 与 PxDIR 的作用及数据定义。
5. 请在下面的横线处为代码添加注释。

```
#include<ioCC2530.h>
#define LED1   P1_6          //________________
#define LED2   P1_7          //________________
void led_init(){
    P1SEL &=~0xC0;           //________________
    P1DIR |=0xC0;            //________________
    LED1=1;                  //________________
    LED2=1;                  //________________
}
```

6. 根据图 2－18 所示的电路示意图，编写一段程序实现点亮 LED9 和 LED10。

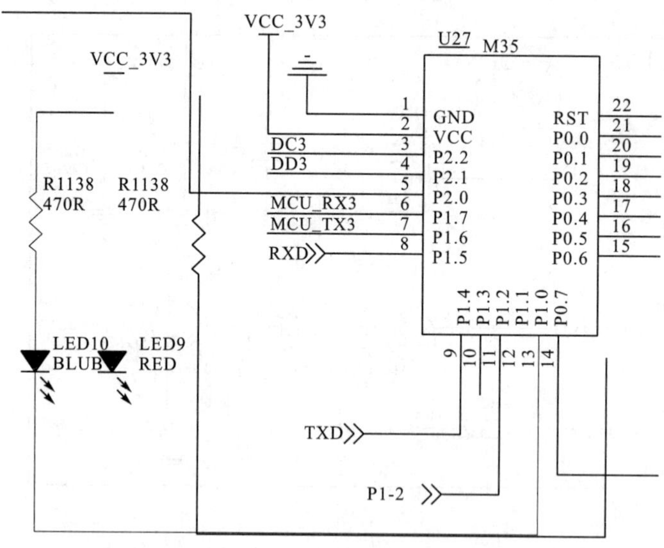

图 2－18　某 CC2530 开发板的电路连线示意图（部分）

第 3 章　单片机的外部中断

回看一下图 2-9 所示的程序流程图，一旦程序进入“RGB 红灯闪烁一次”就会沿着图中箭头的方向周而复始地开始执行。在这个程序运行的过程中，我们没有办法从外界对它的运行过程进行控制，如果想要调换红、绿、蓝三色闪烁的顺序或时长，只能重新编写代码，再次把编译好的代码烧写到单片机内，然后让它重新开始运行才能达到目的。

也许你觉得修改一下代码再重新烧写不是什么大不了的事情，那么试想一下这种情况发生在你的家用微波炉上，这个微波炉在工作过程中只能设定一种加热模式，如果要改变加热模式，就需要拔掉电源让它停止当前的工作，把微波炉内的单片机接到电脑上，重新编写加热模式代码、编译，最后烧写代码，这一切都完成后才能再次接通电源让微波炉重新开始工作。想想都觉得糟糕!

3.1　单片机的外部中断初识

3.1.1　认识一下外部中断

上面用了一个夸张的例子来描述如果一个单片机在运行过程中处于不受控的状态是坚决不能接受的，那么如果要让单片机受控，就要让它学会“听话”，还要让它“懂事”。

“听话”中的“听”是单片机与外界沟通信息的一种渠道，上一章介绍的 GPIO 就是这个渠道。而“话”就是命令，是人类对单片机发出的执行要求。单片机开始工作后，可以在任何时刻通过 GPIO 把命令发送到单片机的 CPU，而 CPU 恰好是那个懂事的“宝宝”，它会放下手中正在做的事情，转而去完成刚才插入的命令，当命令执行完毕后，单片机又回到它之前的工作中继续做着该做的事。这样“既听话又懂事”的单片机才是好的单片机。

上面那段拟人化的描述对应到单片机的环境里，就是 External Interrupt（外部中断）。这个词语有两方面的含义：一是“外部”，说明这种打扰单片机当前工作的事件是由单片机的外设产生的；二是“中断”，说明单片机需要在受到打扰后“先暂停”当前正在执行的代码，转去执行外设所请求的功能，当执行完毕后“再返回”刚才中断的位置，继续往下执行。

3.1.2 CPU 执行指令的流程

CPU 执行的指令是存放在内存中的，这段内存区域往往是一段连续的存储空间，也就是说，内存单元的地址是连续的。只要告诉 CPU 这段连续区域的起始地址，它内部一个叫作“PC”（Program Counter，程序计数器）的部件就会自动计算出下一条要执行的指令的地址。当 CPU 执行完当前指令后，会从 PC 中读取下一条指令在内存中的地址，然后从内存中把指令代码读取出来执行，执行完成之后会再去 PC 中取下一条地址…… 一直这样重复着。

一旦把要执行的代码存放到了内存区域，只需要告诉 CPU 第一条指令地址在哪里就可以了，那么第一条指令到底存放在内存中的哪个地址？又是怎样让 CPU 知道的呢？

还记得所有的 C 语言代码都有一个 main 函数吗？这个 main 函数就是整个程序的入口，它的第一条语句就是 CPU 要执行的第一条指令。当然在源码文件中看到的代码与 CPU 真正执行的代码是不一样的。CPU 执行的是把我们写的源码编译后生成的二进制格式的机器码，这就是为什么编写完代码后需要执行编译。main 函数中的所有语句都会按照书写的顺序依次被编译成机器码，而执行烧写操作其实就是把这些编译好的机器码存放到单片机的内存中，并把第一条指令所在的内存地址存放在 PC 中。

下面通过在 IAR 中进行代码调试的界面解释一下 CPU 执行代码的流程。图 3－1 中有三个椭圆形标注的区域，它们分别在“main. c”“Disassembly”“Register”三个不同的窗口中。

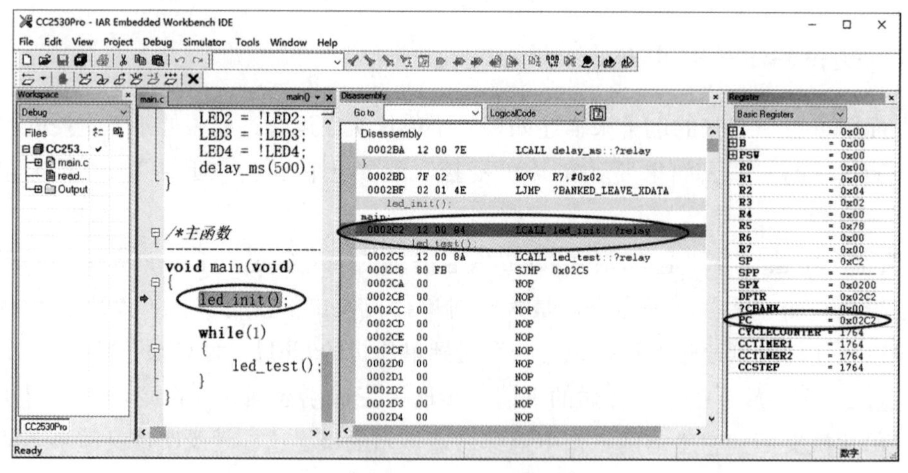

图 3－1　在 IAR 中调试程序代码

“main. c”这个窗口就是编辑源码的地方。图中最左侧的椭圆形的左侧还有一个箭头符号，指向了“led＿init（）;”这条语句，而且这条语句的背景颜色被加深了，这表明当前 CPU 准备执行的指令就是这条语句。

在“Disassembly”窗口中同样能看到被椭圆形标注的那一行背景颜色是加深的，

这个窗口里展示的是源码被编译后生成的机器语言存放在内存中的示意。在这个窗口中最左侧的一列是内存地址，也就是说，在椭圆形中看到的最左边的“0002C2”是以十六进制数表示的内存地址，紧跟着后面看到的“12 00 84”是 C 语言源码中“led_init();”这条语句被编译成的机器码。

图片最右侧的椭圆形中显示的是 CPU 中 PC 当前的值为“0x02C2”。

3.1.3　CPU 运行过程被中断后的断点保护机制

只要 CPU 在运行代码的过程中没有受到任何外界干扰，它就会一直按照从 PC 中取地址 → 按照地址到内存取指令 → 执行指令 → 再次从 PC 中取址这样的流程不停地运转。在这样一个无限循环的过程中，一旦 CPU 接收到了外部的中断请求，这个无限循环的流程就被打断了，因为 CPU 必须为这个外部中断请求的功能去执行相应的代码，这部分代码与被刚才打断的代码并没有存放在同一块内存区域中。

为了保证 CPU 在执行完中断请求后能够正确返回到被中断的代码处，继续执行后续的代码，往往需要执行断点保护操作。

假如你是 CPU，你的任务是数清楚满满一碗绿豆的数量，你开始一颗一颗地数绿豆，1，2，3，…，1099，这时电话响了，因为这个电话很重要，你不能忽视它，必须马上去接，为了防止你在接完电话后忘记自己刚才数到几了，你应该先把 1099 这个数记到一张纸上，然后你再去接电话，电话讲完后，你就可以愉快地从 1100 这个数开始继续数绿豆了。这个场景中把 1099 这个数记录到纸上的环节就是 CPU 在执行中断请求功能之前的断点保护操作。

对于 CPU 来说，断点包含的信息很多，有 PC 中下一条指令的地址，有程序运行过程中计算的中间结果等。这些断点信息会被 CPU 用入栈操作进行保护。当 CPU 执行完中断请求功能的代码后，再执行把刚才保存的那些断点信息出栈的操作，便可以正确返回断点处继续往下执行代码了。

3.2　外部中断的有关概念

3.2.1　外部中断事件

所有外部设备要求 CPU 为自己的“请求”服务的情况都可以称之为外部中断事件。我们日常接触最多的外部中断事件是键盘这个设备发出的。首先可以十分肯定的是键盘是一个外部设备，它通过 USB 接口与电脑连接；其次，当我们在键盘上敲击按键时，CPU 都会做出相应的响应；最后，当我们停止敲击键盘时，CPU 原来在干什么接下来还会继续干什么。

3.2.2　中断源

只要外部设备“主动”要求 CPU 为其服务，就叫作一次中断请求，而发出中断请求的外部设备叫作中断源。

3.2.3 允许/屏蔽中断

既然是请求，也就是有商量的余地，CPU 可以接受请求也可以拒绝请求。可以通过设置相应的 SFR 来屏蔽所有外部中断请求，也叫作关中断。前面不是说要单片机“听话又懂事”吗？一旦关中断，CPU 的执行过程就不能被外部设备打扰，那不又回到本章开始的那个微波炉的例子了吗？其实这个关中断并不是要永远一直关下去，只有在 CPU 执行一些非常特殊的重要操作，而且在执行这些操作时不希望收到外设的中断请求，才会关中断。

3.2.4 中断判优

因为 GPIO 可以挂接多个外部设备，如果同时有一个以上的外部设备向 CPU 发出中断请求，CPU 要么把所有的请求都拒之门外，要么只能从中挑选一个请求为其服务。这种 CPU 对于中断请求选择性服务的机制叫作中断判优。

3.2.5 中断嵌套

假如有 A 和 B 两个中断源，其中 A 的优先级高于 B，在 CPU 执行指令的过程中，只有 B 提出了中断请求，CPU 得到请求信号后就会进行断点保护，然后去为 B 服务。然而，在执行 B 服务的代码时，A 提出了中断请求，此时 CPU 就会中断为 B 的服务，先去执行 A 的服务代码，执行完毕后再返回 B 的服务代码继续往下执行，执行完毕后返回原来的代码继续执行。这样的过程叫作中断嵌套。

3.2.6 中断服务程序或中断服务函数

CPU 离开当前的程序，转去执行的中断源请求的服务代码叫作中断服务程序，也叫作中断服务函数。这个函数与我们在源码文件中所写的一般函数不太一样，它只有在中断请求被 CPU 响应后才会执行，所以我们不会在主函数中通过调用的方式来执行它。

3.2.7 中断向量与中断向量表

CPU 收到中断源的中断请求，如果决定响应并执行中断服务程序，就必须知道这个中断服务程序的入口地址，也就是这个中断服务函数中第一条指令的地址。因为 CPU 通过 GPIO 可以接收多个外设提出的中断请求，每个外设要执行的中断服务程序的功能也不一样，这就需要为每一个外部中断请求的中断服务程序指派它们固定的入口地址，然后再把这些入口地址都集中存放到内存某个固定的区域中。这样，一旦有中断源提出中断请求，CPU 在判别是哪个中断源发出的中断请求后，就可以到刚才说的那个固定的区域中定位到当前这个中断源的中断服务程序的入口地址了。这里提到的那个固定的区域叫作中断向量表，而中断向量表中所存放的就是中断向量。

3.3　CC2530 中的外部中断

3.3.1　中断源概览

据 TI 官网提供的 CC2530 用户手册介绍，CC2530 共有 18 个外部中断源，如图 3－2 所示。这 18 个中断源在 SFR 中都有一个相应的命名标志位，也就是说，只要在代码中使用标志位名称就可以对这个中断源进行控制和操作。

Interrupt Number	Description	Interrupt Name	Interrupt Vector	Interrupt Mask, CPU	Interrupt Flag, CPU
0	RF TX FIFO underflow and RX FIFO overflow	RFERR	03h	IEN0.RFERRIE	TCON.RFERRIF (1)
1	ADC end of conversion	ADC	0Bh	IEN0.ADCIE	TCON.ADCIF (1)
2	USART 0 RX complete	URX0	13h	IEN0.URX0IE	TCON.URX0IF (1)
3	USART 1 RX complete	URX1	1Bh	IEN0.URX1IE	TCON.URX1IF (1)
4	AES encryption/decryption complete	ENC	23h	IEN0.ENCIE	S0CON.ENCIF
5	Sleep Timer compare	ST	2Bh	IEN0.STIE	IRCON.STIF
6	Port 2 inputs/USB	P2INT	33h	IEN2.P2IE	IRCON2.P2IF (2)
7	USART 0 TX complete	UTX0	3Bh	IEN2.UTX0IE	IRCON2.UTX0IF
8	DMA transfer complete	DMA	43h	IEN1.DMAIE	IRCON.DMAIF
9	Timer 1 (16-bit) capture/compare/overflow	T1	4Bh	IEN1.T1IE	IRCON.T1IF (1) (2)
10	Timer 2	T2	53h	IEN1.T2IE	IRCON.T2IF (1) (2)
11	Timer 3 (8-bit) compare/overflow	T3	5Bh	IEN1.T3IE	IRCON.T3IF (1) (2)
12	Timer 4 (8-bit) compare/overflow	T4	63h	IEN1.T4IE	IRCON.T4IF (1) (2)
13	Port 0 inputs	P0INT	6Bh	IEN1.P0IE	IRCON.P0IF (2)
14	USART 1 TX complete	UTX1	73h	IEN2.UTX1IE	IRCON2.UTX1IF
15	Port 1 inputs	P1INT	7Bh	IEN2.P1IE	IRCON2.P1IF (2)
16	RF general interrupts	RF	83h	IEN2.RFIE	S1CON.RFIF (2)
17	Watchdog overflow in timer mode	WDT	8Bh	IEN2.WDTIE	IRCON2.WDTIF

图 3－2　CC2530 中断源概览

在图 3－2 中，“Interrupt Name” 这一列是当前中断源的名字，“Interrupt Vector” 这一列是 CC2530 的中断向量表。表中编号为 13 的中断源名字叫作 “P0INT”，表示通过 GPIO 的 P0 端口向 CPU 提出的中断请求，而这个中断请求的中断服务程序的入口地址（也就是中断服务程序中第一条指令所在的内存地址）被存放在了中断向量表中地址为 “6Bh” （与 0x6B 一样，都是十六进制数据的书写形式）的内存单元中。虽然 CC2530 只有 18 个中断源，每个中断源所对应的中断向量表地址都是固定的，但是记住这些没有什么信息量的物理地址实在是太糟糕了，相比较来说每个中断源的名字记起来就要容易一些，而且能见名知意。

3.3.2　与中断有关的 SFR

CC2530 中的 18 个中断源，每个都可以在相应的 SFR 中单独设置允许/屏蔽状态。

如图 3－2 所示，“Interrupt Mask，CPU” 一列中列出了所有与允许/屏蔽当前中断有关的 SFR，如果允许 P0INT 中断，就需要设置 IEN1 这个 SFR 的 P0IE 位的值来实现。这一列中的 “IEN0” “IEN1” 和 “IEN2” 的命名也很容易理解：字母 “I” 代表 Interrupt，字符串 “EN” 代表 Enable，数字就是一个序号。“IEN0” “IEN1” 和 “IEN2”

这三个 SFR 每个都用了 6 个比特位来分别管理 6 个中断源的允许/屏蔽功能，这些比特位都有自己专属的名字，“P0IE”就是 P0 端口的中断请求允许/屏蔽位名。

图 3－3 是 IEN0 这个 SFR 的数据解释，该图详细说明了如果需要允许/屏蔽某个外部中断，该如何对 IEN0 进行设置。图 3－4 是 IEN1 的数据解释。图 3－5 是 IEN2 的数据解释。

IEN0 (0xA8) – Interrupt Enable 0

Bit	Name	Reset	R/W	Description
7	EA	0	R/W	Disables all interrupts. 0: No interrupt is acknowledged. 1: Each interrupt source is individually enabled or disabled by setting its corresponding enable bit.
6	–	0	R0	Reserved. Read as 0
5	STIE	0	R/W	Sleep Timer interrupt enable 0: Interrupt disabled 1: Interrupt enabled
4	ENCIE	0	R/W	AES encryption and decryption interrupt enable 0: Interrupt disabled 1: Interrupt enabled
3	URX1IE	0	R/W	USART 1 RX interrupt enable 0: Interrupt disabled 1: Interrupt enabled
2	URX0IE	0	R/W	USART0 RX interrupt enable 0: Interrupt disabled 1: Interrupt enabled
1	ADCIE	0	R/W	ADC interrupt enable 0: Interrupt disabled 1: Interrupt enabled
0	RFERRIE	0	R/W	RF core error interrupt enable 0: Interrupt disabled 1: Interrupt enabled

图 3－3　CC2530 IEN0 的数据解释

IEN1 (0xB8) – Interrupt Enable 1

Bit	Name	Reset	R/W	Description
7:6	–	00	R0	Reserved. Read as 0
5	P0IE	0	R/W	Port 0 interrupt enable 0: Interrupt disabled 1: Interrupt enabled
4	T4IE	0	R/W	Timer 4 interrupt enable 0: Interrupt disabled 1: Interrupt enabled
3	T3IE	0	R/W	Timer 3 interrupt enable 0: Interrupt disabled 1: Interrupt enabled
2	T2IE	0	R/W	Timer 2 interrupt enable 0: Interrupt disabled 1: Interrupt enabled
1	T1IE	0	R/W	Timer 1 interrupt enable 0: Interrupt disabled 1: Interrupt enabled
0	DMAIE	0	R/W	DMA transfer interrupt enable 0: Interrupt disabled 1: Interrupt enabled

图 3－4　CC2530 IEN1 的数据解释

IEN2 (0x9A) – Interrupt Enable 2

Bit	Name	Reset	R/W	Description
7:6	–	00	R0	Reserved. Read as 0
5	WDTIE	0	R/W	Watchdog Timer interrupt enable 0: Interrupt disabled 1: Interrupt enabled
4	P1IE	0	R/W	Port 1 interrupt enable 0: Interrupt disabled 1: Interrupt enabled
3	UTX1IE	0	R/W	USART 1 TX interrupt enable 0: Interrupt disabled 1: Interrupt enabled
2	UTX0IE	0	R/W	USART 0 TX interrupt enable 0: Interrupt disabled 1: Interrupt enabled
1	P2IE	0	R/W	Port 2 and USB interrupt enable 0: Interrupt disabled 1: Interrupt enabled
0	RFIE	0	R/W	RF general interrupt enable 0: Interrupt disabled 1: Interrupt enabled

图 3－5　CC2530 IEN2 的数据解释

为了让 CPU 能够识别出当前是哪一个或哪几个中断源提出了中断请求，CC2530 中还有一些 SFR 是用来标识中断请求标志的，如图 3－2 中的“Interrupt Flag，CPU”一列所示。如果 P0INT 有中断请求提出，那么 IRCON 这个 SFR 的 P0IF 位被置为“1”，当 CPU 响应了这个中断请求，并进入 P0INT 的中断服务程序中去执行代码时，IRCON 的 P0IF 位被复位为“0”。在图 3－2 的“Interrupt Flag，CPU”一列下面，能找到“TCON”“S0CON”“S1CON”“IRCON”和“IRCON2”这 5 个 SFR。具体的数据解释如图 3－6 至图 3－10 所示。

TCON (0x88) – Interrupt Flags

Bit	Name	Reset	R/W	Description
7	URX1IF	0	R/W H0	USART 1 RX interrupt flag. Set to 1 when USART 1 RX interrupt occurs and cleared when CPU vectors to the interrupt service routine. 0: Interrupt not pending 1: Interrupt pending
6	–	0	R/W	Reserved
5	ADCIF	0	R/W H0	ADC interrupt flag. Set to 1 when ADC interrupt occurs and cleared when CPU vectors to the interrupt service routine. 0: Interrupt not pending 1: Interrupt pending
4	–	0	R/W	Reserved
3	URX0IF	0	R/W H0	USART 0 RX interrupt flag. Set to 1 when USART 0 interrupt occurs and cleared when CPU vectors to the interrupt service routine. 0: Interrupt not pending 1:Interrupt pending
2	IT1	1	R/W	Reserved. Must always be set to 1. Setting a zero enables low-level interrupt detection, which is almost always the case (one-shot when interrupt request is initiated).
1	RFERRIF	0	R/W H0	RF core error interrupt flag. Set to 1 when RFERR interrupt occurs and cleared when CPU vectors to the interrupt service routine. 0: Interrupt not pending 1: Interrupt pending
0	IT0	1	R/W	Reserved. Must always be set to 1. Setting a zero enables low-level interrupt detection, which is almost always the case (one-shot when interrupt request is initiated).

图 3－6　CC2530 TCON 的数据解释

S0CON (0x98) – Interrupt Flags 2

Bit	Name	Reset	R/W	Description
7:2	–	0000 00	R/W	Reserved
1	ENCIF_1	0	R/W	AES interrupt. ENC has two interrupt flags, ENCIF_1 and ENCIF_0. Setting one of these flags requests interrupt service. Both flags are set when the AES coprocessor requests the interrupt. 0: Interrupt not pending 1: Interrupt pending
0	ENCIF_0	0	R/W	AES interrupt. ENC has two interrupt flags, ENCIF_1 and ENCIF_0. Setting one of these flags requests interrupt service. Both flags are set when the AES coprocessor requests the interrupt. 0: Interrupt not pending 1: Interrupt pending

图 3－7　CC2530 S0CON 的数据解释

S1CON (0x9B) – Interrupt Flags 3

Bit	Name	Reset	R/W	Description
7:2	–	0000 00	R/W	Reserved
1	RFIF_1	0	R/W	RF general interrupt. RF has two interrupt flags, RFIF_1 and RFIF_0. Setting one of these flags requests interrupt service. Both flags are set when the radio requests the interrupt. 0: Interrupt not pending 1: Interrupt pending
0	RFIF_0	0	R/W	RF general interrupt. RF has two interrupt flags, RFIF_1 and RFIF_0. Setting one of these flags requests interrupt service. Both flags are set when the radio requests the interrupt. 0: Interrupt not pending 1: Interrupt pending

图 3－8　CC2530 S1CON 的数据解释

IRCON (0xC0) – Interrupt Flags 4

Bit	Name	Reset	R/W	Description
7	STIF	0	R/W	Sleep Timer interrupt flag 0: Interrupt not pending 1: Interrupt pending
6	–	0	R/W	Must be written 0. Writing a 1 always enables the interrupt source.
5	P0IF	0	R/W	Port 0 interrupt flag 0: Interrupt not pending 1: Interrupt pending
4	T4IF	0	R/W H0	Timer 4 interrupt flag. Set to 1 when Timer 4 interrupt occurs and cleared when CPU vectors to the interrupt service routine. 0: Interrupt not pending 1: Interrupt pending
3	T3IF	0	R/W H0	Timer 3 interrupt flag. Set to 1 when Timer 3 interrupt occurs and cleared when CPU vectors to the interrupt service routine. 0: Interrupt not pending 1: Interrupt pending
2	T2IF	0	R/W H0	Timer 2 interrupt flag. Set to 1 when Timer 2 interrupt occurs and cleared when CPU vectors to the interrupt service routine. 0: Interrupt not pending 1: Interrupt pending
1	T1IF	0	R/W H0	Timer 1 interrupt flag. Set to 1 when Timer 1 interrupt occurs and cleared when CPU vectors to the interrupt service routine. 0: Interrupt not pending 1: Interrupt pending
0	DMAIF	0	R/W	DMA-complete interrupt flag 0: Interrupt not pending 1: Interrupt pending

图 3－9　CC2530 IRCON 的数据解释

IRCON2 (0xE8) – Interrupt Flags 5

Bit	Name	Reset	R/W	Description
7:5	–	000	R/W	Reserved
4	WDTIF	0	R/W	Watchdog Timer interrupt flag 0: Interrupt not pending 1: Interrupt pending
3	P1IF	0	R/W	Port 1 interrupt flag 0: Interrupt not pending 1: Interrupt pending
2	UTX1IF	0	R/W	USART 1 TX interrupt flag 0: Interrupt not pending 1: Interrupt pending
1	UTX0IF	0	R/W	USART 0 TX interrupt flag 0: Interrupt not pending 1: Interrupt pending
0	P2IF	0	R/W	Port 2 interrupt flag 0: Interrupt not pending 1: Interrupt pending

图 3－10　CC2530 IRCON2 的数据解释

图 3－2 中的“Interrupt Flag，CPU”这一列下方还用上标的形式标出了“(1)”和“(2)”。其中上标（1）代表当 CPU 进入这些中断源的中断服务程序后，该标志位会自动被硬件清 0；上标（2）表示当前中断源中有多个可以提交中断请求的外设，具体是哪一个需要根据与之有关的附加的 SFR 来进行判断。

3.3.3　CC2530 中断配置步骤

为了让 CC2530 能够正常地接收到某个外部中断源的中断服务请求，需要编写代码来对这个中断源进行初始化配置，配置步骤如下：

（1）将该中断源的中断标志位清除。

（2）设置允许该中断源提出中断请求。

（3）开启全局中断有效标志，即设置 EA=1。

实战：可控步进电机

实战目标	掌握 CC2530 外部中断的编程
实战环境	（1）计算机（Pentium 处理器双核 2GHz 及以上，内存 4GB 及以上），Windows 10 64 位专业版； （2）CC2530 实验底板、Sensor－B 设备及 SmartRF04EB 仿真器套件
实战内容	将 CC2530 实验底板与 Sensor－B 设备通过磁柱叠加，用 5cm 短网线将两个设备的通信端子连通，编写 IAR 工程代码，实现程序开始时 LED1 和 LED2 都不亮。当按下实验底板上的 K1 按键后，Sensor－B 上的步进电机正转，同时 LED1 亮，LED2 灭；按下实验底板上的 K2 按键后，Sensor－B 上的步进电机反转，同时 LED2 亮，LED1 灭

☆理论分析☆

1. 逻辑分析

能够编写出正确的功能代码的前提一定是对于功能需求进行正确的逻辑分析，这里的逻辑就是“先做什么”“再做什么”“如果发生了某种事情，那么我们应该做什么”

“如果事情没有发生，我们又该做什么”。很多编程的初学者正是因为没有养成良好的逻辑分析习惯，甚至对于什么叫作逻辑都不是很清楚，才导致根本无法入门，也丧失了学习的兴趣。

其实养成逻辑分析的习惯，逐渐形成逻辑思维并不是一件难事。我们生活中很多事情都是有逻辑可循的。举个用银行卡在自动柜员机上取钱的例子，这里用流程图的形式来分析整个取钱的流程，如图 3−11 所示。

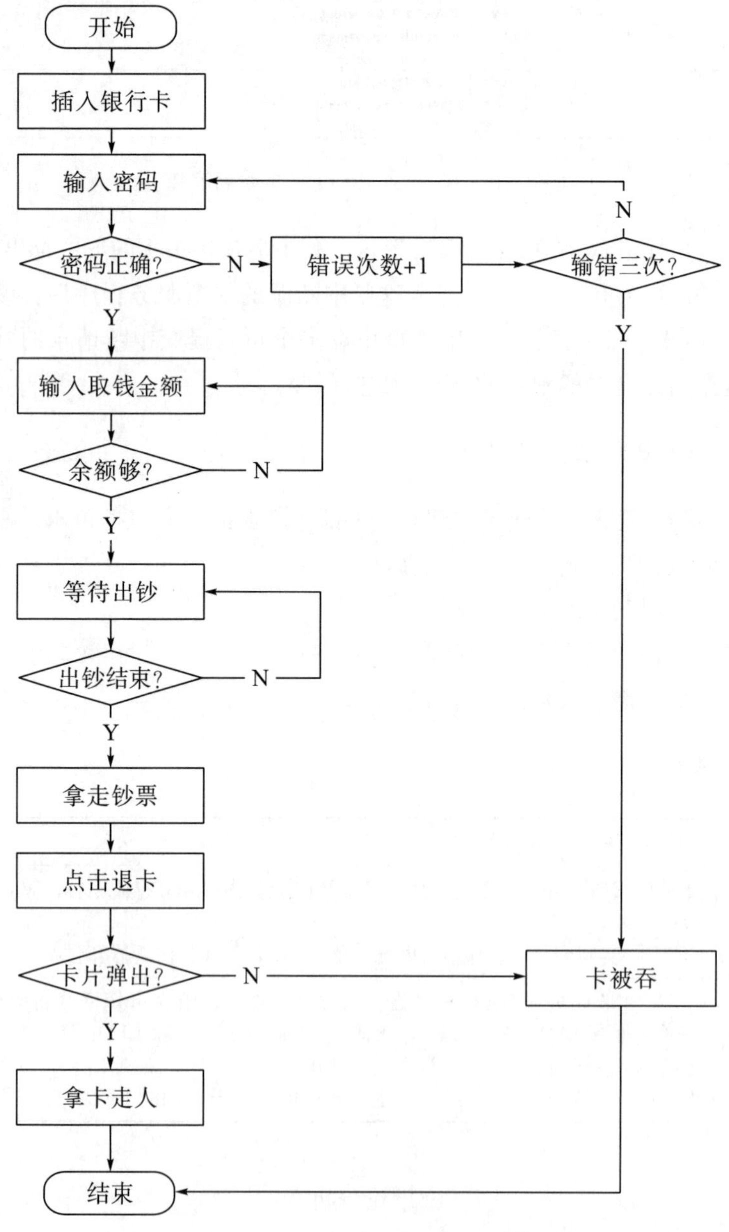

图 3−11　在自动柜员机用银行卡取钱流程图

流程图中沿着箭头的方向从“开始”一直往下走，这种情况就是“顺序”。流程图有分支的情况就是“条件”判断。沿着箭头形成回路的就是“循环”。

现实生活中的很多事情都可以用流程图中的“顺序”“条件”和“循环”这三种结构的不同组合来描述。

2. 功能分析

实战内容中要求一开始程序运行的时候 2 个 LED 不亮，步进电机不工作，如果没有按下任何按键，Sensor－B 会一直保持这个状态不变。如果按下了控制按键 K1，那么 LED1 长亮，LED2 灭，步进电机执行正转操作；如果按下了控制按键 K2，那么 LED2 长亮，LED1 灭，步进电机执行反转操作。

3. 实验原理分析

（1）步进电机介绍。

步进电机是将电脉冲信号转变为角位移或线位移的开环控制电机，是现代数字程序控制系统中的主要执行元件，应用极为广泛。电脉冲类似于脉搏，感受到脉搏跳动的时候类似于脉冲的高电平，脉搏不跳的时候为低电平。角位移的单位是弧度。

步进电机是一种感应电机，它是利用电子电路，将直流电变成分时供电的、多相时序控制电流，用这种电流为步进电机供电，步进电机才能正常工作。

（2）步进电机的基本原理。

步进电机的转子为永磁体，如图 3－12 所示，当电流流过定子绕组时，定子绕组产生一个矢量磁场。该磁场会带动转子旋转一定角度，使得转子的一对磁场方向与定子的磁场方向一致。当定子的矢量磁场旋转一个角度时，转子也随着该磁场旋转一个角度。每输入一个电脉冲，电动机就转动一个角度前进一步。它输出的角位移与输入的脉冲数成正比，转速与脉冲频率成正比。改变绕组通电的顺序，电机就会反转。因此可以通过控制脉冲数量、频率及电机各相绕组的通电顺序来控制步进电机的转动。

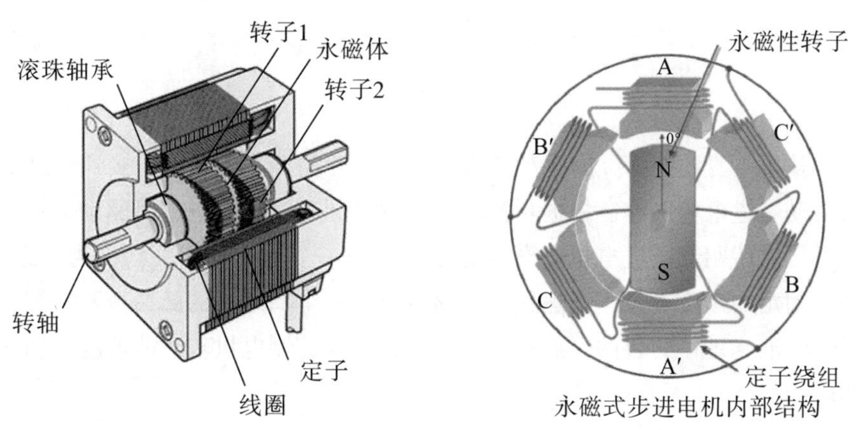

图 3－12　步进电机结构示意图

（3）步进电机工作流程。

以图 3－13 为例，当步进电机接收到一个电脉冲信号后，A 相通电，A 方向的磁通量经转子形成闭合回路。若转子和磁场轴线方向原有一定角度，则在磁场的作用下，转子被磁化，吸引转子，使转子和定子的齿对齐并停止转动，即 A 相通电，转子 1、3 齿和AA′对齐；下一个脉冲信号到来时，B相通电，使2、4齿和BB′对齐；第三个脉冲信号到来时，C相通电，使3、1齿和CC′对齐。这种方式即“三相三拍”驱动方式。

图3-13　步进电机工作流程示意图

（4）步进电机相关术语。

相数：产生不同的对N、S磁场的激磁线圈对数，常用m表示。

拍数：完成一个磁场周期性变化所需脉冲数或导电状态，常用n表示，也可以理解为电机转过一个齿距角所需脉冲数。以四相电机为例，有四相四拍运行方式，即AB—BC—CD—DA—AB；也有四相八拍运行方式，即A—AB—B—BC—C—CD—D—DA—A。

步距角：对应一个脉冲信号中，电机转子转过的角位移，用θ表示。

$$\theta = \frac{360^\circ}{\text{转子齿数} \times \text{运行拍数}}$$

假设以四相、转子齿数为50齿的电机为例，四拍运行时步距角为：

$$\theta = \frac{360^\circ}{50 \times 4} = 1.8^\circ$$

（5）步进电机控制方式。

由于单片机本身的GPIO的驱动能力不够，因此需要将GPIO连接到步进电机驱动控制器来驱动步进电机工作。根据步进电机的驱动原理，当步进电机驱动器接收到一个脉冲信号时，它就驱动步进电机按设定的方向转动一个固定的角度（称为步进角），它的旋转是以固定的角度一步一步运行的。通过设置一个周期内的脉冲个数来控制角位移量，可以达到准确定位的目的。通过控制脉冲频率来控制电机转动的速度和加速度，可以达到调速的目的。

（6）电路原理图。

图3－14（a）中标注的A3967SLB是步进电机的驱动芯片，该芯片采用EasyStepper接口。图3-14（b）是步进电机的电路图，其中：

· DIR是电机运转方向的选择端口；

· STEP为脉冲输入端口；

· OUT1A、OUT1B、OUT2A和OUT2B为H桥的两对输出端口；

• ENABLE 为使能端。

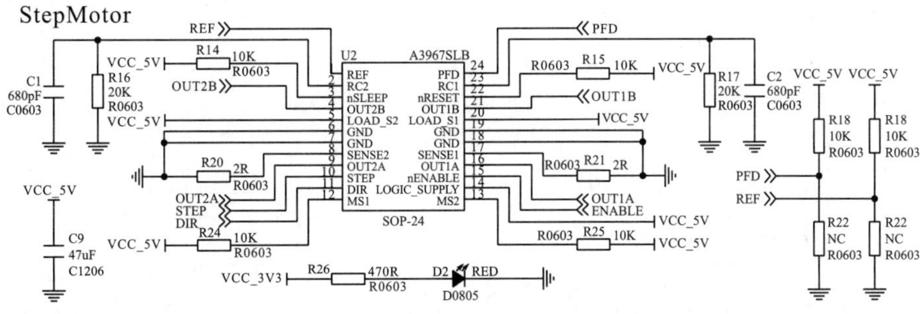

(a) A3967SLB 的电路图

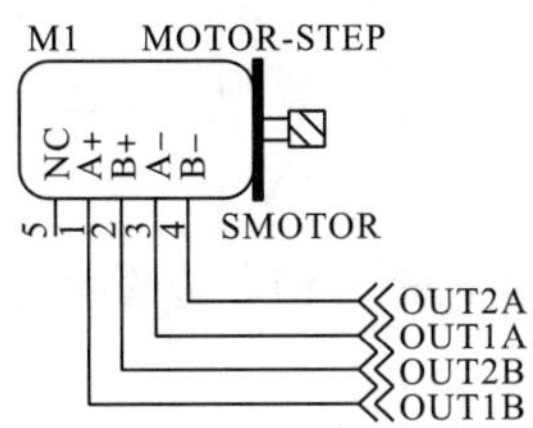

(b) 步进电机的电路图

图 3－14　Sensor－B 设备中的步进电机

若要使 CC2530 控制驱动芯片，需要参考图 2－5 Sensor－B 外观图，将 J1A 的 SETP 与 J1B 的 P0_0短接，将 J1A 的 DIR 与 J1B 的 P0_1短接，将 J1A 的 ENABLE 与 J1B 的 P0_2短接。根据电路分析可知，要想通过 CC2530 控制电机驱动芯片，则需要将 P0_0、P0_1和 P0_2设置为通用 I/O，数据方向为输出。

本次实验内容中要求通过 CC2530 实验底板的两个功能按键 K1 和 K2 来控制步进电机的转动方向。图 3－15 为 CC2530 实验底板的功能按键 K1 和 K2 的电路图。以 K1 为例，K1 的引脚一端接 GND，另一端接电阻和 CC2530 的 P1_2管脚，电阻的另一端接 3.3V 电源。当按键没有被按下时，K1 的脚 1 和脚 2 未导通，P1_2检测到高电平；当按键被按下时，K1 的脚 1 和脚 2 导通，P1_2检测到为低电平。实验内容要求按下 K1 后驱动步进电机转动，因此需要设置 CC2530 外部中断的触发方式为下降沿触发。K2 按键的工作原理相同。

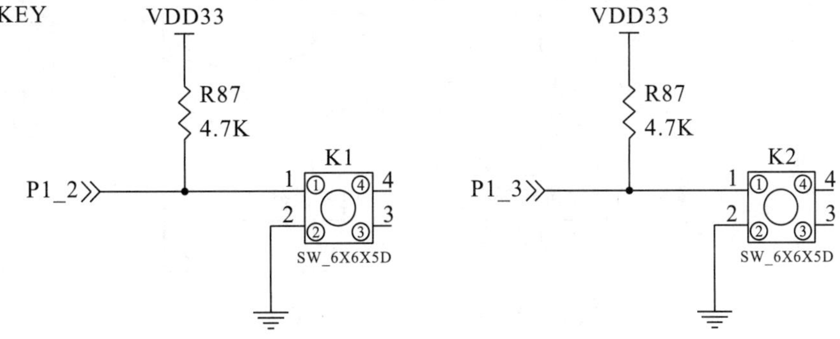

图 3－15　CC2530 实验底板功能按键电路图

本次实验中还用到了 Sensor—B 上的两个 LED，其电路图可以参考图 2—6 中的电路示意图，并结合图 3—16 所示的 Sensor—B RJ45 通信端子接口示意图，可以看到其中的 LED1 和 LED2 分别连接在了 P0_4和 P0 _ 5 上。

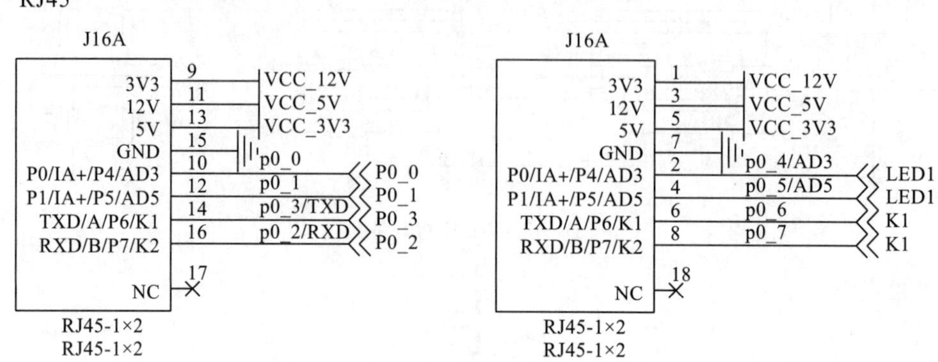

图 3—16　Sensor—B RJ45 **通信端子接口示意图**

4. 程序功能流程图

如图 3—17 所示，首先需要初始化 LED 和步进电机所用到的 I/O 端口，然后初始化按键并在这里对外部中断进行配置，使得 CC2530 可以响应按键中断并执行中断服务程序。图中对按键的判断以及控制电机正转或反转的功能就是中断服务程序的功能。

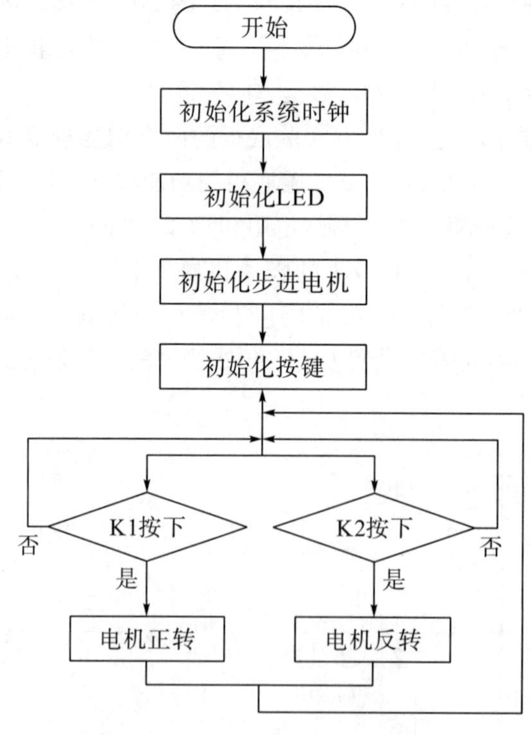

图 3—17　**可控步进电机程序流程图**

5. 根据流程图编程

（1）初始化 LED。

本次实验用到的 LED1 和 LED2 通过 P0_4和 P0 _ 5 控制，具体的初始化代码如下：

```
/**********************************************
* 文件：led.h
***********************************************/

/**********************************************
* 宏条件编译
***********************************************/
#ifndef __LED_H__
#define __LED_H__

/*********************************************
* 头文件
**********************************************/
#include <ioCC2530.h>

/**********************************************
* 宏定义
***********************************************/
#define D1       P0_4     //P0_4控制Sensor-B LED1
#define D2       P0_5     //P0_5控制Sensor-B LED2

#define ON       0
#define OFF      1

/***********************************************
* 函数声明
************************************************/
void led_init(void);      //LED控制引脚初始化函数

#endif /*__LED_H_*/
```

```
/*************************
* 文件：led.c
**************************/

/*************************
* 头文件
**************************/
#include "led.h"

/*************************
* 名称：led_init()
* 功能：LED控制引脚初始化
* 参数：无
* 返回：无
**************************/
void led_init(void)
{
   P0SEL &= ~0x30;         //p0_4, p0_5为通用IO模式
   P0DIR |= 0x30;          //p0_4, p0_5为输出模式

   D1 = OFF;      //初始状态为关闭
   D2 = OFF;      //初始状态为关闭
}
```

（2）按键中断初始化。

这里需要设置所有与 P1_2、P1_3中断功能有关的 SFR 来完成中断的初始化配置。

P1IFG 是 P1 端口的中断标志寄存器，在图 3－18 的数据解释中，P1IFG 的 D0 位至 D7 位用来对应 P1 端口的 0 号 pin 至 7 号 pin 的中断标志（上一章中已经提过 CC2530 的 GPIO 中一共有 21 个 pin，其中 P0 和 P1 端口各占 8 个，P2 端口只有 5 个）。这 8 个二进制位的复位值为全 0，若其中某个位的值为 1，表示当前 pin 上有中断请求提出。

P1IFG (0x8A) – Port 1 Interrupt Status Flag

Bit	Name	Reset	R/W	Description
7:0	P1IF[7:0]	0x00	R/W0	Port 1, inputs 7 to 0 interrupt status flags. When an input port pin has an interrupt request pending, the corresponding flag bit is set.

图 3－18　P1IFG 的数据解释

PICTL 用来设置 GPIO 中 P0、P1 或 P2 用作中断请求输入端口时的触发方式。数字电路中用高电平和低电平来表示二进制中的两个不同的数字“1”和“0”。当信号由高电平变化为低电平时会形成下降沿的跳变，类似地由低电平变化为高电平时会形成上升沿的跳变，这两种跳变在数字电路中往往用来当作触发器触发某种任务，例如触发中断请求。图 3－19 是 PICTL 的数据解释，D1 位是P1_0至P1_3的中断触发方式设置位，“0”表示采用上升沿触发，“1”表示采用下降沿触发。电路图分析中已经明确按键 K1 和 K2 按下的动作会产生下降沿，因此在 PICTL 中需要设置 D1 位为“1”来实现。

PICTL (0x8C) – Port Interrupt Control

Bit	Name	Reset	R/W	Description
7	PADSC	0	R/W	Drive strength control for I/O pins in output mode. Selects output drive strength enhancement to account for low I/O supply voltage on pin DVDD (this to ensure the same drive strength at lower voltages as at higher). 0:　Minimum drive strength enhancement. DVDD1 and DVDD2 equal to or greater than 2.6 V 1:　Maximum drive strength enhancement. DVDD1 and DVDD2 less than 2.6 V
6:4	–	000	R0	Reserved
3	P2ICON	0	R/W	Port 2, inputs 4 to 0 interrupt configuration. This bit selects the interrupt request condition for Port 2 inputs 4 to 0. 0:　Rising edge on input gives interrupt. 1:　Falling edge on input gives interrupt.
2	P1ICONH	0	R/W	Port 1, inputs 7 to 4 interrupt configuration. This bit selects the interrupt request condition for the high nibble of Port 1 inputs. 0:　Rising edge on input gives interrupt. 1:　Falling edge on input gives interrupt
1	P1ICONL	0	R/W	Port 1, inputs 3 to 0 interrupt configuration. This bit selects the interrupt request condition for the low nibble of Port 1 inputs. 0:　Rising edge on input gives interrupt. 1:　Falling edge on input gives interrupt.
0	P0ICON	0	R/W	Port 0, inputs 7 to 0 interrupt configuration. This bit selects the interrupt request condition for all Port 0 inputs. 0:　Rising edge on input gives interrupt. 1:　Falling edge on input gives interrupt.

图 3－19　PICTL 的数据解释

图 3－20 是 P1IEN 的数据解释。P1IEN 的 D0 位至 D7 位是 P1_0至 P1_7中断请求允许/屏蔽设置位，若某数据位的值为“0”表示对应 pin 的中断请求被屏蔽，若为“1”表示对应 pin 的中断请求被允许。因为 K1 按键连接 P1_2，K2 按键连接 P1_3，需要设置 P1IEN 的 D2、D3 位都为“1”。除此之外，还需要在 IEN2 上设置允许 P1 端口作为中断输入端口，才可以让 CPU 正常接收到来自按键 K1 和 K2 因为被按下而触发的中断请求。

P1IEN (0x8D) – Port 1 Interrupt Mask

Bit	Name	Reset	R/W	Description
7:0	P1_[7:0]IEN	0x00	R/W	Port P1.7 to P1.0 interrupt enable 0:　Interrupts are disabled. 1:　Interrupts are enabled.

图 3-20　P1IEN 的数据解释

由此得到按键 K1 和 K2 的初始化代码如下：

```
/***********************************************
* 文件：key.h
***********************************************/

/***********************************************
* 宏条件编译
***********************************************/
#ifndef __KEY_H__
#define __KEY_H__

/***********************************************
* 头文件
***********************************************/
#include <ioCC2530.h>

/***********************************************
* 宏定义
***********************************************/
#define K1       P1_2     //宏定义按键检测引脚P1_2
#define K2       P1_3     //宏定义按键检测引脚P1_3
#define UP       1        //按键弹起
#define DOWN     0        //按键被按下

/***********************************************
* 函数声明
***********************************************/
void key_init(void);      //管脚初始化函数

#endif /*__KEY_H_*/
```

```
/*************************************************************
* 文件：key.c
*************************************************************/

/*************************************************************
* 头文件
*************************************************************/
#include "key.h"

/*************************************************************
* 名称：key_init()
* 功能：按键初始化
* 参数：无
* 返回：无
*************************************************************/
void key_init(void)
{
  P1SEL &= ~0x0C;          //配置按键检测管脚（p1_2, p1_3）为通用IO
  P1DIR &= ~0x0C;          //配置按键检测管脚（p1_2, p1_3）为通输入模式

  IEN2 |= 0x10;            //P1中断使能
  P1IEN |= 0x0C;           //P1_2和P1_3外部中断使能
  PICTL |= 0x02;           //P1_2和P1_3下降沿触发
  EA = 1;                  //总中断使能
}
```

（3）步进电机功能代码。

步进电机的功能代码应当包含：所需 GPIO 的初始化、电机转动一步、电机正转、电机反转。具体功能代码如下：

```
/*********************************************
* 文件: stepmotor.h
*********************************************/
#ifndef STEPMOTOR_H
#define STEPMOTOR_H

/*********************************************
* 头文件
*********************************************/
#include <ioCC2530.h>

/*********************************************
* 宏定义
*********************************************/
#define PIN_STEP          P0_0
#define PIN_DIR           P0_1
#define PIN_EN            P0_2
/*********************************************
* 函数原型
*********************************************/
void stepmotor_init(void);
void reversion(int step);
void forward(int step);
void step(int dir,int steps);

#endif  //STEPMOTOR_H
```

```
/*****************************************************
* 文件: stepmotor.c
*****************************************************/

/*****************************************************
* 头文件
*****************************************************/
#include "stepmotor.h"
#include "delay.h"

/****************************************************
* 全局变量
****************************************************/
static unsigned int dir = 0;
/****************************************************
* 名称: stepmotor_init
* 功能: 步进电机初始化
* 参数:
* 返回: 无
****************************************************/
void stepmotor_init(void)
{
  P0SEL &= ~0X07;         //配置p0_0、p0_1、p0_2为通用IO
  P0DIR |= 0X07;          //配置p0_0、p0_1、p0_2为输出
}

/****************************************************
* 名称: step(int dir,int steps)
* 功能: 电机单步
* 参数: int dir,int steps
* 返回: 无
****************************************************/
void step(int dir,int steps)
{
  int i;
  if(dir) PIN_DIR = 1;            //步进电机方向设置
  else PIN_DIR = 0;
    PIN_STEP = 1;
    delay_us(80);
  }
}

```

```
/***************************************************
* 名称: forward()
* 功能: 电机正转
* 参数: 无
* 返回: 无
***************************************************/
void forward(int data)
{
  dir = 0;                        //步进电机方向设置
  PIN_EN = 0;
  step(dir, data);                //启动步进电机
  PIN_EN = 1;
}

/***************************************************
* 名称: reversion()
* 功能: 电机反转
* 参数: 无
* 返回: 无
***************************************************/
void reversion(int data)
{
  dir = 1;                        //步进电机方向设置
  PIN_EN = 0;
  step(dir, data);                //启动步进电机
  PIN_EN = 1;

}
```

（4）中断服务程序。

若中断服务程序非常重要，希望 CPU 在执行中断服务程序的时候被其他优先级更高的外部中断打扰（这个在前面介绍中断嵌套的时候提到过），可以在中断服务程序的最开始先设置不允许任何外部中断请求，然后编写中断服务程序的主要功能代码，执行完之后，清除掉当前中断服务标志位（表示 CPU 已经为之服务完毕，准备返回主程序了），最后再设置允许外部中断请求即可。

虽然中断服务程序是以函数的形式来编写的，但在 C 语言中针对这类函数有一些特殊的编写要求，具体请看下面的代码示例：

```
#pragma vector = P1INT_VECTOR
__interrupt void P1_ISR(void)
{
  EA = 0;                         //关中断
  if((P1IFG & 0x04 ) >0 )         //按键中断
  {
    P1IFG &= ~0x04;               //中断标志清0
    delay_ms(10);                 //按键防抖
    if(K1 == DOWN)                //判断按键按下
    {
      D1 = !D1;                   //翻转LED0
      D2 = !D2;                   //翻转LED1
    }
  }
  EA = 1;                         //开中断
}
```

- "#pragma" 在 C 语言中是一条编译指令，其中单词 "pragma" 的中文意思是编译，整句话 "#pragma vector=P1INT _ VECTOR" 在 C 语言代码中不可以单独使用，因为它指定了某个具体的中断向量，也就是为下面的中断服务函数在内存中指定具体的存放地址。因为中断服务函数相比一般定义的函数来说，不可以随便存放在某个地方，必须按照中断向量表中指定的位置去存放，只有这样，当中断发生后，CPU 才知道该到哪个内存地址处去读取要执行的功能代码。

- “P1INT _ VECTOR”是一个宏定义的名字，它是在“ioCC2530. h”中定义的。想要查看它的具体定义，需要在 IAR 环境中选中“P2INT _ VECTOR”并执行鼠标右键单击操作，可以在弹出的右键菜单中选择 Go to Definition of ‘P1INT _ VECTOR’，如图 3－21 所示，就会打开如图 3－22 所显示的界面，并且光标会在目标行闪烁。

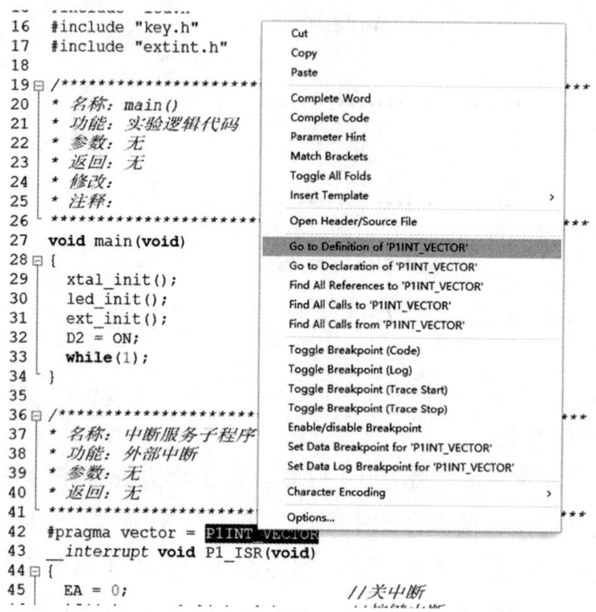

图 3－21　在 IAR 中使用 Go to Definition 菜单

```
/* -----------------------------------------------------------------------------------
 *                                  Interrupt Vectors
 * -----------------------------------------------------------------------------------
 */
#define  RFERR_VECTOR    VECT(  0, 0x03 )   /*  RF TX FIFO Underflow and RX FIFO Overflow   */
#define  ADC_VECTOR      VECT(  1, 0x0B )   /*  ADC End of Conversion                       */
#define  URX0_VECTOR     VECT(  2, 0x13 )   /*  USART0 RX Complete                          */
#define  URX1_VECTOR     VECT(  3, 0x1B )   /*  USART1 RX Complete                          */
#define  ENC_VECTOR      VECT(  4, 0x23 )   /*  AES Encryption/Decryption Complete          */
#define  ST_VECTOR       VECT(  5, 0x2B )   /*  Sleep Timer Compare                         */
#define  P2INT_VECTOR    VECT(  6, 0x33 )   /*  Port 2 Inputs                               */
#define  UTX0_VECTOR     VECT(  7, 0x3B )   /*  USART0 TX Complete                          */
#define  DMA_VECTOR      VECT(  8, 0x43 )   /*  DMA Transfer Complete                       */
#define  T1_VECTOR       VECT(  9, 0x4B )   /*  Timer 1 (16-bit) Capture/Compare/Overflow   */
#define  T2_VECTOR       VECT( 10, 0x53 )   /*  Timer 2 (MAC Timer)                         */
#define  T3_VECTOR       VECT( 11, 0x5B )   /*  Timer 3 (8-bit) Capture/Compare/Overflow    */
#define  T4_VECTOR       VECT( 12, 0x63 )   /*  Timer 4 (8-bit) Capture/Compare/Overflow    */
#define  P0INT_VECTOR    VECT( 13, 0x6B )   /*  Port 0 Inputs                               */
#define  UTX1_VECTOR     VECT( 14, 0x73 )   /*  USART1 TX Complete                          */
#define  P1INT_VECTOR    VECT( 15, 0x7B )   /*  Port 1 Inputs                               */
#define  RF_VECTOR       VECT( 16, 0x83 )   /*  RF General Interrupts                       */
```

图 3－22　在 ioCC2530. h 文件中显示定义内容

- “_ _interrupt”的开头是两个连着的下划线“ _ ”，其实这两个下划线之间并没有那么明显的间隔，书中这样写是为了增强阅读效果而已，读者写代码的时候千万不要故意在两个下划线之间添加空格。“_ _interrupt”在 C 语言中用来告诉编译器这里定义了一个中断服务函数，这个中断服务函数的存放地址就按照上面那条语句指定的地址存放就好了。

- “返回值类型”：这里是 void，不需要返回值。
- “函数名”：这里是 P1 _ ISR，这个名字可以任意指定，只要符合 C 语言的命名规则就可以，但一般都会把这个中断服务函数的名字定义成跟中断名有关的名字，就像这个命名，P1 代表从 P1 端口提交的中断请求，而 ISR 是 Interrupt Service Request 的缩写，代表中断服务请求，这样的命名会被认为是有专业素养的命名。
- “参数列表”：这里没有任何参数，所以是 void。
- “函数体”：用大括号包裹着的是函数体。

通过以上分析，可以编写出如下所示的主函数代码：

```
/**********************************************************
* 文件：main.c
**********************************************************/

/**********************************************************
* 头文件
**********************************************************/
#include <ioCC2530.h>
#include "delay.h"
#include "led.h"
#include "key.h"
#include "stepmotor.h"

/**********************************************************
* 名称：main()
* 功能：实验逻辑代码
* 参数：无
* 返回：无
**********************************************************/
void main(void)
{
  led_init();                    //LED控制端口初始化
  key_init();                    //按键及外部中断初始化
  stepmotor_init();
  while(1);                      //这里等待外部中断发生
}

/**********************************************************
* 名称：中断服务子程序
* 功能：外部中断
* 参数：无
* 返回：无
**********************************************************/
#pragma vector = P1INT_VECTOR
__interrupt void P1_ISR(void)
{
  EA = 0;                        //关中断
  if((P1IFG & 0x04 ) >0 ){        //按键中断
    P1IFG &= ~0x04;              //中断标志清0
    delay_ms(10);                //按键防抖
    if(K1 == DOWN){              //判断按键按下
      D1 = ON;                   //翻转LED0
      D2 = OFF;
      forward(1000);
    }
  }else if((P1IFG & 0x08 ) >0 ){        //按键中断
    P1IFG &= ~0x08;              //中断标志清0
    delay_ms(10);                //按键防抖
    if(K2 == DOWN){              //判断按键按下
      D2 = ON;                   //翻转LED0
      D1 = OFF;
      reversion(1000);
    }
  }
  EA = 1;                        //开中断
}
```

☆实战操作☆

步骤1：创建新的工程及工作区。

（1）创建工程及工作区文件夹。

新建一个“Ch3”文件，并在其内部创建“project”文件夹。

（2）创建工程Ch3－ControlStepmotor，并将工程保存在Ch3工作区中。

点击IAR软件界面中的“Project→Create New Project”菜单后，会打开“Create New Project”对话框，在对话框中将“Tool Chain”选择为8051，然后点击“OK”按钮。在“另存为”对话框中将工程命名为“Ch3－ControlStepmotor”，并保存在“project”目录下。

选择“File→Save Workspace”菜单，会打开保存工作区对话框，将该工作区保存在Ch3文件夹下的project文件夹内，命名工作区为“Ch3”。

步骤2：创建源码文件并添加到工程Ch3－ControlStepmotor中。

（1）创建源码文件夹。

在“Ch3”文件夹下创建“source”文件夹。

（2）创建源码文件。

本次案例需要的代码文件有：led. h、led. c、delay. h、delay. c、key. h、key. c、stepmotor. h、stepmotor. c、main. c，共9个文件。

- 其中“delay. h”和“delay. c”这两个文件可以从第2章创建的Ch2工程拷贝。
- 另外7个文件需要新建。请参考理论分析部分给出的源码内容将源码文件编写完整，并把这7个文件保存在“source”目录下。

（3）为工程创建分组。

由于本次实战操作中涉及的源码文件较多，这里首先在工作区的项目列表中右击项目“Ch3－ControlStepmotor”，如图3－23所示，在弹出的快捷菜单中选择“Add→Add Group...”，在图3－24所示的窗口中输入“source”分组名后，点击“OK”，会在图3－25所示的界面上看到工程“Ch3－ControlStepmotor”项目下面增加了一个新的分组“source”。这个分组只是在项目中设定的，并不会对应到物理磁盘上创建新的文件夹。

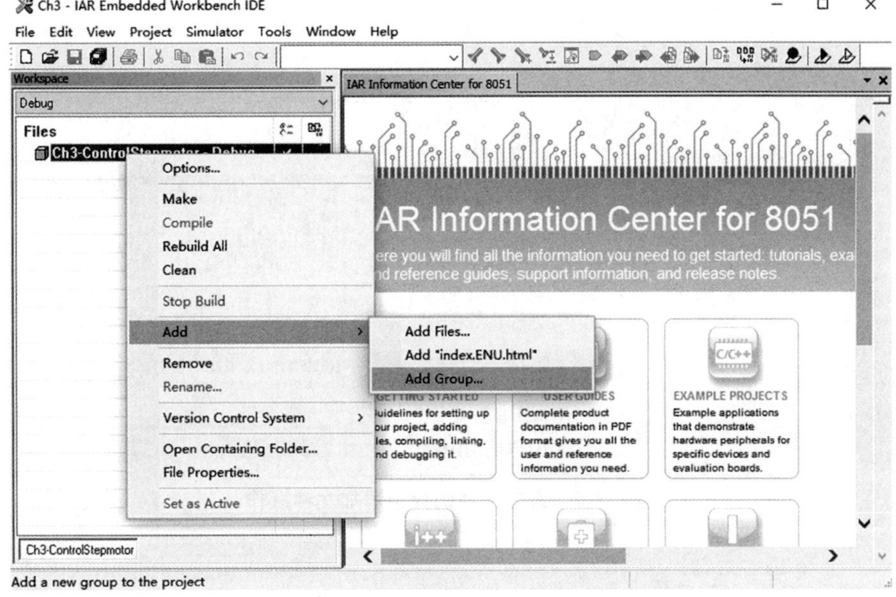

图 3-23　在工程中添加新的分组的菜单操作

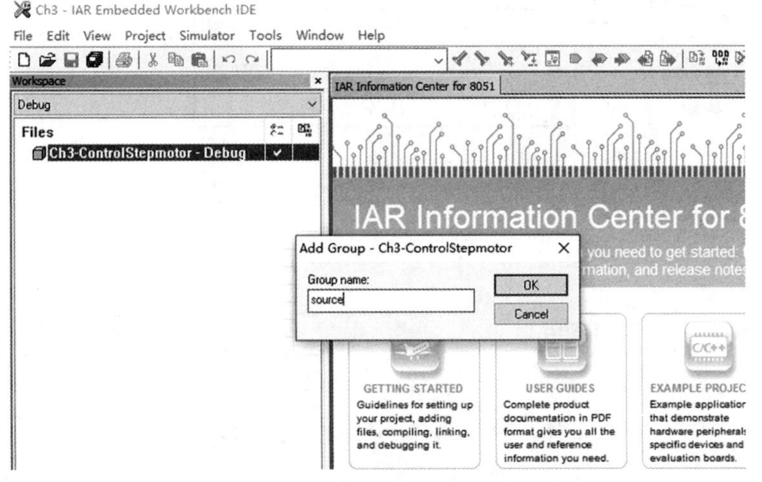

图 3-24　为新的分组指定名称对话框

（4）将源码文件添加到分组“sources”中。

如图 3-25 所示，在分组 source 上右击，选择“Add→Add Files...”，之后在图 3-26 所示的界面中选择“Ch3”文件夹中“source”目录下所有 C 文件，点击“打开”，可以在图 3-27 所示的界面中看到所有源码已添加到工程的 source 分组中。

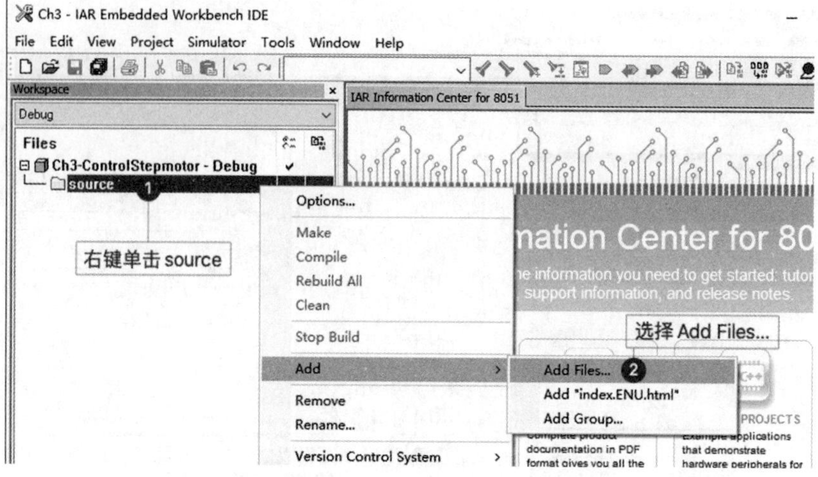

图 3-25　为工程中的分组添加文件操作

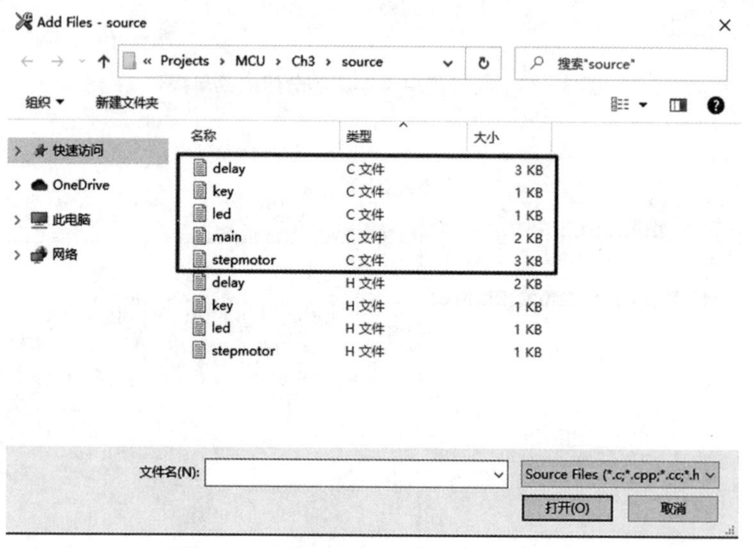

图 3-26　选择待添加的 C 文件操作

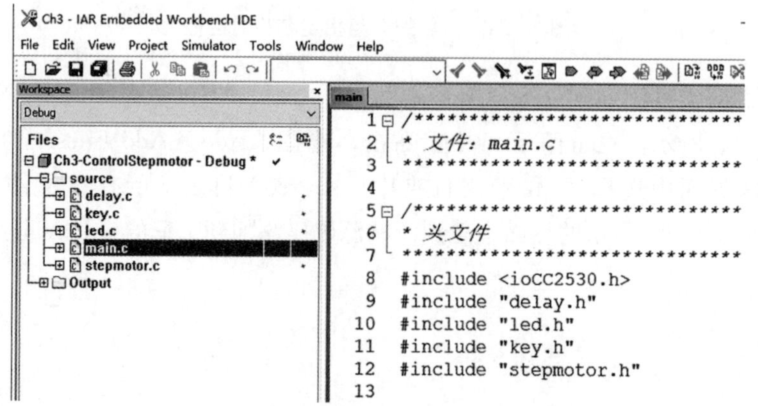

图 3-27　工程分组 source 的文件结构

步骤 3：配置工程。

工程配置部分的操作请参考第 1 章实战 2 中的步骤 3，所有工程配置都是一样的。

步骤 4：编译工程并执行烧写。

点击“Project”菜单下的“Rebuild All”菜单，等待编译器将源码编译完成。编译成功后可以选择在 IAR 工程界面中使用“Download and Debug”的方式将可执行代码烧写到 CC2530 中，也可以选择“Flash Programmer”软件将“. hex”文件烧写到 CC2530 中。当然，在执行这些烧写操作之前请确认已经使用 SmartRF04EB 仿真器将 CC2530 实验底板与计算机进行连接。

步骤 5：设置 Sensor－B 的跳线并运行程序。

代码烧写完成后，从 CC2530 实验底板上移除 SmartRF04EB 仿真器。

用跳线帽将 Sensor－B 设备的 J1A 与 J1B 跳线引脚短接，使步进电机功能可用。

将 Sensor－B 设备与 CC2530 实验底板通过磁柱叠加，并使用两根 5cm 短网线将通信端子连接。

用 12V 电源给 CC2530 实验底板供电，打开实验底板的电源开关。按下 K1 按键，可以看到 Sensor－B 上的 LED1 亮，同时步进电机正转一会儿后停止。按下 K2 按键，可以看到 Sensor－B 上的 LED2 亮，LED1 灭，同时步进电机反转一会儿后停止。再次按下 K1 或 K2 可以观察到同样的实验结果。

※挑战一下：键控三色灯

第 2 章中介绍了三色灯的工作原理，请读者结合本章介绍的有关按键中断的内容，试着编写 IAR 工程源码，实现三色灯初始状态为红灯亮，当按下 K1 按键时，更换为绿色，再次按下 K1 按键，更换为蓝色，再次按下 K1，更换为红色，即 K1 按键用于切换红、绿、蓝三种颜色。当按下 K2 按键时，三色灯熄灭。

习题

1. 什么是单片机的外部中断？CC2530 有多少个外部中断源？
2. 什么是中断向量表？该表中存放的内容是什么？
3. 简述单片机中的中断判优机制。
4. CC2530 的中断源初始化配置步骤是什么？
5. 已知某 CC2530 开发板上的硬件资源中，一个编号为 K4 的按键连接在了 P0_1引脚上，按键悬空时该引脚的电平状态为低电平，按键按下后该引脚的电平状态为高电平，如果希望通过按一下按键就可以向 CPU 提交中断请求，请写出该按键的初始化程序代码。
6. C 语言中定义中断服务程序的系统关键字是什么？
7. CC2530 中打开系统总中断的代码是什么？

第 4 章　定时器/计数器

家用微波炉上都有加热计时装置，如果你拿着手机上的计时器，跟微波炉上的计时器同时开始工作，你会发现它们的计时是一样的，不会出现你在微波炉上计时了 3 分钟，等手机和微波炉同时启动后，在微波炉停止工作时手机上却只过了 2 分钟或者 4 分钟的情况。微波炉也好，手机也罢，之所以能够几乎保持一致地对时间进行计时是因为它们内部都有时钟装置，其中的核心部件叫作振荡器（Oscillator）。

4.1　振荡器

4.1.1　晶振

利用石英晶体制作的振荡器叫作石英晶体谐振器（Crystal Oscillator，简写成 OSC），简称晶振。晶振是利用石英晶体的压电效应，用来产生高精度振荡频率的一种电子元件（图 4−1）。

图 4−1　各种晶振元件

4.1.2　RC 振荡器

还有一种振荡器是利用电阻电容的特性制作的，叫作 RCOSC，简称 RC 振荡器。这种振荡器的精度没有晶振高，但因为生产成本低，耗电量小，也会被广泛应用在一些有低功耗要求的电子产品中。

4.1.3　振荡器频率

有一种晶振可以产生 32.768kHz 的频率，因为这种频率非常容易被分频成 1Hz，所以广泛应用于电子产品内的实时时钟。物理学有关波的概念中我们应该都学过这么一个公式：

$$f=\frac{1}{T}$$

f：频率，表示物质在 1s 内完成周期性变化的次数，单位为 Hz

T：周期，单位为 s

根据这个公式，很容易计算出 1Hz 的振荡频率所对应的时钟周期就是 1s。

二进制数据 2^{15} 对应的十进制数值是 32768，而 32.768kHz 就是 32768Hz，我们只需要在这个频率上“÷”2^{15}，就可以得到 1Hz 的输出频率。

对于单片机来说，其本身处理的就是二进制数据，因此不需要有太多额外的电路设计方面的开销就可以完美地得到以秒来计时的功能，是不是很棒？

4.1.4　振荡器在单片机中的应用

振荡器所输出的振荡频率主要用于为单片机提供系统时钟。单片机本身是一块集成电路，内置非常多的逻辑门电路，它们需要依靠外部脉冲信号才能正常工作，而脉冲信号恰恰就是由振荡器产生的系统时钟信号形成的。单片机的 CPU 在系统时钟脉冲信号的驱使下有节奏地执行机器指令，系统时钟频率越高，单位时间内 CPU 可以处理的机器指令的条数也就越多，机器的运算速度就越快。

4.2　分频

4.2.1　概念

分频就是把原来的高频信号按照整数倍来降低成对应的低频信号，常见的有 8 分频、64 分频、128 分频等。如图 4−2 所示，QA 对 Clock 进行了 2 分频，QB 对 Clock 进行了 4 分频，QC 是 Clock 的 8 分频，QD 是 Clock 的 16 分频。

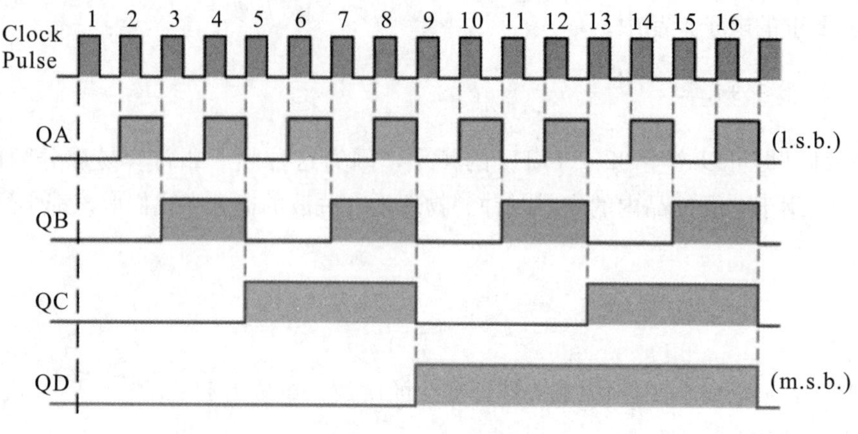

图 4－2　分频示意图

4.2.2　分频的作用

单片机内部除了 CPU 需要利用晶振来控制它的执行节奏，还有一些重要的部件也需要有节奏地工作。例如内存、串行通信接口、以太网通信接口、蓝牙通信接口等，这些部件的工作频率比系统时钟的频率要低得多。

单独为每一个需要控制工作频率的部件提供一个振荡器不仅会提高生产成本，而且会导致因为振荡器开始产生振荡的时刻不同而使所有部件工作频率不同步的糟糕情况。这就类似在一个队伍里所有士兵都在原地踏步，但是每个人抬脚放脚的时刻不一样，我们看到的结果就是“乱”。如果所有士兵都跟着军官吹的哨声节奏原地踏步，那就会看起来很整齐。

为了使低频设备可以使用同一个高频振荡信号，我们使用分频技术来实现。

小练习：设某个单片机系统中的时钟振荡器产生的频率为 32MHz，已知该单片机系统中有定时器硬件电路可以对时钟电路输出的频率进行分频，请问该如何设置定时器中的值才能实现周期为 1ms 的振荡信号的输出？

分析：根据题目可知，分频后的振荡信号频率为

$$f_s = \frac{1}{1 \times 10^{-3}\,\mathrm{s}} = 10^3\,\mathrm{Hz}$$

而单片机的时钟振荡器的频率为

$$f_c = 32\mathrm{MHz} = 32 \times 10^6\,\mathrm{Hz}$$

$$\because \frac{f_c}{N} = f_s$$

$$\therefore N = \frac{f_c}{f_s} = \frac{32 \times 10^6\,\mathrm{Hz}}{10^3\,\mathrm{Hz}} = 32000$$

解答：将定时器中的计数值设置为 32000 时可以实现。

4.3　CC2530 中的振荡器

4.3.1　16MHz 的 RC 振荡器和 32MHz 的晶振

CC2530 内部只有一个系统时钟或者主时钟。时钟源可以由 16MHz 的 RC 振荡器来提供，也可以由 32MHz 的晶振来提供。由于晶振是利用石英晶体压电效应的特性来产生高精度振荡频率的，这种特性导致晶振在通电直至产生稳定的高精度振荡频率的时间会比仅仅依靠电容电阻就能产生振荡的 RC 振荡器长得多。这么长的启动时间对于 CC2530 中的某些应用来说太长了，因此可以让这些应用先在 16MHz 的 RC 振荡器控制下运行，直到 32MHz 的晶振稳定后再更换。

虽然 16MHz 的 RC 振荡器启动速度快，但是因为它提供的振荡频率精度不高，在一些需要高精度振荡频率的应用模块中就不能使用它。

4.3.2　32kHz 的晶振和 32kHz 的 RC 振荡器

CC2530 内部有一个 32kHz 的晶振用来提供高精度稳定的 32.768kHz 的时钟脉冲，同时还有一个 32kHz 的 RC 振荡器，相比晶振它的能耗更低。如果应用对精度要求不高，但对低功耗要求很高时，建议选择 32kHz RC 振荡器来做时钟源。

32kHz 的振荡器的工作能耗远远小于刚才介绍的 16MHz 和 32MHz 的振荡器的工作能耗。作为一个低功耗产品，CC2530 可以通过进入系统的休眠状态来降低能耗。这类似于我们的个人电脑，在长时间无用户操作的情况下会自动进入待机模式来省电；手机也会在我们不操作的时候进入待机模式。虽然 CC2530 进入了系统休眠状态，但是包括 CPU 在内的很多部件还是需要不停地运转下去，同样需要依靠时钟信号来驱动这种运转。因此在休眠状态下，使用 32kHz 的振荡器是最合适不过的。

4.4　CC2530 中的 Timers

Timers 就字面意思来说是计时器，也可以称之为定时器，同时它也具备计数的功能，因此在很多介绍单片机的资料中都会把它称为定时/计数器。利用 Timers，可以对 CC2530 的内部系统时钟进行分频，用以产生具体应用需要的时钟频率。

CC2530 电路设计中一共有 5 个 Timer，它们的名字分别是 Timer1、Timer2、Time3、Time4 和 Sleep Timer。

4.4.1　Timer1 介绍

Timer1 是一个 16 位定时器，具有定时、计数及脉冲宽度调制（Pulse Width Modulation，PWM）功能。它内置可编程分频器，可以对输入的时钟信号进行分频。16 位计数器可以实现从 0x0000 到 0xFFFF 之间任意区间的计数。同时，Timer1 拥有 5 个独立的均可编程的计数/捕获通道，每个通道都能实现 16 位的计数或者输出 PWM 等功能。Timer1 还可以被设置为中断请求模式，在计数结束时向 CPU 提出中断请求。

4.4.2 Timer2 介绍

Timer2 也叫作 MAC Timer，专门用来为支持 IEEE 802.15.4 协议的 MAC 层提供时钟信号。如果利用 CC2530 内置的射频（Radio Frequency，RF）功能进行数据传输，也就是 Zigbee 通信，那么就需要 Timer2 产生的时钟信号进行数据的收发控制。

4.4.3 Timer3 和 Timer4 介绍

Timer3 和 Timer4 都是 8 位的定时器，它们同样具有定时、计数及 PWM 功能。它们跟 Timer1 一样内置了可编程分频器，但由于内部的计数器是 8 位的，因此计数范围是 0x00 到 0xFF。Timer3 和 Timer4 都只有一个计数通道，这个通道同样可以产生 PWM。

4.4.4 Sleep Timer 介绍

Sleep Timer 是一个超低功耗定时器，可以对 32kHz 晶振或者 32kHz RC 振荡器周期进行计数。Sleep Timer 可以作为 CC2530 处于休眠状态时的实时时钟，还可以作为 CC2530 从休眠到唤醒时的唤醒时钟。

4.5 CC2530 中的 Timer1

Timer1 是一个独立的 16 位定时/计数器，支持输入捕捉、输出比较和 PWM 这类典型的定时/计数器功能。它可以对系统时钟进行 1、8、32 和 128 预分频。它具有自由计数模式、模计数模式和正计数/倒计数模式三种计数模式。它可以向 CPU 提出中断请求，还具有 DMA 触发功能。

Timer 1 具有 5 个独立的输入捕捉/输出比较通道，每个通道都使用一个 I/O 引脚，用于进行各种控制和测量应用。它可以对 I/O 引脚上出现的电平变化情况进行捕捉，通过编程可以配置仅捕捉上升沿、仅捕捉下降沿或者捕捉任何边沿，这种捕捉通常用于技术功能。在用于输出比较时，当计数器的值达到某个预设值或者达到最大值时，它可以对通道对应的 I/O 引脚上的电平进行清 0、置 1 或者反转状态的操作，这种比较通常用于定时功能。

4.5.1 16 位计数器

CC2530 中的 Timer1 包含一个 16 位计数器，在每个计数时钟边沿递增或递减。CC2530 的系统时钟可以预先被 1、8、32 或 128 分频后再作为计数时钟。

Timer1 中的 16 位计数器其实是由两个 8 位计数器 T1CNTH 和 T1CNTL 组成的，从图 4-3 所示的数据解释能看到其中 T1CNTH，也就是 16 位计数器的高 8 位数据是只读的；而 T1CNTL，也就是 16 位计数器的低 8 位数据是可读写的，无论我们向 T1CNTL 写什么数值，其结果都是整个 16 位计数器被清零，并且所有相关联的 I/O 引脚都会被复位，从而达到让计数器重新开始工作的效果。

T1CNTH (0xE3) – Timer 1 Counter High

Bit	Name	Reset	R/W	Description
7:0	CNT[15:8]	0x00	R	Timer count high-order byte. Contains the high byte of the 16-bit timer counter buffered at the time T1CNTL is read

T1CNTL (0xE2) – Timer 1 Counter Low

Bit	Name	Reset	R/W	Description
7:0	CNT[7:0]	0x00	R/W	Timer count low-order byte. Contains the low byte of the 16-bit timer counter. Writing anything to this register results in the counter being cleared to 0x0000 and initializes all output pins of associated channels.

图 4－3　CC2530 Timer1 **中** 16 **位计数器** SFR **的数据解释**

图 4－4 描述的是 16 位计数器的数值在计数过程中递增的变化情况。图中的 CLK 表示的是为 CC2530 的 Timer 提供计数时钟的输入时钟，每个时钟周期都是从低电平开始，高电平结束，图中的虚线所标注的位置是每个计数时钟的边沿，两个相邻的虚线之间的宽度为一个计数时钟周期，T1、T2、T3、T4 这样的字样表示时间的发展方向。从图中不难看出，计数器的值都会在每个虚线标注的计数时钟边沿“+1”。

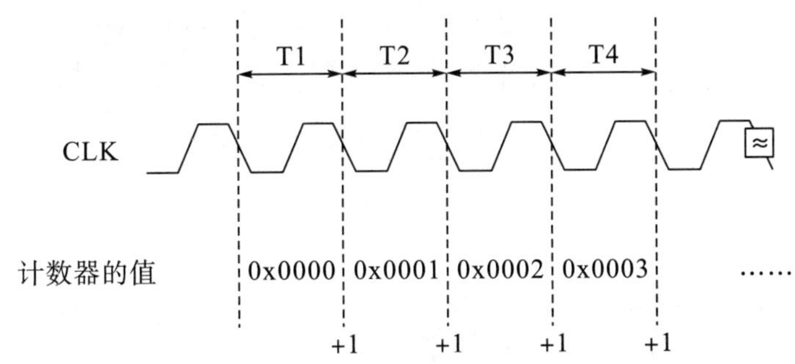

图 4－4　CC2530 **的** Timer1 **的** 16 **位计数器在计数时钟边沿递增变化的示意图**

4.5.2　计数时钟周期

CC2530 中 Timer1 计数器的内容在每个计数周期发生一次变化，图 4－4 中两条相邻虚线的宽度代表的就是一个计数时钟周期。CC2530 的系统时钟为 Timer1 的计数器提供时钟源，开发人员可以通过配置 CLKCONCMD、CLKCONSTA 这两个与系统时钟有关的 SFR 以及 T1CTL 这个 Timer1 的控制寄存器来设置具体的时间。

图 4－5 是 CC2530 的 CLKCONCMD 的数据解释，图 4－6 是 CC2530 的 CLKCONSTA 的数据解释。其中，CLKCONCMD. OSC 位是系统时钟的选择位，修改这个位的值并不能马上实现系统时钟的更换，只有在 CLKCONSTA. OSC＝CLKCONCMD. OSC 时，而且 CLKCONCMD. CLKSPD 取值所对应的频率必须跟 CLKCONCMD. OSC 位的选择一致，才会使修改生效。

CLKCONCMD (0xC6) – Clock Control Command

Bit	Name	Reset	R/W	Description
7	OSC32K	1	R/W	32-kHz clock-source select. Setting this bit initiates a clock-source change only. CLKCONSTA.OSC32K reflects the current setting. The 16-MHz RCOSC must be selected as system clock when this bit is to be changed. This bit does not give an indication of the stability of the 32-kHz XOSC. 0: 32 kHz XOSC 1: 32 kHz RCOSC
6	OSC	1	R/W	System clock-source select. Setting this bit initiates a clock-source change only. CLKCONSTA.OSC reflects the current setting. 0: 32 MHz XOSC 1: 16 MHz RCOSC
5:3	TICKSPD[2:0]	001	R/W	Timer ticks output setting. Cannot be higher than system clock setting given by OSC bit setting. 000: 32 MHz 001: 16 MHz 010: 8 MHz 011: 4 MHz 100: 2 MHz 101: 1 MHz 110: 500 kHz 111: 250 kHz Note that CLKCONCMD.TICKSPD can be set to any value, but the effect is limited by the CLKCONCMD.OSC setting; that is, if CLKCONCMD.OSC = 1 and CLKCONCMD.TICKSPD = 000, CLKCONSTA.TICKSPD reads 001, and the real TICKSPD is 16 MHz.
2:0	CLKSPD	001	R/W	Clock speed. Cannot be higher than system clock setting given by the OSC bit setting. Indicates current system-clock frequency 000: 32 MHz 001: 16 MHz 010: 8 MHz 011: 4 MHz 100: 2 MHz 101: 1 MHz 110: 500 kHz 111: 250 kHz Note that CLKCONCMD.CLKSPD can be set to any value, but the effect is limited by the CLKCONCMD.OSC setting; that is, if CLKCONCMD.OSC = 1 and CLKCONCMD.CLKSPD = 000, CLKCONSTA.CLKSPD reads 001, and the real CLKSPD is 16 MHz. Note also that the debugger cannot be used with a divided system clock. When running the debugger, the value of CLKCONCMD.CLKSPD should be set to 000 when CLKCONCMD.OSC = 0 or to 001 when CLKCONCMD.OSC = 1.

图 4－5　CLKCONCMD 的数据解释

CLKCONSTA (0x9E) – Clock Control Status

Bit	Name	Reset	R/W	Description
7	OSC32K	1	R	Current 32-kHz clock source selected: 0: 32-kHz XOSC 1: 32-kHz RCOSC
6	OSC	1	R	Current system clock selected: 0: 32-MHz XOSC 1: 16-MHz RCOSC
5:3	TICKSPD[2:0]	001	R	Current timer ticks output setting 000: 32 MHz 001: 16 MHz 010: 8 MHz 011: 4 MHz 100: 2 MHz 101: 1 MHz 110: 500 kHz 111: 250 kHz
2:0	CLKSPD	001	R	Current clock speed 000: 32 MHz 001: 16 MHz 010: 8 MHz 011: 4 MHz 100: 2 MHz 101: 1 MHz 110: 500 kHz 111: 250 kHz

图 4－6　CLKCONSTA 的数据解释

CLKCONCMD. TICKSPD 的取值所对应的频率表示 CC2530 中 Timer1、Timer3 和 Timer4 的输入时钟频率，但这个取值不能比 CLKCONCMD. OSC 所选择的系统时钟频率高。也就是说，如果 CLKCONCMS. OSC 的取值为 1，对应 16MHz 的频率，那么即便 CLKCONCMD. TICKSPD=000，实际输出的还是 16MHz，而绝不会是 32MHz。

图 4−7 是 Timer1 的控制寄存器 T1CTL 的数据解释。通过配置 T1CTL 可以对输入的时钟预先进行 1、8、32 或 128 分频，也可以配置 Timer1 的计数模式。

T1CTL (0xE4) – Timer 1 Control

Bit	Name	Reset	R/W	Description
7:4	–	0000	R0	Reserved
3:2	DIV[1:0]	00	R/W	Prescaler divider value. Generates the active clock edge used to update the counter as follows: 00: Tick frequency / 1 01: Tick frequency / 8 10: Tick frequency / 32 11: Tick frequency / 128
1:0	MODE [1:0]	00	R/W	Timer 1 mode select. The timer operating mode is selected as follows: 00: Operation is suspended. 01: Free-running, repeatedly count from 0x0000 to 0xFFFF. 10: Modulo, repeatedly count from 0x0000 to T1CC0. 11: Up-and-down, repeatedly count from 0x0000 to T1CC0 and from T1CC0 down to 0x0000.

图 4−7　T1CTL 的数据解释

小练习：CC2530 中 Timer1 的最大计数频率和最小计数频率分别是多少？

分析：根据图 4−5 至图 4−7，我们可以计算出当 CC2530 的系统时钟采用 32MHz 的晶振，并且 Timer1 的预分频为 1 时，是 Timer1 的最大计数频率，频率值为 32MHz。

当 CLKCONCMD. TICKSPD=111 时，表示为 Timer1 提供的时钟源频率为 250kHz，与此同时，设置 T1CTL. DIV=11，即对输入时钟进行 128 分频，此为最小计数频率：

$$f_{\min}=\frac{250\text{kHz}}{128}=1953.125\text{Hz}$$

解答：CC2530 中 Timer1 的最大计数频率为 32MHz，最小计数频率为 1953. 125Hz。

在计数器的值达到最终计数值时（这种情况也叫作计数溢出），可以产生中断请求。至于在计数溢出后，计数器中的内容该如何变化是由 T1CTL 中所设置的具体计数模式来控制的。

4. 5. 3　自由计数模式

在自由计数模式下，计数器的值在每个计数时钟的边沿从 0x0000 开始递增（图 4−8），当计数器的数值增加到 0xFFFF 时，也就是 16 位计数器可以达到的最大值的计数溢出状态，此时计数器会重新装载为“0”，然后继续开始下一轮计数。

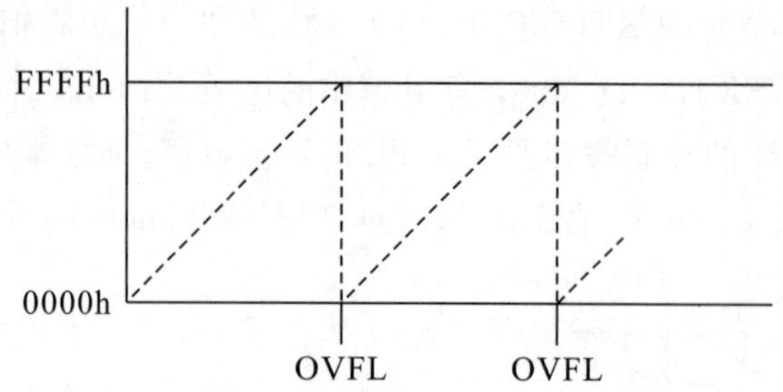

图 4－8　CC2530 中 Timer1 的自由计数模式

4.5.4　模计数模式

Timer1 中的 5 个独立比较/捕获通道都可以工作在自由计数模式、模计数模式和正计数/倒计数模式。本节介绍的模计数模式仅以 Timer1 的通道 0 为例。

Timer1 的通道 0 若工作在模计数模式下，必须先为该通道设置计数溢出状态的 16 位计数最大值 T1CC0。这个数值的高 8 位写入 T1CC0H 中，低 8 位写入 T1CC0L 中。

图 4－9 是这两个 SFR 的数据解释，从 T1CC0L 的数据描述中可以知道，当对 T1CC0L 执行写操作时，数据只是先存放在了缓存区中，只有继续执行 T1CC0H 的写操作后，才是真正地为通道 0 设置了计数最大值。这也就是说，如果要对 Timer1 配置计数的最大值，必须先写入 T1CC0L 的值，后写入 T1CC0H 的值。

T1CC0H (0xDB) – Timer 1 Channel 0 Capture or Compare Value, High

Bit	Name	Reset	R/W	Description
7:0	T1CC0[15:8]	0x00	R/W	Timer 1 channel 0 capture or compare value high-order byte. Writing to this register when T1CCTL0.MODE = 1 (compare mode) causes the T1CC0[15:0] update to the written value to be delayed until T1CNT = 0x0000.

T1CC0L (0xDA) – Timer 1 Channel 0 Capture or Compare Value, Low

Bit	Name	Reset	R/W	Description
7:0	T1CC0[7:0]	0x00	R/W	Timer 1 channel 0 capture or compare value low-order byte. Data written to this register is stored in a buffer but not written to T1CC0[7:0] until, and at the same time as, a later write to T1CC0H takes effect.

图 4－9　T1CC0H 和 T1CC0L 的数据解释

在模计数模式下，计数器的值在每个计数时钟的边沿从 0x0000 开始递增（图 4－10），当计数器的数值增加到 T1CC0 时，计数器会重新装载为“0”，然后继续开始下一轮计数。

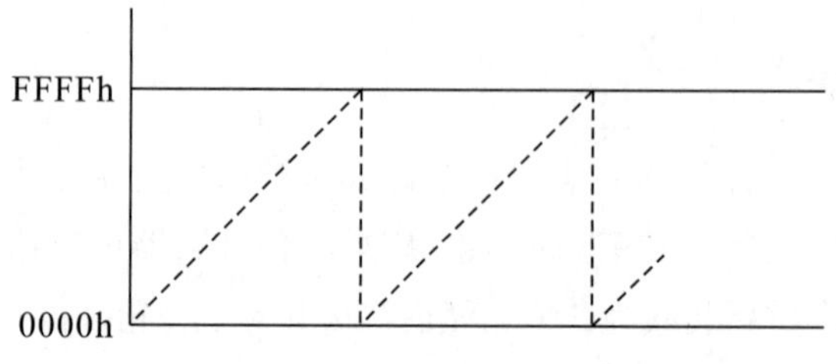

图 4－10　CC2530 中 Timer1 的模计数模式

图 4－10 中并没有标注出 OVFL 的字样，也就表明当在模计数模式时，计数器的值达到 T1CC0 的值之后是否要产生中断请求需要进一步的配置才可以实现。通过配置 Timer1

的通道 0 的控制寄存器 T1CCTL0，可以设置该通道是用作捕获还是比较，是否可以提交中断请求等。图 4－11 是 T1CCTL0 的数据解释。当 T1CCTL0. MODE＝1，并且 T1CCTL0. IM＝1 时，允许在计数器的计数值与 T1CC0 相等时产生中断请求。

T1CCTL0 (0xE5) – Timer 1 Channel 0 Capture or Compare Control

Bit	Name	Reset	R/W	Description
7	RFIRQ	0	R/W	When set, use RF interrupt for capture instead of regular capture input.
6	IM	1	R/W	Channel 0 interrupt mask. Enables interrupt request when set.
5:3	CMP[2:0]	000	R/W	Channel 0 compare-mode select. Selects action on output when timer value equals compare value in T1CC0 000: Set output on compare 001: Clear output on compare 010: Toggle output on compare 011: Set output on compare-up, clear on 0 100: Clear output on compare-up, set on 0 101: Reserved 110: Reserved 111: Initialize output pin. CMP[2:0] is not changed.
2	MODE	0	R/W	Mode. Select Timer 1 channel 0 capture or compare mode 0: Capture mode 1: Compare mode
1:0	CAP[1:0]	00	R/W	Channel 0 capture-mode select 00: No capture 01: Capture on rising edge 10: Capture on falling edge 11: Capture on all edges

图 4－11　T1CCTL0 的数据解释

当 T1CCTL0. MODE＝1 时，T1CCTL0. CMP＝000 表示发生比较时将与通道 0 对应的I/O引脚设置为“1”；T1CCTL0. CMP＝001 表示发生比较时将与通道 0 对应的 I/O 引脚设置为“0”；T1CCTL0. CMP＝010 表示发生比较时将与通道 0 对应的 I/O 引脚的状态反转，其他几种取值很少用到。

T1CCTL0. MODE＝0 表示通道 0 工作在捕获模式，T1CCTL0. CAP＝00 表示不对通道 0 的 I/O 引脚进行捕获，T1CCTL0. CAP＝01 表示当通道 0 的 I/O 引脚出现上升沿时进行捕获，T1CCTL0. CAP ＝101 表示当通道 0 的 I/O 引脚出现下降沿时进行捕获，T1CCTL0. CAP＝11 表示通道 0 的 I/O 引脚只要出现边沿就进行捕获。

4.5.5　正计数/倒计数模式

以 Timer1 的通道 0 为例，如果该通道工作在正计数/倒计数模式下，也要先设置 T1CC0 的值。如图 4－12 所示，计数器首先从 0 开始递增到达 T1CC0 的值，然后开始递减到 0。在这种工作模式下，计数器的值达到 0 时可以产生中断请求。

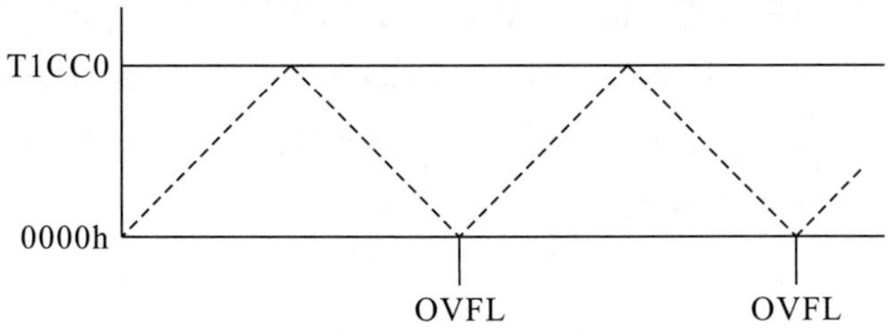

图 4－12　CC2530 中 Timer1 正计数/倒计数模式

实战：利用 Timer1 制作简易秒表计时器

实战目标	掌握 CC2530 中 Timer1 的编程应用
实战环境	（1）计算机（Pentium 处理器双核 2GHz 及以上，内存 4GB 及以上），Windows 10 64 位专业版； （2）CC2530 实验底板、Sensor－D 设备及 SmartRF04EB 仿真器套件
实战内容	利用 CC2530 的 Timer1 和 Sensor－D 上的 OLED 制作一款简易秒表计时器，实现起始时刻为 00：00：00，每秒钟刷新一次 OLED 的显示内容，时间增加 1s

☆理论分析☆

1. 功能分析

秒表是以秒为单位的计时工具，日常生活常见于竞技体育中裁判员使用秒表为运动员计时。CC2530 的 Timer1 可以按照设定输出稳定频率的脉冲，如果将该输出频率控制在 1Hz 并依靠脉冲计数，就可以实现秒表的功能。

（1）Timer1 的设置。

Timer1 的输入时钟是由 32MHz 的晶振提供的，如果要得到 1Hz 的输出频率，需要对输入时钟进行 32000000 分频。T1CTL 中分频最大的是 128，还需要对其再次进行 250000 分频才能实现。

Timer1 中 16 位计数器的最大值是 0xFFFF，对应十进制的 65536，远远小于 250000。自由计数模式和模计数模式显然无法直接实现这样的频率，通过正计数/倒计数模式，依然无法将计数的值设置为 250000/2＝125000。这种情况下，就需要通过软件的方式来实现软分频。

本次实验可以考虑将 Timer1 配置为 32MHz 系统时钟、8 分频、模计数模式，计数器最大值为 40000，计数结束后产生中断请求，这样可以实现每 10ms 产生一次计数结束中断，通过软件控制每产生 100 次这样的中断，对 OLED 的状态进行刷新，就相当于实现了 1s 改变一次显示内容的功能。

（2）0.96 英寸 OLED 显示屏。

OLED 是有机发光二极管（Organic Light－Emitting Diode），其具备自发光、不需要背光源、对比度高、厚度薄、视角广、反应速度快、可用于挠曲性面板、使用温度范围广、构造及制程较简单等优异特性。根据实际应用的需要，OLED 屏幕可以制作出多种不同的外观尺寸。本次实验中用到的 OLED 屏外观尺寸为 0.96 英寸，分辨率为 128×64，供电电压为 3～5V，可以显示汉字、ASCII、图案等，对比度高，可视角度大于 160°，采用 SSD1306 芯片驱动。

图 4－13 左侧是一款 0.96 英寸 OLED 屏幕的实物图片，图 4－13 右侧是本次实验用到的 Sensor－D 设备，其中 OLED 屏幕已经焊接好了。将 Sensor－D 设备与 CC2530 实验底板通过磁柱叠加，并通过网线把两个设备之间的传感器端子连接即可使用。

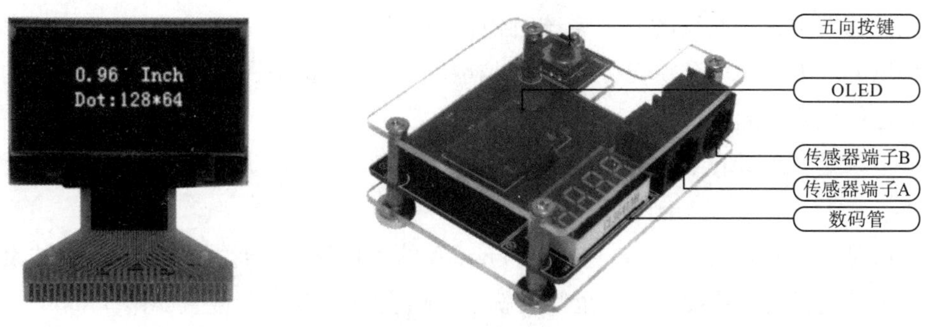

图 4−13　0.96 英寸 OLED 显示屏实物图片与 Sensor−D 设备图片

Sensor−D 上的 OLED 器件通过 I²C 控制显示输出，针对 OLED 的驱动及功能源码已经被封装好了，我们只需要调用其中的“OLED 初始化”“OLED 显示字符串”等函数即可。本章重点介绍如何应用 Timer1 的定时中断，I²C 通信及 OLED 的驱动开发不在本章的介绍范围。

2. 功能流程图

简易电子计时器功能程序流程图如图 4−14 所示。

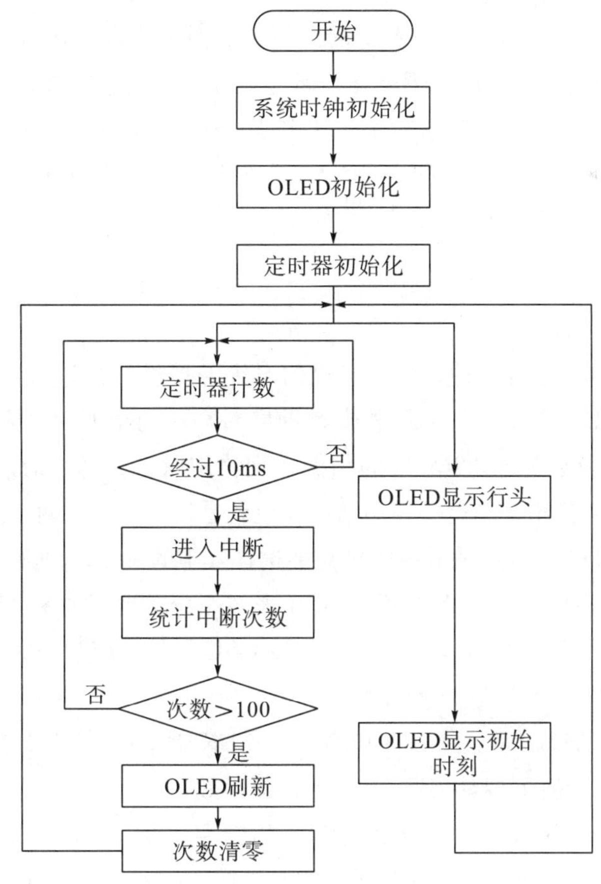

图 4−14　简易电子计时器功能程序流程图

该流程图中首先执行的是“系统时钟初始化”。由于 Timer1 的输入时钟是由系统时钟提供的，因此这里必须先将系统时钟初始化完成，保证提供稳定的 32MHz 的输出频率后才能做后续的事情。

接下来是“OLED 初始化”。这里直接调用 OLED 驱动中封装好的初始化函数即可。

然后是“定时器初始化”，包括对 Timer1 的工作模式、计数终值、计数结束后的输出方式等进行初始化配置，这里其实就是对相应的 SFR 进行配置操作。

当以上初始化操作完成后，就可以让 CPU 进入一个具体的工作了。因为本次实战是为了观察 Timer1 的计数溢出输出是否能正确地控制 OLED 的刷新，所以不需要 CPU 做什么具体工作。在初始化完成后，先将 OLED 设置为初始要显示的内容，然后直接执行一个永远也不会结束的循环操作即可。在程序代码中往往用一个条件永远成立的 while 循环来实现，即

```
while (1) {
}
```

在 while 循环结构中，包含在小括号内的是循环条件，也就是只有小括号内的表达式运行的结果为逻辑真时，才会进入花括号包裹的循环体内去执行。在 C 语言中，整数值“1”在逻辑判断中被等同于逻辑真，因此在程序开发中很多代码里都会看到这种书写方式。这种 while 循环没有循环体，其实就是让 CPU 空转的意思，虽然这里没有写 C 语言的代码，但是编译器会把这部分编译成让 CPU 空转的指令，当 CPU 运行到这个循环体内之后，就无限循环地开始空转了。

3. 根据流程图写代码

（1）系统时钟初始化。

在 CC2530 内部，系统时钟是由系统中的时钟源提供的，包括 16MHz 的 RC 振荡器和 32MHz 的晶振。在 CC2530 通电或者重启后，这两个时钟源都会开始启动，但 16MHz 的 RC 振荡器要先于 32MHz 的晶振达到稳定状态，随着时间的推移，32MHz 的晶振也趋于稳定并输出高精度的振荡信号，也就是说，这时这两个振荡器都在稳定地输出振荡信号。但是 CC2530 的系统时钟只能选择其中的一个时钟源，这时就需要通过 CLKCONCMD 和 CLKCONSTA 这两个 SFR 来对系统的时钟进行配置了。TI 官网提供的 CC2530 用户手册中提到，CLKCONCMD. OSC 位是系统时钟的选择位，修改这个位的值并不能马上实现系统时钟的更换，只有在 CLKCONSTA. OSC = CLKCONCMD. OSC 时，而且 CLKCONCMD. CLKSPD 取值所对应的频率必须与 CLKCONCMD. OSC 位的选择一致，才会使修改生效。

CLKCONCMD. TICKSPD 的取值所对应的频率表示 CC2530 中 Timer1、Timer3 和 Timer4 的输入时钟频率，但这个取值不能比 CLKCONCMD. OSC 所选择的系统时钟频率高，即如果 CLKCONCMS. OSC 的取值为 1，对应 16MHz 的频率，那么即使

CLKCONCMD. TICKSPD=000，实际输出的还是 16MHz，而绝不会是 32MHz。

系统时钟初始化代码如下：

```
void clock_init(void){
  CLKCONCMD &= ~0x40;              //选择32MHz晶振
  while( CLKCONSTA & 0x40);        //等待32MHz晶振稳定
  CLKCONCMD &= ~0x07;              //设置系统时钟频率为32MHz
  CLKCONCMD &= ~0x38;              //定时器输入时钟频率为32MHz
}
```

（2）OLED 初始化。

这里直接调用 OLED 初始化函数“OLED _ Init（）”即可。

（3）Timer1 初始化。

Timer1 的通道 0 工作在比较模式，并在计数达到 T1CC0 的值后提交中断请求，Timer1 对输入时钟进行 8 分频并采用模计数模式进行计数。由此得出的代码如下：

```
void timer1_init(void)
{
  T1CTL |= 0x06;          //8分频，模模式，从0计数到T1CC0
  T1CC0L = 0x40;          //定时器1通道 0捕获/比较值低位
  T1CC0H = 0x9C;          //定时器1通道 0捕获/比较值高位
  T1CCTL0 |= 0x44;        //定时器1 通0 捕获/比较控制
  T1IE = 1;               //设定定时器1中断使能
  EA = 1;                 //设定总中断使能
}
```

（4）Timer1 中断服务程序（OLED 刷新）。

当 Timer1 的计数值与 T1CC0 中的数值相等时，会使通道 0 产生中断请求，而中断服务程序的功能就是先将全局变量 counter 的值自增 1，自增后的结果如果大于 100，表示达到软分频的要求，执行 OLED 显示内容刷新功能后退出中断服务程序；如果不大于 100，那么表示未达到软分频的要求，直接退出中断服务程序即可。这次的中断请求由 Timer1 向 CPU 发出，使用中断向量 T1 _ VECTOR 提供入口地址。由此得出的代码如下：

```
#pragma vector = T1_VECTOR
__interrupt void T1_ISR(void)
{
  EA=0;                    //关总中断
  counter++;               //统计进入中断的次数
  if(counter>100)          //软分频，10ms × 100 = 1S
  {
    counter=0;             //统计的次数复位
    fresh_oled_by_sec();//刷新OLED内容
  }
  T1IF=0;                  //中断标志位清零
  EA=1;                    //开总中断
}
```

（5）OLED 内容刷新功能。

实验要求在 OLED 中初始显示的内容为“00：00：00”，可以考虑将显示的内容存放在一个字符型的数组中，以数组命名为 pbuf 为例，pbuf 数组各个元素与时间字符的对应关系如图 4－14 所示。

pbuf[0]	pbuf[1]	pbuf[2]	pbuf[3]	pbuf[4]	pbuf[5]	pbuf[6]	pbuf[7]
0	0	:	0	0	:	0	0

图 4－14　字符数组 pbuf 与时间字符的对应关系

程序初始运行时，pbuf 与时间字符的对应关系与图 4－14 所示，1s 后，表示秒数个位数值的 pbuf［7］的内容变化为字符“1”，再过 1s 后，pbuf［7］的内容变化为字符“2”。字符数组 pbuf 中存放的是字符的 ASCII 码，ASCII 码支持加法操作，所以可以设计每秒钟让 pbuf［7］的值加 1。

当 pbuf［7］的值为字符“9”时，再加 1 就需要将 pbuf［7］的值重置为“0”，而表示秒数十位数值的 pbuf［6］的内容自增 1，这样才能看到 pbuf［6］和 pbuf［7］的内容从“09”变化为“10”。

当 pbuf［6］的值为字符“5”时，再加 1 就需要将其重置为“0”，而表示分钟个位数值的 pbuf［4］的内容自增 1，实现每分钟修改一次 pbuf［4］的值。同理，pbuf［3］和 pbuf［4］的自增控制与 pbuf［6］和 pbuf［7］是一致的。

用来表示小时十位数的 pbuf［0］和小时个位数的 pbuf［1］的控制则限定最大显示为“23”，当计时时刻为“23：59：59”时，再增加 1s，则达到最大计时范围，整个计时器清零，即恢复为“00：00：00”。由此得到以下刷新 OLED 代码：

```
void fresh_oled_by_sec(){
  pbuf[7] += 1;
  if(pbuf[7]>0x39){  // 秒个位
    pbuf[7] = '0';
    pbuf[6] += 1;
  }
  if(pbuf[6] == 0x36){ // 秒十位
      pbuf[6] = '0';
      pbuf[4] += 1;
  }
  if(pbuf[4] > 0x39){ // 分个位
        pbuf[4] = '0';
        pbuf[3] += 1;
  }
  if(pbuf[3] == 0x36){ // 分十位
        pbuf[3] = '0';
        pbuf[1] += 1;
  }
  if(pbuf[1] > 0x39){ // 时个位
        pbuf[1] = '0';
        pbuf[0] += 1;
  }
  if((pbuf[0] == 0x32) && (pbuf[1] == 0x34)){ // 时十位
        pbuf[0] = '0';
        pbuf[1] = '0';
  }
  OLED_ShowString(32,3,(unsigned char*)pbuf,16);
}
```

以上代码中，“OLED_ShowString（）”函数是已经封装好的 OLED 显示字符串函数，该函数的原型为：

```
void OLED_ShowString(unsigned char x,unsigned char y,unsigned char *chr,unsigned char Char_Size);
```

其中第一个参数 unsigned char x 和第二个参数 unsigned char y 表示在 OLED 屏幕上从（x，y）坐标处开始显示字符内容；第三个参数 unsigned char ＊chr 表示要显示的内容所在字符数组的指针，这里其实就是字符数组的名字。第四个参数 unsigned char Char _ Size 表示所需显示的单个字符的宽度。

本次实验的 OLED 屏幕的分辨率是 128×64，表示水平方向上有 128 个像素点，垂直方向上有 64 个像素点。OLED 屏幕中显示的内容行高为 8 个像素点，因此最多可以显示 8 行，y 的取值范围为 0~7。

字符宽度由字符编码决定，具体定义在驱动代码文件 oledfont. h 中。OLED 刷新代码中设置该值为 16，表示选择显示的字符分辨率为 F8×16，即字符的宽×高为 8×16。因此，可以得出显示“00：00：00”这 8 个字符在水平方向上占用了 64 个像素点，如果想要让其居中显示的话，设置 x 的值为 32 即可。

具体功能源码如下所示：

```
/*********************************************************
* 文件：main.c
*********************************************************/

/*********************************************************
*头文件
*********************************************************/
#include <ioCC2530.h>
#include <string.h>
#include "clock.h"
#include "timer.h"
#include "oled.h"
/*********************************************************
* 定义
*********************************************************/
unsigned long counter = 0;        //统计溢出次数
char pbuf[20]={0};                // OLED显示内容存放的数组

void fresh_oled_by_sec();         // OLED计数刷新函数声明

void main(void){
  clock_init();
  timer1_init();
  OLED_Init();
  OLED_Clear();
  strcpy(pbuf,"Ch4-Timer1");
}
/*********************************************************
*Timer1计数溢出中断服务程序
*********************************************************/
#pragma vector = T1_VECTOR
__interrupt void T1_ISR(void)
{
  EA=0;                   //关总中断
  counter++;              //统计进入中断的次数
  if(counter>100)         //软分频，10ms × 100 = 1S
  {
    counter=0;            //统计的次数复位
    fresh_oled_by_sec();//刷新OLED内容
  }
  T1IF=0;                 //中断标志位清零
  EA=1;                   //开总中断
}

```

```c
void fresh_oled_by_sec(){
  pbuf[7] += 1;
  if(pbuf[7]>0x39){  // 秒个位
    pbuf[7] = '0';
    pbuf[6] += 1;
  }
  if(pbuf[6] == 0x36){ // 秒十位
      pbuf[6] = '0';
      pbuf[4] += 1;
  }
  if(pbuf[4] > 0x39){ // 分个位
        pbuf[4] = '0';
        pbuf[3] += 1;
  }
  if(pbuf[3] == 0x36){ // 分十位
        pbuf[3] = '0';
        pbuf[1] += 1;
  }
  if(pbuf[1] > 0x39){ // 时个位
        pbuf[1] = '0';
        pbuf[0] += 1;
  }
  if((pbuf[0] == 0x32) && (pbuf[1] == 0x34)){ // 时十位
        pbuf[0] = '0';
        pbuf[1] = '0';
  }
  OLED_ShowString(32,3,(unsigned char*)pbuf,16);
}
```

☆实战操作☆

步骤 1：创建新的工程及工作区。

（1）创建工程及工作区文件夹。

新建一个“Ch4”文件，并在其内部创建“project”文件夹。

（2）创建工程 Ch4−Timer1，并将工程保存在 Ch4 工作区中。

点击 IAR 软件界面中的“Project→Create New Project”菜单后，会打开“Create New Project”对话框，在对话框中将“Tool Chain”选择为 8051，然后点击“OK”按钮。在“另存为”对话框中将工程命名为“Ch4−Timer1”并保存在“project”目录下。

选择“File→Save Workspace”菜单，会打开保存工作区对话框，将该工作区保存在 Ch4 文件夹下的 project 文件夹内，命名工作区为“Ch4”。

步骤 2：创建源码文件并添加到工程 Ch4−Timer1 中。

（1）创建源码文件夹。

在“Ch4”文件夹下创建“source”文件夹。

（2）创建源码文件。

本次案例需要读者自行编写的代码文件有 clock. h、clock. c、timer. h、timer. c、main. c 共 5 个文件。另外，与 OLED 显示驱动相关的 iic. h、iic. c、oled. h、oled. c、oledfont. h 这 5 个文件可从本书附带的源码资源“MCU→Ch4→source”中复制。

（3）为工程创建分组。

参考第 3 章实战步骤 2（3）的操作为本工程创建 source 分组。

（4）将源码文件添加到分组 source 中。

参考第 3 章实战步骤 2（4）的操作，将 source 文件夹下所有 C 文件添加至本工程的 source 分组。

步骤 3：配置工程。

配置工程部分的操作请参考第 1 章实战 2 中的步骤 3，所有工程的配置都是一样的。

步骤 4：编译工程并执行烧写。

点击“Project”菜单下的“Rebuild All”菜单，等待编译器将源码编译完成。使用 SmartRF04EB 仿真器将 CC2530 实验底板与计算机进行连接。

启动 Flash Programmer 软件将“Ch4 \ project \ Debug \ Exe \ Ch4－Timer1. hex”文件烧写到 CC2530 中。

步骤 5：运行程序。

代码烧写完成后，从 CC2530 实验底板上移除 SmartRF04EB 仿真器。

本次实验不涉及跳线的配置。

将 Sensor－D 设备与 CC2530 实验底板通过磁柱叠加，并使用两根 5cm 短网线将通信端子连接。

用 12V 电源给 CC2530 实验底板供电，打开实验底板的电源开关，可以观察到 Sensor－D 上初始显示的内容为两行，第一行居中显示“Ch4－Timer1”，第二行居中显示“00：00：00”，随着时间的变化，OLED 上会每秒刷新一次显示的内容，并按照秒表计时器的方式开始显示计时时刻。

※挑战一下：可控秒表计时器

结合本章实战中介绍的 OLED 显示字符串的函数和 CC2530 中 Timer1 的计时功能，以及第 3 章中介绍的按键中断的有关内容，设计出可以通过按键 K1 和 K2 对 OLED 上显示的内容进行控制的 IAR 工程。要求：初始状态计时器不计时，按下 K1 按键后开始计时，再次按下 K1 按键后计时停止。按下 K2 按键可以将 OLED 上的计时器清零。

习题

1. 简述单片机中振荡器的种类、特点和作用。
2. 什么叫作分频？
3. CC2530 中的 5 个 Timer 中，哪些 Timer 的计数器是 16 位的？
4. CC2530 中 Timer1 的最大计数频率和最小计数频率分别是多少？这些频率是如何实现的？
5. CC2530 中 Timer1 工作在自由计数模式下，计数能达到的最大值是多少？模计数模式以及正计数/倒计数模式下又分别是多少？
6. 已知 CC2530 中定时器 Timer1 的输入时钟频率为 32MHz，将该频率进行 32 分频后作为 Timer1 的计数时钟，如果希望 Timer1 启动后可以利用通道 0 产生以 1ms 为周期的中断请求，请写出 Timer1 相应的初始化代码。

第 5 章　单片机中的串行通信

计算机："把 LED 点亮。"

单片机："好的，LED 已点亮。"

计算机："把 LED 熄灭。"

单片机："好的，LED 已熄灭。"

……

以上内容模拟了一次单片机与计算机之间的信息交互，从"对话"的内容来看，计算机发出"命令"而单片机执行命令并给计算机"反馈"。这种信息交互是由串行通信实现的。

5.1　串行通信介绍

5.1.1　串行通信基本原理

"从前有两座大山 A 和 B，它们之间因为一条水流湍急的小河被隔绝了千年。两座大山里居住的人世世代代都只是隔着小河遥望对面。有一天，一位勇士厌倦了大山 A 的生活，他想去大山 B 看看。于是他爬到大山 A 的山顶，在绳索的一端拴上钩子，用力把钩子抛向大山 B 的山脚处。当他确认绳索一端的钩子牢牢钩住之后，把绳索的另一端牢牢固定在 A 山顶的一块岩石上。在重力的作用下，勇士带着大山 A 的特产，借助一根倾斜的绳索来到了大山 B。大山 B 里的人们看到来自大山 A 的勇士很是高兴，他们用大山 B 的特产款待了这位打破了千年隔绝的勇士，听着勇士讲述大山 A 里的故事，他们也很想亲自去大山 A 里看一看。可是勇士来时用的绳索只能借助重力从大山 A 滑至大山 B，要想从大山 B 回到大山 A 就要用同样的方法建造一条由 B 山顶到 A 山脚的绳索。就这样，两座大山在两条绳索的连接下开始了友好的交流。"

串行通信就如同上面这段童话里描述的那样，需要通信的两个设备使用两根数据线进行数据交互。如图 5-1 所示，单片机和计算机都有 Rx 和 Tx 这样的 pin：单片机通过 Tx 将它的数据经过数据线发送到计算机的 Rx；计算机通过它的 Tx 将要发送的数据经过数据线传送到单片机的 Rx。这里 Tx 中的 T 是 Transmit（发送）的首字母，x 表示 1 或者 0，连起来就表示"发送二进制数据"。Rx 中的 R 是 Receive（接收）的首字母，Rx 表示"接收二进制数据"。图中把 Tx 和 Rx 单独框起来表示这是一个串行接口。

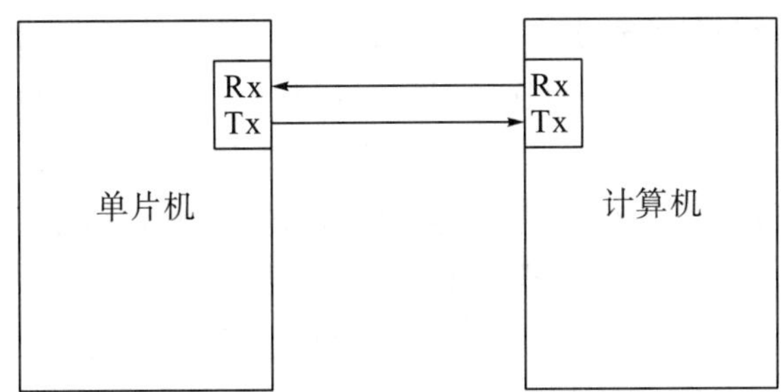

图 5-1　单片机与计算机串行通信示意图

5.1.2　串行通信的分类

根据信息的传送方向，串行通信可以进一步分为单工、半双工和全双工三种。

(1) 单工。信息的传递是单向的，在通信系统中发送端只能制造信息进行发送，接收端只能接收信息，二者的收发功能在整个通信系统中不可互换。最典型的单工接收设备是收音机。

(2) 半双工。通信系统中的发送设备和接收设备同时都具有数据的收发功能，但是信息的收发不能同时执行。最典型的半双工设备是步话机。

(3) 全双工。通信系统中信息的传递是双向的。通信设备兼具发送信息和接收信息两种能力。计算机中普遍使用的以太网网卡就属于全双工设备。

5.1.3　串行通信中数据收发过程

串行通信中收发双方之间有两根数据单向传输的数据线，并且这两根线上在某个时刻分别一次只传递一个二进制位。当通信双方需要进行数据交互时，需要分成数据发送和数据接收两个独立的过程来分析。图 5-2 展示了在串行通信中数据接收与发送的示意图。

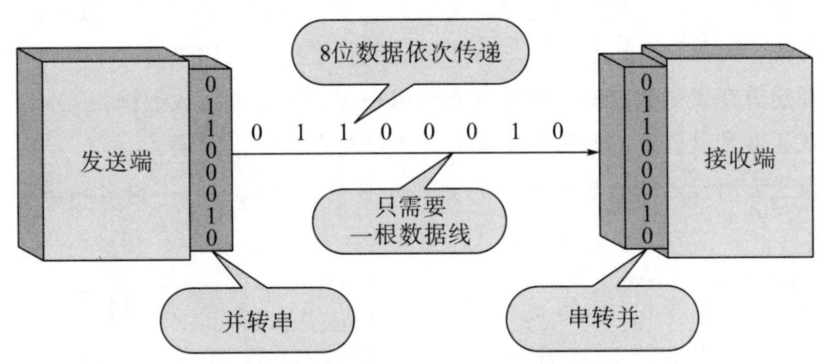

图 5-2　串行通信数据收发过程示意图

(1) 串行通信中的数据接收过程。以外部设备向单片机传递“11001001”为例。首先被送到数据线上的是最低位的“1”，单片机的串行接口在接收到数据位后，先把这个最低位的“1”存入“串行输入移位寄存器”的 D7 位；接着数据线上出现了次低位

"0"，串行输入移位寄存器把刚才存放在 D7 位的"1"移动到 D6 位，把下一个接收到的"0"存放到 D7 位……直到串行输入移位寄存器中的 D7 位至 D0 位都有数据后，会采用并行的方式把数据一次性发送到串行接口的输入数据缓冲器中，一旦输入数据缓冲器中的内容满了，单片机的 CPU 就可以从中把数据一次性读取了。

（2）串行通信中的数据发送过程。单片机把需要发送的数据先存放到串行接口的输出数据缓冲器中，缓冲器一旦有数据存入就会直接把数据发送到串行输出移位寄存器中，这个移位寄存器会先把 D0 位送到数据线上发送给外部设备，然后让 D7 至 D1 位依次前移到 D6 至 D0 位上，再接着把这个新的 D0 位（原来的 D1 位）上的数据送到数据线上发送给外部设备……直到把所有的数据位都发送完为止。

5.2 同步串行通信与异步串行通信

在串行通信中，数据被一位一位地依次进行传递，为了把每个字符区别开来，需要收发双方在传送数据的串行信息流中加入一些标记。根据数据中添加标记方式的不同，串行通信可以分为同步串行通信和异步串行通信。

5.2.1 同步串行通信简介

如图 5−3 所示，同步串行通信中，数据中的多个字符被打包在一起，字符和字符之间没有任何间隙，这些字符被称为数据帧。数据帧的第一部分包含一组同步字符，它是一个特殊的比特组合，用于通知接收方"一大波字符正在赶来"。这组同步字符还有一个作用，就是让接收方的采样频率与发送方的速率保持一致，这样才能保证接收方正确接收到这"一大波数据"。当数据帧传送完毕后，会在结尾处传送一组结束字符，用于告知接收方传送完毕。这种数据传送方式有点类似于打电话，我（发送方）要给你（接收方）打电话，那么我输入你的电话号码并拨打（发送了同步字符），你的电话响（接收到了同步字符），你按了接听键，听到我在电话里跟你说的话（数据帧），我说完了最后跟你说"再见"（结束字符），你听到了就挂了电话。这里有几个关键点：

（1）发送方在发送数据时，接收方必须也在时刻准备着接收数据。

（2）发送方和接收方的时钟频率相同，否则会造成数据错误。

（3）发送方所发送的数据帧中字符是一个挨着一个传递，字符之间没有间隙（空闲）。

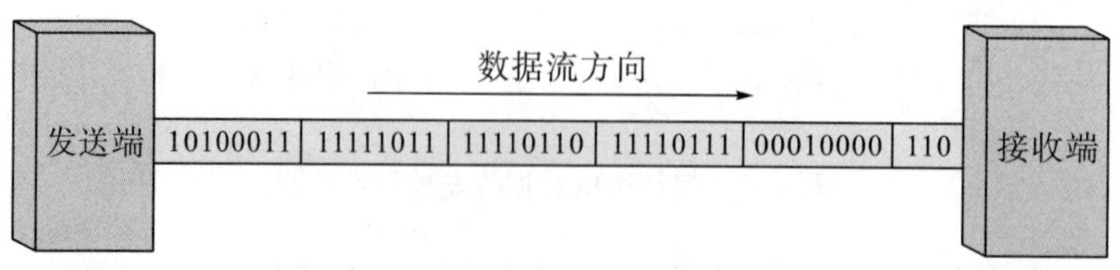

图 5−3 同步串行通信示意图

5.2.2　异步串行通信简介

如图 5-4 所示，异步串行通信中所传输数据的基本单位是编码字符，即每个字符都被 0 个或多个起始位、校验位及停止位包裹起来，也可以称这些编码字符为串行通信中的数据单元。发送端将一个数据单元一位接一位地进行传递，当接收端收到数据单元首先传递过来的起始位之后，就知道在这个“位”之后传递过来的是“数据位”，会把这些数据位一位一位地接收并存到移位寄存器中，当接收到“停止位”之后，接收端便不再把数据线上传递的内容作为有效数据进行处理，直到再次接收到下一个数据单元的“起始位”后才开始进行数据位的处理。

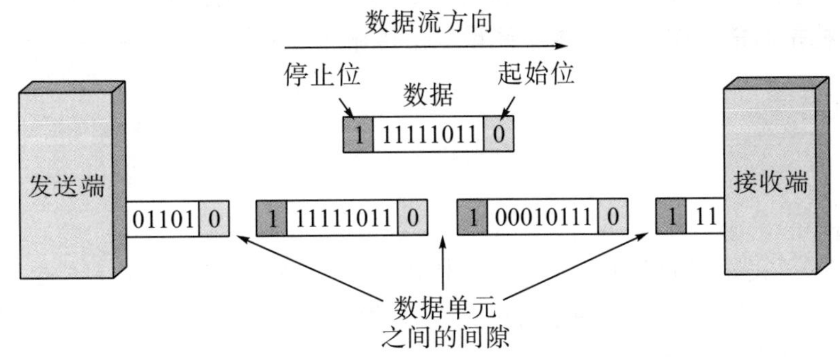

图 5-4　异步串行通信示意图

在异步串行通信中，发送端可以在任意时刻进行数据单元的发送，这里可以理解为两个意思：一个意思是发送端和接收端在开始通信之前首先约定了数据单元的格式，也就是“起始位”“校验位”及“停止位”的个数，并且发送端以什么样的速率传输二进制位，接收端在收到“起始位”信号之后就以什么样的速率接收二进制位，保证数据正确传输；另一个意思是发送端在发送完一个数据单元后，可以在任意时刻开始发送下一个数据单元，所以数据单元与数据单元之间有可能存在间隙，并且间隙的时长也可以不一样。

5.2.3　同步串行通信与异步串行通信的比较

数据单元：同步串行通信中的数据单元包含多个字符，数据单元的比特数比异步串行通信的比特数要大得多。以传输 100 个字符为例，每个字符用 8 位 ASCII 编码表示，假如同步串行通信中有 2 个同步字符，1 个结束字符，那么信息传递的有效率为

$$(100\times8)\div[(100+2+1)\times8]=100/103\approx0.97$$

而异步传输的数据单元中包含 1 个起始位，8 个数据位，1 个停止位，那么传递 100 个字符的信息有效率为

$$(100\times8)\div[(1+8+1)\times100]=0.8$$

硬件开销：同步串行通信过程中收发双方要时刻保持时钟同步，这往往需要通过在

收发双方设计专门的时钟传输信号线来实现。异步串行通信过程不需要这样的硬件开销。

适用场合：同步传输适合于数据传输量大但传输距离相对较短的场合。异步传输适合于数据传输量小但传输距离相对较长的场合。

5.3 比特率和波特率

5.3.1 比特率

比特率就是按照它的字面意思，即每秒钟传输的二进制位数，单位是 bit/s 或者记作 bps。比特率通常用作通信系统中衡量数据传输速率的指标。

5.3.2 波特率

5.3.2.1 概念

波特率的英文原文为 Baud Rate，其中 Baud 一词来源于发明了 5 位电传码的法国工程师 Emile Baudot。波特率是指每秒钟发生的信号或符号的变化的数量，这里的符号可以是电压、频率或相位。

5.3.2.2 波特率与比特率的关系

如果数据传输的距离较短，可以在数据线上传送两种不同的电压值（+3V 表示二进制 1，+0.2V 表示二进制 0）来进行数字信号的传输。这种电压信号在长距离传输时会发生衰减，而且容易受到干扰，最后直接影响数据传输的有效性。因此在长距离数据通信中会采用调制技术，把数字信号调制成模拟性质的电磁波信号在通电线路上进行传递，而在数据接收端使用解调技术把电磁波信号再解调成数字信号，这就是调制解调。

数字信号的调制方法有很多，可以通过不同的频率、振幅、相位来表示数字信号。这里用频率来举两个例子：

（1）串行通信时传递的数字信号只有两个，即 0 和 1，那么选择两个不同的频率按照数字信号出现的顺序依次输出即可。这时的波特率和比特率相等。

（2）如果数字信号是 00，01，10 和 11 这四种不同的编码组合而成的，那么需要选择 4 个不同频率的电磁波与之对应，每种频率的电磁波对应 2 比特。此时的比特率是波特率的 2 倍。因为波特率记录的是每秒钟电磁波发生变化的次数，每个电磁波表示 2 比特。

单片机与计算机之间的串行通信一般情况下就是采用了两种不同的电压信号来表示数字信号，因此比特率与波特率相等。

5.3.2.3 串行通信时设置波特率的作用

在单片机上执行串行通信时，需要对串行通信设置一些必要的参数，这其中就包括波特率的设置。波特率用来在通信双方约定好数据的传输速率，这样发送端与接收端才能保持步调一致地进行发和收，否则就会出现“发得快、收得慢”或者“发得慢、收得快”的情况。

5.4　单片机常用的串行通信接口

5.4.1　SPI 接口

SPI（Serial Peripheral Interface）是由 Motorola 公司设计的一款主从式全双工同步串行通信接口。SPI 主要应用在 Flash、实时时钟、AD 转换器等场景下。如图 5-5 所示，SPI 的主从工作方式允许一个主设备可以与多个从设备进行通信。芯片上引脚的定义如下：

（1）MOSI——Master Output Slaver Input，主设备输出、从设备输入；

（2）MISO——Master Input Slaver Output，主设备输入、从设备输出；

（3）SCLK——Synchronous Clock，同步时钟，由主设备提供；

（4）SS——Slave Selected，从设备选中，由主设备控制。

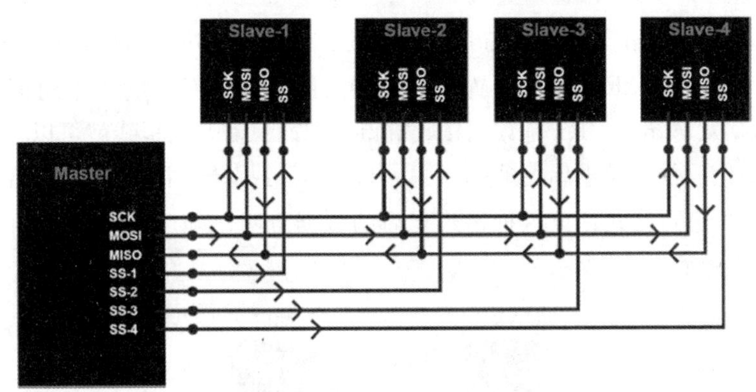

图 5-5　SPI 接口通信示意图

5.4.2　I^2C 接口

I^2C 有时也记作 IIC（Inter Integrated Circuit），是由 Philips 公司开发的用于连接单片机及其外围设备的串行总线。如图 5-6 所示，I^2C 只有两根线：一根是双向的数据线 SDA，这也就代表 I^2C 接口是半双工的串行通信接口；另一根是用来同步时钟的信号线 SCL。有关 I^2C 通信的内容详见 5.5 节 I^2C 通信。

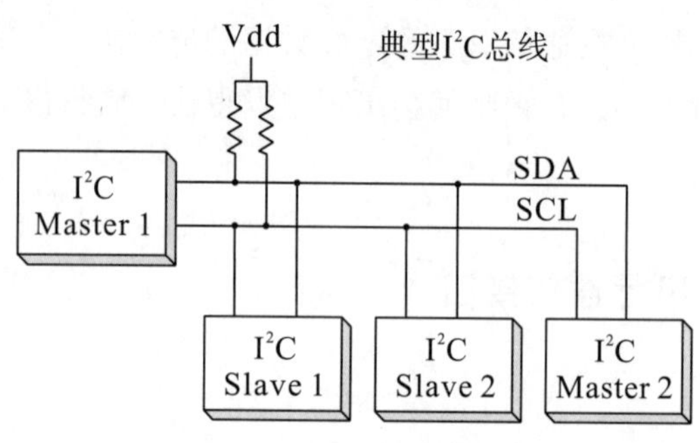

图 5−6　I²C 接口通信示意图

5.4.3　USB 接口

USB（Universal Serial Bus）由 Intel、IBM、Microsoft 等多家公司联合提出，即通用串行总线。一个 USB 控制器可以连接多达 127 个外部设备。目前广泛应用在计算机上的是 USB 3.0 版本，其理论传输速率为 5Gbps，而上一个版本 USB 2.0 的理论传输最大速率只有 480Mbps。

5.4.4　UART

UART（Universal Asynchronous Receiver/Transmitter），即通用异步收发传输器。图 5−7 是两个 UART 芯片内置的控制器之间进行一对一的数据通信示意图。其中，Tx 是数据发送端口，Rx 是数据接收端口，因而只需要两根线就可以在两个设备之间进行数据通信。作为异步串行通信接口，UART 数据传输需要使用起始位、停止位等标志位对数据进行格式化，这种格式化后的数据也叫作帧。UART 通信时通用的帧格式如图 5−8 所示。

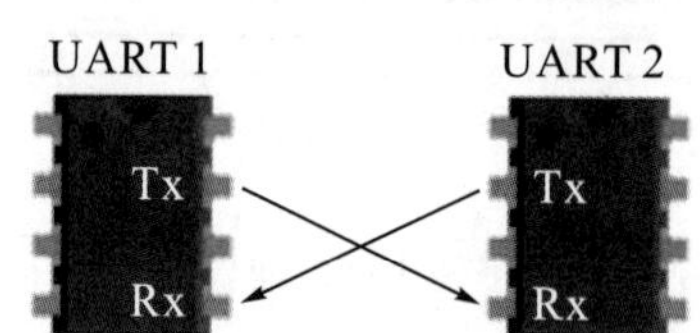

图 5−7　UART 芯片内置控制器数据通信示意图

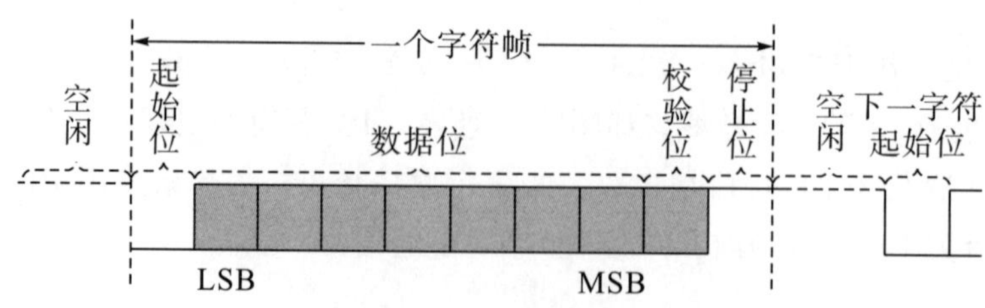

图 5−8　UART 数据通信通用帧格式

起始位：位于字符帧的开头，只占一位，始终为逻辑 0 低电平。

数据位：数据位的个数不固定，可取 5 位、6 位、7 位或 8 位。数据位中低位在前，高位在后。若传输的是 ASCII 码，则按 7 位取。

奇偶校验位：仅占一位，通过对所传输的数据进行奇偶校验，可以知道数据位在传输过程中是否发生改变。在传输过程中，由于有可能受到电磁辐射干扰、波特率不匹配、传输距离过长等因素的影响，数据位有可能会发生变化。校验位是“0”代表偶校验，表示如果数据位中“1”的个数为偶数，那么数据正确，否则数据错误；校验位是“1”代表奇校验，表示如果数据位中“1”的个数为奇数，那么数据正确，否则数据错误。

停止位：位于字符帧的末尾，通常可取 1 位、1.5 位或 2 位，采用逻辑“1”高电平，用来表示当前帧传递完毕。

5.5　I²C 通信

I²C 是由 Philips 公司在 20 世纪 80 年代设计的一种板载器件之间进行简易通信的总线协议。

5.5.1　I²C 总线介绍

5.5.1.1　总线结构

如图 5-6 所示，在 I²C 总线结构中，所有设备都以并联的方式挂接在串行数据线 SDA（Serial Data）和串行同步时钟信号线 SCL（Serial Clock Line）上。

SDA 和 SCL 都是双向 I/O 线，接口电路为开漏输出，需要通过上拉电阻接正向电源 Vdd。当总线空闲时，SDA 和 SCL 上都是高电平，连接在总线上的任一器件输出低电平都会使总线的信号变为低电平，即各个器件的 SDA 和 SCL 都是线“与”关系。

5.5.1.2　主设备和从设备

挂接在 I²C 总线上的每一个设备都有一个唯一的地址，这个地址可以由软件通过编程的方式来进行设置。主设备只需要通过地址码就可以建立多机通信的机制，因此 I²C 总线省去了外围器件的片选线，这样无论总线上挂接多少个器件，其系统仍然可以保持简单的两线结构。

主设备一般是带有 CPU 的逻辑部件，它掌握总线的控制权，负责初始化并发送同步时钟信号，向总线发送启动位，决定数据的传输方向以及数据传输终止标志。

通俗一点来讲，通信时必需的时钟信号是由主设备初始化并送到 SCL 上的，SDA 上的数据传送方向也由主设备决定。当开始传送数据时，需要由主设备往 SDA 总线上“送”一个启动信号，之后“送”数据传送方向以及从设备的地址。当从设备在 SDA 总线上获取了自己的地址码后，就按照主设备的要求向主设备发送数据或者从主设备接收数据。当主设备决定终止数据传输时，向 SDA 总线“送”终止信号，这时从设备会结束与主设备之间的数据传送过程。

I^2C 总线中允许同时有多个主设备，但某一时刻只能由一个主设备来获得总线的控制权。具体由哪个主设备来控制总线，是通过带有竞争检测和仲裁机制的电路来决定的。

I^2C 总线上的主设备和从设备之间以字节为单位进行双向的数据传输。

5.5.1.3 I^2C 总线的传输速率

I^2C 总线工作在普通模式时的数据传输速率可达 100kHz，在快速模式下为 400kHz，在高速模式下为 3.4MHz。为了保证数据传输的效果，I^2C 总线一般都工作在普通模式下。

5.5.2 I^2C 总线协议

协议是在通信双方之间约定的传输规则，包括如何定义起始标志、数据传输方向标志、应答标志、传输结束标志，以及这些标志在数据线上保持的时间等信息。为了能够使用 I^2C 总线进行数据传输，必须掌握它的总线协议。

I^2C 总线协议规定：总线上数据的传输必须以一个起始信号作为开始条件，以一个结束信号作为传输的停止条件。起始信号和结束信号总是由主设备产生。在起始条件产生后，总线处于占用状态，由本次数据传输的主设备和从设备独占，其他挂接在 I^2C 总线上的器件无法访问总线。在停止条件产生后，本次数据传输的主设备和从设备将总线释放，使总线处于空闲状态。

以下在介绍协议内容时，为了便于理解，会以 SCL 和 SDA 分别连接在 CC2530 的 P0_0和 P0_1为例编写 C 语言代码。首先通过宏定义的方式进行引脚定义，代码如下：

```
#define SCL   P0_0        //IIC时钟引脚定义
#define SDA   P0_1        //IIC数据引脚定义
```

5.5.2.1 空闲状态

I^2C 总线的 SDA 和 SCL 都处于高电平时，规定为总线的空闲状态。此时，各个器件的输出级场效应管均处于截止状态，即释放总线。

应用时，需要对 I^2C 总线引脚初始化，同时要让总线处于空闲状态，初始化代码如下：

```
void iic_init(void)
{
  P0SEL &= ~0x03;          //设置P0_1/P0_0为普通IO模式
  P0DIR |= 0x03;           //设置P0_1/P0_0为输出模式
  SDA = 1;                 //拉高数据线
  SCL = 1;                 //拉高时钟线
}
```

5.5.2.2 起始条件

SCL 上是高电平并且 SDA 由高电平变为低电平时，这种情况表示起始条件，相当于在 SDA 和 SCL 上出现了起始信号，这时总线就处于被占用的状态。

图 5-9 以时序图的方式描述了 I^2C 总线的起始条件和停止条件。根据时序图可以写出以下 I^2C 总线开始代码：

```
#pragma optimize=none
static void  delay(unsigned int i)
{

}


void iic_start(void)
{
  SDA = 1;          //拉高数据
  delay(1);         //延时
  SCL = 1;          //拉高时钟线
  delay(1);         //延时
  SDA = 0;          //产生下降沿
  delay(1);         //延时
  SCL = 0;          //拉低时钟线
}
```

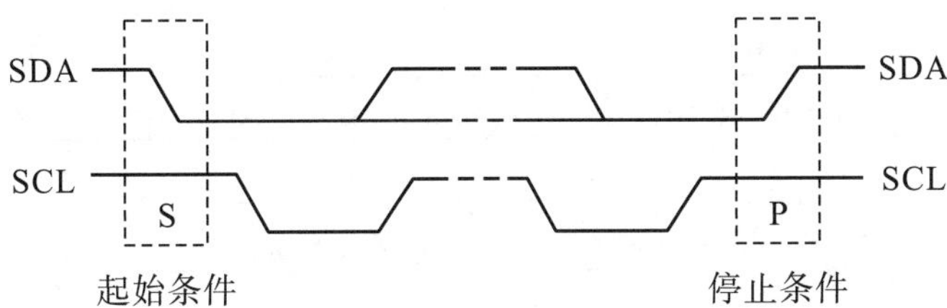

图 5-9　I^2C 总线中的起始条件和停止条件时序图

代码中的延时函数 delay 是利用 C 语言中函数体为空的函数实现的。代码中的第一句"#pragma optimize=none"表示禁止对下面的代码进行优化。因为 C 语言的编译器会将函数体为空的函数忽略掉，不对其生成汇编代码，但如果使用了禁止优化的指令，编译器就不会执行优化操作，在遇到函数体为空的函数时依然会将其进行汇编。这时当 delay 函数被调用时，就需要经过函数的调用和返回操作，达到延迟的目的。这样的延迟对于 I^2C 总线的延迟需求来说已足够了。C 语言中实现延迟功能的方法很多，在不同的应用场合下选择最合适的方法才是最优化的开发方案。如无特殊说明，以下有关 I^2C 驱动的代码中用到的 delay 函数与 I^2C 总线开始信号的函数定义中的 delay 函数是同一个函数。

5.5.2.3　停止条件

SCL 上是高电平并且 SDA 由低电平变为高电平时，这种情况表示停止条件，相当于在 SDA 和 SCL 上出现了停止信号，之后总线就处于空闲状态。

停止信号的实现代码如下：

```
void iic_stop(void)
{
  SDA =0;        //拉低数据线
  delay(1);      //延时
  SCL =1;        //拉高时钟线
  delay(1);      //延时
  SDA=1;         //产生上升沿
}
```

5.5.2.4 数据传输

由于 I²C 总线支持数据的双向传递，因此主设备和从设备都可以作为发送器和接收器。但无论数据传递的方向是怎样的，总线上的起始信号和停止信号都必须由主设备来产生。

如图 5－10 所示，在起始信号产生后，主设备会在总线上传递本次通信中从设备的地址以及数据传输的方向信息，在得到地址匹配的从设备的应答后，才会各自进入发送器或接收器的角色，并开始数据传输过程。

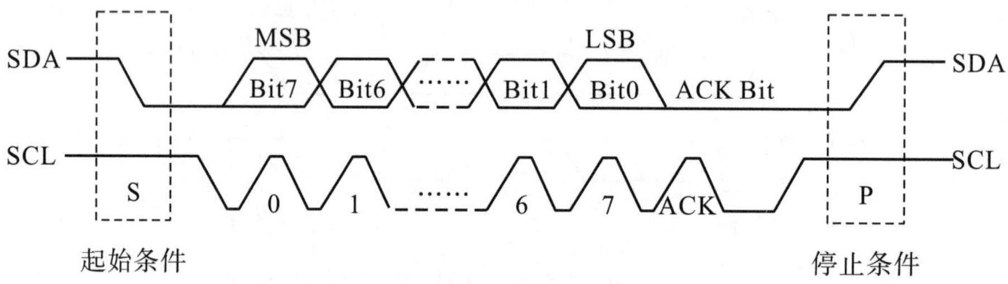

图 5－10　I²C 总线中数据传输过程时序图

如图 5－11 所示，在传递有效数据的过程中，发送器以每个时钟脉冲传递一个二进制位的速度，将所传输的字节按照数据位从高到低的顺序依次送到总线上。在每传送完一个字节的有效数据后，发送器就会释放总线控制权，这时接收器在接下来的一个时钟脉冲里将 SDA 拉低来对发送器发送应答位，表明该字节数据接收有效。在应答位产生后，接收器释放总线，由发送器再次接管总线，开始下一个字节数据的发送过程。

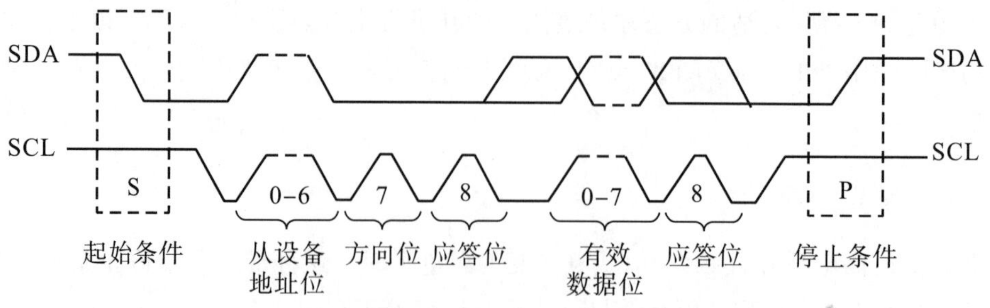

图 5－11　I²C 总线上各个数据位传输过程时序图

挂接在 I²C 总线上的每一个设备都对应一个唯一的地址，当主设备需要与从设备进行数据传输时，需要通过总线传递从设备的地址。主设备在总线上产生起始信号，相当于通知总线上的所有设备传输开始了，接下来主设备在总线上发送设备地址，与这一地址匹配的从设备将返回主设备一个应答位，并准备开始接下来的数据传输过程；与这一地址不匹配的从设备将会忽略接下来的传输，并等待下一次在总线上出现的起始信号。

由于从设备的地址都是 7 位的，因此主设备在总线上传送完从设备的地址后，还要添加一个数据传输方向位：0 表示数据传输方向为“主设备→从设备”，相当于写数据；1 表示数据传输方向为“从设备→主设备”，相当于读数据。一旦从设备在总线上截获的地址与自己的地址匹配，就需要在接下来的一个时钟脉冲里向主设备发送应答位。

总结来说，从总线上产生起始信号开始，在 SCL 的前 7 个时钟脉冲里传输的是从设备的 7 位地址，第 8 个时钟脉冲是数据传输方向，第 9 个时钟脉冲是从设备的应答位，从第 10 个时钟脉冲开始，进行有效数据位的传递，每经过一个时钟脉冲传递一个数据位。当传递 8 个数据位（也就是一个字节的数据）后，总线上出现的是从设备对主设备的应答位，接着进入下一个有效数据字节的传递过程。

5.5.2.5　数据有效性

I^2C 总线中的 SCL 用于传送同步时钟，SDA 用于传送有效数据。如图 5-12 所示，I^2C 总线协议规定：

（1）在 SCL 的每个时钟周期的高电平时，SDA 线上的数据有效，此时若 SDA 为高电平，表示数据“1”；若 SDA 为低电平，表示数据“0”。

（2）在 SCL 的每个时钟周期的低电平期间，SDA 上的数据无效，此时 SDA 上进行电切换，为下一个数据位的传递做准备。

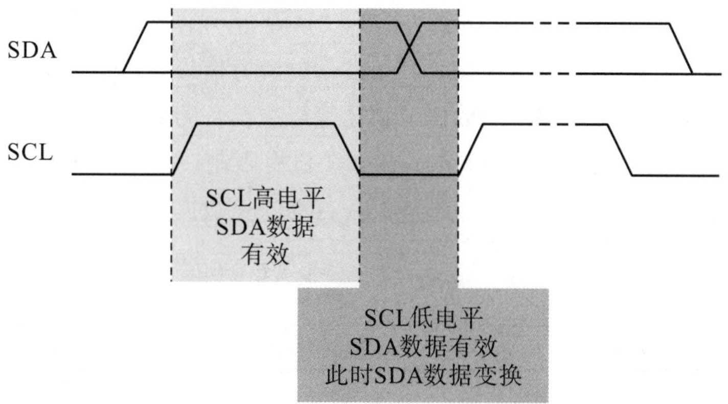

图 5-12　I^2C **总线协议中数据有效性规定**

5.5.2.6　应答位与非应答位

在通信双方进行数据通信时，采用应答机制可以有效地控制数据的传递。在 I^2C 总线协议中，除了起始信号和停止信号，所有总线上的内容都是以 9 位为一个数据帧来传递的。当主设备在总线上产生起始信号后，就开始在总线上传送 7 位从设备地址+1 位数据传输方向，接着会有 1 位应答信号。当开始传递有效数据时，也是 8 位有效数据位，接着会由接收器产生 1 位应答信号。

I^2C 的应答信号有两种状态，即应答位与非应答位。

（1）在主设备向总线发送从设备地址后，如果从设备将 SDA 线在第 9 个时钟脉冲里拉低，表示应答。如果从设备因为某种原因决定不响应主设备，则在第 9 个时钟脉冲里持续让 SDA 置于高电平，表示非应答，主设备在接收到非应答信号后会产生一个终止信号以结束本次传输，之后释放总线，使总线处于空闲状态。

（2）如图 5−13 所示，在数据传输方向为“主设备→从设备”的情况下，也就是写数据时，主设备广播完地址后，在接收到从设备的应答信号后，开始正式向从设备传输有效数据，每发送完一个字节的数据，都要等待从设备的应答信号，如果是应答位，那么主设备进入下一个字节数据的传输，并再次等待从设备的应答信号。只要每次从设备的应答信号都是应答，主设备就可以一直重复这个过程 N 次，其中 N 的大小没有限制。当数据传输结束时，主设备向总线发送停止信号，表示不再传输数据，之后释放总线，使总线处于空闲状态。

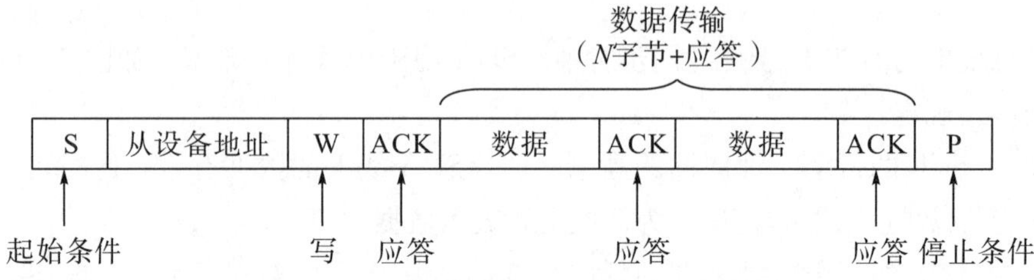

图 5−13　I^2C 总线数据传输“主设备写”过程示意图

（3）如图 5−14 所示，在数据传输方向为“从设备→主设备”的情况下，也就是读数据时，主设备广播完地址后，在接收到从设备的应答信号后，从设备开始向主设备发送有效数据，每发送完一个字节的数据，都会等待主设备的应答信号。这个发送数据等待应答的过程也可以重复 N 次，同样 N 的大小没有限制。当主设备希望停止接收数据时，会向从设备返回一个非应答位，则从设备自动停止数据发送。

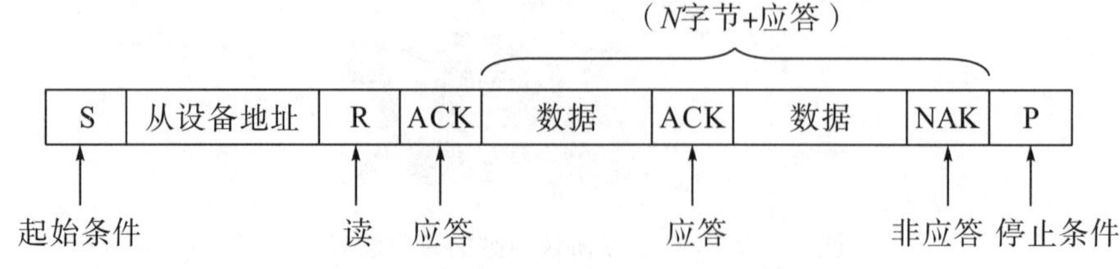

图 5−14　I^2C 总线数据传输“主设备读”过程示意图

主设备写一个字节和读一个字节的代码如下：

```
unsigned char iic_write_byte(unsigned char data)
{
  unsigned char i;

  for(i = 0;i < 8;i++){
    if(data & 0x80){      //判断数据最高位是否为1
      SDA = 1;
    }
    else{
      SDA = 0;
    }
    delay(1);              //延时
    SCL = 1;               //输出SDA稳定后，拉高SCL，从机检测到后进行数据采样
    delay(1);              //延时
    SCL = 0;               //拉低时钟线
    data <<= 1;            //数组左移一位
  }

  SDA_IN;
  delay(1);                //延时
  SCL = 1;                 //拉高时钟线

  if(SDA == 1){            //SDA为高，收到NACK

    SCL = 0;
    SDA_OUT;
    return 1;
  }else{                   //SDA为低，收到ACK
    SCL = 0;
    SDA_OUT;
    return 0;
  }
}

unsigned char iic_read_byte(unsigned char ack)
{
  unsigned char i,data = 0;

  SDA_IN;
  for(i = 0;i < 8;i++){
    delay(1);              //延时等待信号稳定
    SCL = 1;               //给出上升沿
    data <<= 1;
    data |= SDA;           //采样获取数据
    delay(1);
    SCL = 0;
  }
  SDA_OUT;
  SDA = ack;               //应答状态
  delay(1);
  SCL = 1;
  delay(1);
  SCL = 0;

  return data;
}
```

5.5.2.7　重启标志

I^2C 总线中的数据传递方向是由主设备控制的。当主设备写数据结束后需要马上切换为读数据时，或者主设备读数据结束后需要马上切换为写数据时，只需要向总线再次发送起始信号即可。这时总线上出现的起始信号称为重启信号，这个信号不是从总线空闲状态中开始出现的，而是在上一次数据传输完但并未释放总线的情况下出现的，因此称之为重启信号。

很显然，这种重启机制要比先终止传输后再次开启总线更有效率。

5.6　CC2530 中的 USART

CC2530 中有两个独立的 USART 接口，分别是 USART0 和 USART1。它们可以

分别工作在异步串行通信的 UART 模式下或者同步串行通信的 SPI 模式下。本书只介绍 UART 模式。

CC2530 的 USART 工作在 UART 模式时，可以使用仅有 RXD 和 TXD 的 2 线模式，或者同时还包含 RTS 和 CTS 的 4 线模式。其工作特点如下：

- 8 到 9 位负载数据；
- 奇校验、偶校验或者无奇偶校验；
- 配置起始位和停止位的电平；
- 配置 LSB 或者 MSB 首先传送；
- 独立收发中断；
- 独立收发 DMA 触发；
- 奇偶校验和帧校验出错状态。

CC2530 的 UART 模式提供全双工传送，接收器中的位同步不影响发送功能。传送一个 UART 字节包含 1 个起始位、8 个数据位、1 个作为可选项的第 9 位数据或者奇偶校验位再加上 1 个或 2 个停止位。注意，虽然真实的数据包含 8 位或者 9 位，但是数据传送只涉及一个字节。

UART 操作由 USART 控制和状态寄存器 UxCSR 以及 UART 控制寄存器 UxUCR 来控制。这里的 x 是 USART 的编号，其数值为 0 或者 1。当 UxCSR. MODE 设置为 1 时，就选择了 UART 模式。本书举例和应用案例都针对 USART1 进行介绍。图 5−15 是 U1CSR 的数据解释。图 5−16 是 U1UCR 的数据解释。

U1CSR (0xF8) – USART 1 Control and Status

Bit	Name	Reset	R/W	Description
7	MODE	0	R/W	USART mode select 0: SPI mode 1: UART mode
6	RE	0	R/W	UART receiver enable. Note: Do not enable receive before UART is fully configured. 0: Receiver disabled 1: Receiver enabled
5	SLAVE	0	R/W	SPI master- or slave-mode select 0: SPI master 1: SPI slave
4	FE	0	R/W0	UART framing error status. This bit is automatically cleared on a read of the U1CSR register or bits in the U1CSR register. 0: No framing error detected 1: Byte received with incorrect stop-bit level
3	ERR	0	R/W0	UART parity error status. This bit is automatically cleared on a read of the U1CSR register or bits in the U1CSR register. 0: No parity error detected 1: Byte received with parity error
2	RX_BYTE	0	R/W0	Receive byte status. UART mode and SPI slave mode. This bit is automatically cleared when reading U1DBUF; clearing this bit by writing 0 to it effectively discards the data in U1DBUF. 0: No byte received 1: Received byte ready
1	TX_BYTE	0	R/W0	Transmit byte status. UART mode and SPI master mode 0: Byte not transmitted 1: Last byte written to data buffer register has been transmitted
0	ACTIVE	0	R	USART transmit or receive active status. In SPI slave mode, this bit equals slave select. 0: USART idle 1: USART busy in transmit or receive mode

图 5−15 U1CSR 的数据解释

U1UCR (0xFB) – USART 1 UART Control

Bit	Name	Reset	R/W	Description
7	FLUSH	0	R0/W1	Flush unit. When set, this event stops the current operation and returns the unit to the idle state.
6	FLOW	0	R/W	UART hardware flow enable. Selects use of hardware flow control with RTS and CTS pins 0: Flow control disabled 1: Flow control enabled
5	D9	0	R/W	If parity is enabled (see PARITY, bit 3 in this register), then this bit sets the parity level as follows. 0: Odd parity 1: Even parity
4	BIT9	0	R/W	Set this bit to 1 in order to enable the parity bit tranfer (as 9th bit). The content of this 9th bit is given by D9, if parity is enabled by PARITY. 0: 8-bit transfer 1: 9-bit transfer
3	PARITY	0	R/W	UART parity enable. One must set BIT9 in addition to setting this bit for parity to be calculated. 0: Parity disabled 1: Parity enabled
2	SPB	0	R/W	UART number of stop bits. Selects the number of stop bits to transmit 0: 1 stop bit 1: 2 stop bits
1	STOP	1	R/W	UART stop-bit level must be different from start-bit level. 0: Low stop bit 1: High stop bit
0	START	0	R/W	UART start-bit level. Ensure that the polarity of the start bit is opposite the level of the idle line. 0: Low start bit 1: High start bit

图 5－16　U1UCR 的数据解释

5.6.1　UART 模式下的数据发送

当 USART 收/发数据缓冲寄存器 UxBUF 写入数据时，该字节发送到输出引脚 TXDx。UxBUF 寄存器是双缓冲的。

当字节传送开始时，UxCSR. ACTIVE 位变为高电平，而当字节传送结束时为低电平。当传送结束时，UxCSR. TX _ BYTE 位设置为 1。当 USART 收/发数据缓冲寄存器就绪，准备接收新的发送数据时，就产生了一个中断请求。该中断在传送开始之后立刻发生，因此当字节正在发送时，新的字节能够装入数据缓冲寄存器。

5.6.2　UART 模式下的数据接收

当 1 写入 UxCSR. RE 位时，在 UART 上数据接收就开始了。然后 UART 会在输入引脚 RXDx 中寻找有效起始位，并且设置 UxCSR. ACTIVE 位为 1。当检测出有效起始位时，收到的字节就传入接收寄存器，UxCSR. RX _ BYTE 位设置为 1，该操作完成时产生接收中断。同时，UxCSR. ACTIVE 变为低电平。通过寄存器 UxBUF 提供收到的数据字节。当 UxBUF 读出时，UxCSR. RX _ BYTE 位由硬件清零。

5.6.3　CC2530 的波特率发生器

在 CC2530 内部有一个波特率发生装置，一旦 USART 工作在 UART 模式或者 SPI 主模式下，这个波特率发生装置就负责产生波特率。通过设置 UxBAUD. BAUD _ M [7：0] 和 UxGCR. BAUD _ E [4：0] 的值，并依据下面的公式来得到不同的波特率：

$$Baud\ Rate=\frac{(256+\mathrm{BAUD\_M})\times 2^{\mathrm{BAUD\_E}}}{2^{28}}\times f$$

公式中的 f 是系统时钟频率，可以选择 16MHz 的 RCOSC 或者 32MHz 的 XOSC。当 f 取值为 32MHz 时，BAUD_M 和 BAUD_E 的具体取值和对应的波特率如表 5－1 所示。

表 5－1　32MHz 通用波特率取值配置

波特率 (bps)	UxBAUD.BAUD_M	UxGCR.BAUD_E	错误 (%)
2400	59	6	0.14
4800	59	7	0.14
9600	59	8	0.14
14400	216	8	0.03
19200	59	9	0.14
28800	216	9	0.03
38400	59	10	0.14
57600	216	10	0.03
76800	59	11	0.14
115200	216	11	0.03
230400	216	12	0.03

U1BAUD 的数据解释如图 5－17 所示。

U1BAUD (0xFA) – USART 1 Baud-Rate Control

Bit	Name	Reset	R/W	Description
7:0	BAUD_M[7:0]	0x00	R/W	Baud rate mantissa value. BAUD_E along with BAUD_M determines the UART baud rate and the SPI master SCK clock frequency.

图 5－17　U1BAUD 的数据解释

U1GCR 的数据解释如图 5－18 所示。

U1GCR (0xFC) – USART 1 Generic Control

Bit	Name	Reset	R/W	Description
7	CPOL	0	R/W	SPI clock polarity 0: Negative clock polarity 1: Positive clock polarity
6	CPHA	0	R/W	SPI clock phase 0: Data is output on *MOSI* when *SCK* goes from **CPOL** inverted to **CPOL**, and data input is sampled on *MISO* when *SCK* goes from **CPOL** to **CPOL** inverted. 1: Data is output on *MOSI* when *SCK* goes from **CPOL** to **CPOL** inverted, and data input is sampled on *MISO* when *SCK* goes from **CPOL** inverted to **CPOL**.
5	ORDER	0	R/W	Bit order for transfers 0: LSB first 1: MSB first
4:0	BAUD_E[4:0]	0 0000	R/W	Baud rate exponent value. BAUD_E along with BAUD_M determines the UART baud rate and the SPI master SCK clock frequency.

图 5－18　U1GCR 的数据解释

5.6.4　USART 中断

CC2530 中的两个 USART 都可以向 MCU 提出数据接收完成中断请求和数据发送完成中断请求。

相应的中断允许/屏蔽控制位在 IEN0 和 IEN2 寄存器中。

- USART0 RX 中断允许/屏蔽控制位：IEN0. URX0IE；

· USART0 TX 中断允许/屏蔽控制位：IEN2. UTX0IE；
· USART1 RX 中断允许/屏蔽控制位：IEN0. URX1IE；
· USART1 TX 中断允许/屏蔽控制位：IEN2. UTX1IE。

相应的中断标志位在 TCON 和 IRCON2 寄存器中。

· USART0 RX 中断标志位：TCON. URX0IF；
· USART0 TX 中断标志位：IRCON2. UTX0IF；
· USART1 RX 中断标志位：TCON. URX1IF；
· USART1 TX 中断标志位：IRCON2. UTX1IF。

5. 6. 5　CC2530 USART1 的初始化编程

当我们需要使用 CC2530 的 USART 接口功能时，需要将与之连接的 GPIO 设置为外设 I/O 来使用，为此 TI 官方提供了一张 GPIO 用作外设 I/O 的管脚配置图表，我们只需要从中找到与 USART1 有关的管脚信息，并把它们设置为外设 I/O 即可。具体图表如图 5－19 所示。

Periphery/ Function	P0								P1								P2				
	7	6	5	4	3	2	1	0	7	6	5	4	3	2	1	0	4	3	2	1	0
ADC	A7	A6	A5	A4	A3	A2	A1	A0													T
Operational amplifier						O	–	+													
Analog comparator			+	–																	
USART 0 SPI			C	SS	MO	MI															
Alt. 2											M0	MI	C	SS							
USART 0 UART			RT	CT	TX	RX															
Alt. 2											TX	RX	RT	CT							
USART 1 SPI			MI	M0	C	SS															
Alt. 2									MI	M0	C	SS									
USART 1 UART			RX	TX	RT	CT															
Alt. 2									RX	TX	RT	CT									
TIMER 1		4	3	2	1	0															
Alt. 2	3	4												0	1	2					
TIMER 3												1	0								
Alt. 2									1	0											
TIMER 4															1	0					
Alt. 2																		1			0
32-kHz XOSC																	Q1	Q2			
DEBUG																			DC	DD	
OBSSEL											5	4	3	2	1	0					

图 5－19　CC2530 **外设** I/O **映射**

本书实战环节使用的实验设备 CC2530 实验底板中用于串行通信的 RX 和 TX 引脚分别连接在了 GPIO 的 P1_6 和 P1_7 这两个管脚上，对照图 5－19 中 CC2530 外设 I/O 映射关系，可知该单片机系统选择的是 CC2530 的 USART1 的可选位置二。串行通信的波特率为 38400bps，8 位数据位，无奇偶校验位，1 位停止位。根据这些配置要求，可以得到如下的 CC2530 USART1 的初始化代码：

```
*******************************************
*  CC2530 32M系统时钟波特率十进制参数表   *
*-----------------------------------------*
*  波特率   UxBAUD          UxGCRM         *
*  240      59              6              *
*  4800     59              7              *
*  9600     59              8              *
*  14400    216             8              *
*  19200    59              9              *
*  28800    216             9              *
*  38400    59              10             *
*  57600    216             10             *
*  76800    59              11             *
*  115200   216             11             *
*  23040    216             12             *
*******************************************
************************************************************/
void uart1_init(unsigned char StopBits,unsigned char Parity)
{
  P1SEL |=  0xC0;                //初始化UART1端口
  PERCFG |= 0x02;                //选择UART1为可选位置二
  P2SEL &= ~0x20;                //P1优先作为串口1
  U1CSR = 0xC0;                  //设置为UART模式,而且使能接受器

  U1GCR = 10;
  U1BAUD = 59;                   //波特率设置为38400

  U1UCR |= StopBits|Parity;      //设置停止位与奇偶校验
}
```

代码中的 PERCFG 是 CC2530 中用于控制外设优先级的 SFR，具体的数据解释见图 5−20。从中可以看到，当选择 USART P2SEL 时，CC2530 中 P2 端口的功能选择以及 P1 端口外设优先级控制的 SFR，具体的数据解释见图 5−21。

PERCFG (0xF1) – Peripheral Control

Bit	Name	Reset	R/W	Description
7	–	0	R0	Reserved
6	T1CFG	0	R/W	Timer 1 I/O location 0: Alternative 1 location 1: Alternative 2 location
5	T3CFG	0	R/W	Timer 3 I/O location 0: Alternative 1 location 1: Alternative 2 location
4	T4CFG	0	R/W	Timer 4 I/O location 0: Alternative 1 location 1: Alternative 2 location
3:2	–	00	R/W	Reserved
1	U1CFG	0	R/W	USART 1 I/O location 0: Alternative 1 location 1: Alternative 2 location
0	U0CFG	0	R/W	USART 0 I/O location 0: Alternative 1 location 1: Alternative 2 location

图 5−20　PERCFG 的数据解释

P2SEL (0xF5) – Port 2 Function Select and Port 1 Peripheral Priority Control

Bit	Name	Reset	R/W	Description
7	–	0	R0	Reserved
6	PRI3P1	0	R/W	Port 1 peripheral priority control. This bit determines which module has priority in the case when modules are assigned to the same pins. 0:　USART 0 has priority. 1:　USART 1 has priority.
5	PRI2P1	0	R/W	Port 1 peripheral priority control. This bit determines the order of priority in the case when PERCFG assigns USART 1 and Timer 3 to the same pins. 0:　USART 1 has priority. 1:　Timer 3 has priority.
4	PRI1P1	0	R/W	Port 1 peripheral priority control. This bit determines the order of priority in the case when PERCFG assigns Timer 1 and Timer 4 to the same pins. 0:　Timer 1 has priority. 1:　Timer 4 has priority.
3	PRI0P1	0	R/W	Port 1 peripheral priority control. This bit determines the order of priority in the case when PERCFG assigns USART 0 and Timer 1 to the same pins. 0:　USART 0 has priority. 1:　Timer 1 has priority.
2	SELP2_4	0	R/W	P2.4 function select 0:　General-purpose I/O 1:　Peripheral function
1	SELP2_3	0	R/W	P2.3 function select 0:　General-purpose I/O 1:　Peripheral function
0	SELP2_0	0	R/W	P2.0 function select 0:　General-purpose I/O 1:　Peripheral function

图 5－21　P2SEL **的数据解释**

5.6.6　CC2530 USART1 在 UART 模式下的数据发送功能编程

在 UART 模式下，数据通过 USART1 的 TX 发送前，需要先将待发送的数据写入 U1DBUF 中，一旦 U1DBUF 中有数据写入，便会自动将数据通过 TX 按位依次传送。当数据传送完毕，会产生数据传送完成中断请求，这时 UTX1IF 会被置为“1”，因此只要不断地查询 UTX1IF 是否为“1”，即可判断数据是否发送完成。一旦查询到的值为“1”，就将 UTX1IF 清 0，以便开始下一个字符帧的传递。根据以上分析，可以写出 USART1 工作在 UART 模式下数据发送的功能函数，代码如下：

```
/*****************************************************************
* 名称: uart1_send_char()
* 功能: 串口发送字节函数
* 参数: 无
* 返回: 无
*****************************************************************/
void uart1_send_char(char ch)
{
  U1DBUF = ch;                    //将要发送的数据填入发送缓存寄存器
  while(UTX1IF == 0);             //等待数据发送完成
  UTX1IF = 0;                     //发送完成后将数据清零
}

/*****************************************************************
* 名称: uart1_send_string(char *Data)
* 功能: 串口发送字符串函数
* 参数: 无
* 返回: 无
*****************************************************************/
void uart1_send_string(char *Data)
{
  while (*Data != '\0')           //如果检测到空字符则跳出
  {
    uart1_send_char(*Data++);     //循环发送数据
  }
}
```

5.6.7 CC2530 USART1 在 UART 模式下的数据接收功能编程

当数据一位一位地被发送端传送至接收端后，接收端的 USART1 通过 RX 接收各个数据位，并将其一位一位地存入 U1DBUF 中。一旦 U1DBUF 中的数据位被填满，便会产生数据接收完成中断请求，并将 URX1IF 置为“1”。因此接收端只要不断查询 URX1IF 的值即可，一旦查询到值为“1”，就可以将 U1DBUF 的内容读取出来。根据实际编程需要，可以将每次读出的字符依次存放到一个字符数组中。USART1 工作在 UART 模式下接收字符数据的功能函数代码如下：

```
/***********************************************************
* 名称：int uart1_recv_char()
* 功能：串口接收字节函数
* 参数：无
* 返回：无
***********************************************************/
int uart1_recv_char(void)
{
  int ch;                           //等待数据接收完成
  while (URX1IF == 0);              //提取接受数据
  ch = U1DBUF;
  URX1IF = 0;                       //发送标志位清零
  return ch;                        //返回获取到的串口数据
}
```

计算机“教”CC2530“说话”

实战目标	掌握 CC2530 USART1 的编程应用
实战环境	（1）计算机（Pentium 处理器双核 2GHz 及以上，内存 4GB 及以上），Windows 10 64 位专业版； （2）CC2530 实验底板及 SmartRF04EB 仿真器套件
实战内容	将计算机与 CC2530 实验底板连接，通过计算机的键盘输入一串以@结束的字符串，通过串口工具发送给 CC2530，CC2530 将刚才接收到的内容原样输出到串口工具界面中

☆理论分析☆

1. 功能分析

计算机通过键盘输入内容要想通过 UART 通信方式进行传送，需要使用串口调试助手这类软件来实现（本书二维码资源列表中为读者提供了一款串口调试助手工具软件 PortHelper. exe，请读者自行下载后双击打开就可以使用）。为了保证 CC2530 能够通过 USART1 接收到计算机端经过串口调试助手发送的字符串，需要对它进行功能初始化配置，包括：设置波特率为 38400bps，无奇偶校验位，8 位数据位，1 位停止位，允许接收完成后提出中断请求，允许发送完成后提交中断请求。由于 CC2530 作为接收端接收完计算机发送的所有字符后，还需要将其原样返回到计算机，因此在编写 CC2530 的功能代码时还需要使用一个全局的字符型数组来存储接收到的所有字符。

2. 功能流程图

基于以上分析，得到了如图 5－22 所示的程序功能流程图。

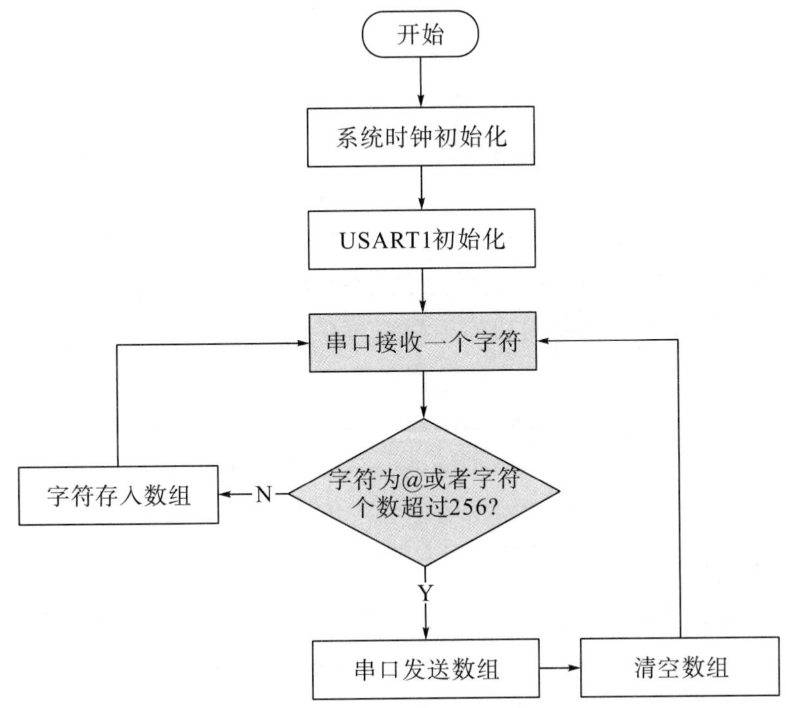

图 5－22　通过 USART1 进行 UART 通信的程序功能流程图

流程图首先要执行的操作是系统时钟初始化，这里需要系统时钟为波特率发生器提供输入时钟，而在 CC2530 的异步串行通信中必须设置波特率。

接下来是对 USART1 进行初始化，包括设置异步串行通信方式、数据位个数、停止位、奇偶校验位、波特率，等等。

“串口接收一个字符”这个操作是根据串口接收数据缓冲区是否满为判断的，当接收缓冲区满时，相应的标志位会被置位，因此程序中通过判断标志位的值来决定是继续等待还是从缓冲区读取数据。

一旦接收到一个字符，就需要对字符内容进行判断，还要对接收到的字符个数进行判断。如果字符内容是“@”，表明用户从计算机端的输入结束了，之后就需要串口执行数据的输出操作了。如果字符内容不是“@”，则用户输入的内容还没有结束，这时最好判断一下接收到的字符个数是不是超过限制了。因为在 C 语言中，字符串的内容是以字符型数组的形式存放在内存中的，一般都会先在内存中为准备存放字符串的这个字符型数组开辟一块空间，通常这块区域的大小是固定的，也就是数组中最大的元素个数是固定的。如果输入的字符串长度超过了数组中元素个数的限制，就不能再将数据存放到数组中。因此这里会看到判断的条件是对输入的字符内容以及字符个数的判断。

当串口执行了向计算机端发送数据的操作后，就需要将接收用户数据的字符串中的内容清零，为下一次用户的输入接收做准备。数组清零的操作其实只需要将访问数组元素的下标的值清零即可，这样新接收到的字符就可以从原数组的第一个位置开始存放。每次在接收到“@”时，在数组的下一个可用位置存放的并不是“@”，而是“\0”。原因是在串口执行输出字符串操作时，停止输出的标志是遇到了“\0”这个字符。

3. 根据流程图写代码

（1）系统时钟初始化。UART 通信需要在收发双方都设置相同的波特率，而 CC2530 内部的波特率发生器需要利用系统时钟来产生，因此这里必须对系统时钟进行初始化。时钟初始化代码可以直接使用第 4 章实战中的对应部分。

（2）USART1 初始化以及工作在 UART 模式下的数据收发功能。其实串行通信在单片机的应用开发中是很常用的，同样为了提高代码的重用性，这里将与 USART1 有关的初始化配置操作、数据收发功能等都编写在“uart1.h”和“uart1.c”中，代码如下：

```
/***********************************************************************
* 文件：uart.h
***********************************************************************/

/***********************************************************************
* 宏条件编译
***********************************************************************/
#ifndef __UART1_H__
#define __UART1_H__

/***********************************************************************
* 头文件
***********************************************************************/
#include <ioCC2530.h>

/***********************************************************************
* 内部原型函数
***********************************************************************/
void uart1_init(unsigned char StopBits,unsigned char Parity);    //串口0初始化
void uart1_send_char(char ch);                                  //串口发送字节函数
void uart1_send_string(char *Data);                            //串口发送字符串函数
int uart1_recv_char(void);                                      //串口接收字节函数
void uart1_test(void);                                            //串口打印函数

#endif /* __UART_H__ */
```

```
/*********************************************************
* 文件：uart.c
*********************************************************/

/*********************************************************
* 头文件
*********************************************************/
#include "uart1.h"

/*********************************************************
* 定义
*********************************************************/
char recvBuf[256];          //收到的数据存储在数组里
int recvCnt = 0;            //收到数据的数量

/*********************************************************
* 名称：uart1_init(unsigned char StopBits,unsigned char Parity)
* 功能：串口0初始化
* 参数：无
* 返回：无
****************************************
```

```
 *  CC2530 32M系统时钟波特率十进制参数表   *
 *---------------------------------------*
 *  波特率  UxBAUD         UxGCRM         *
 *  240     59             6              *
 *  4800    59             7              *
 *  9600    59             8              *
 *  14400   216            8              *
 *  19200   59             9              *
 *  28800   216            9              *
 *  38400   59             10             *
 *  57600   216            10             *
 *  76800   59             11             *
 *  115200  216            11             *
 *  23040   216            12             *
 *****************************************
 ****************************************************************/
void uart1_init(unsigned char StopBits,unsigned char Parity)
{
  P1SEL |=  0xC0;                //初始化UART1端口
  PERCFG |= 0x02;                //选择UART1为可选位置二
  P2SEL &= ~0x20;                //P1优先作为串口1
  U1CSR = 0xC0;                  //设置为UART模式,而且使能接受器

  U1GCR = 10;
  U1BAUD = 59;                   //波特率设置为38400

  U1UCR |= StopBits|Parity;      //设置停止位与奇偶校验
}

/***************************************************************
* 名称: uart1_send_char()
* 功能: 串口发送字节函数
* 参数: 无
* 返回: 无
***************************************************************/
void uart1_send_char(char ch)
{
  U1DBUF = ch;                   //将要发送的数据填入发送缓存寄存器
  while(UTX1IF == 0);            //等待数据发送完成
  UTX1IF = 0;                    //发送完成后将数据清零
}

/***************************************************************
* 名称: uart1_send_string(char *Data)
* 功能: 串口发送字符串函数
* 参数: 无
* 返回: 无
***************************************************************/
void uart1_send_string(char *Data)
{
  while (*Data != '\0')          //如果检测到空字符则跳出
  {
    uart1_send_char(*Data++);    //循环发送数据
  }
}

/***************************************************************
* 名称: int uart1_recv_char()
* 功能: 串口接收字节函数
* 参数: 无
* 返回: 无
***************************************************************/
int uart1_recv_char(void)
{
  int ch;                        //等待数据接收完成
  while (URX1IF == 0);           //提取接受数据
  ch = U1DBUF;
  URX1IF = 0;                    //发送标志位清零
  return ch;                     //返回获取到的串口数据
}

/***************************************************************
* 名称: uart1_test()
* 功能: 串口打印函数
* 参数: 无
* 返回: 无
***************************************************************/
void uart1_test(void)
{
  unsigned char ch;
  ch = uart1_recv_char();                 //接收串口接收到的字节
  if (ch == '@' || recvCnt >= 256) {      //接收数据以@字符或者大于等于256结束
    recvBuf[recvCnt] = 0;
    uart1_send_string(recvBuf);           //串口发送字符串函数
    uart1_send_string("\r\n");
    recvCnt = 0;                          //收到数据清空
  } else {
    recvBuf[recvCnt++] = ch;              //用数组储存接收到的数据
  }
}

```

（3）在主函数中完成功能调用。代码如下：

```
/*********************************************************************
* 文件：main.c
*********************************************************************/

/*********************************************************************
* 头文件
*********************************************************************/
#include <ioCC2530.h>
#include "clock.h"
#include "uart1.h"

/*********************************************************************
* 名称：main()
* 功能：逻辑代码
*********************************************************************/
void main(void)
{
  clock_init();                                    //CC2530时钟初始化
  uart1_init(0x00, 0x00); //串口波特率为38400bps,8位数据位,无奇偶校验,1位停止位
  uart1_send_string("Please Input string end with '@'\r\n");

  while(1)
  {
    uart1_test();        //串口通信程序
  }
}
```

☆实战操作☆

步骤 1：创建新的工程及工作区。

（1）创建工程及工作区文件夹。

新建一个“Ch5”文件，并在其内部创建“project”文件夹。

（2）创建工程 Ch5－UART1，并将该工程保存在 Ch5 工作区中。

点击 IAR 软件界面中的“Project→Create New Project”菜单后，会打开“Create New Project”对话框，在对话框中将“Tool Chain”选择为 8051，然后点击“OK”按钮。在“另存为”对话框中将工程命名为“Ch5－UART1”并保存在“project”目录下。

选择“File→Save Workspace”菜单，会打开保存工作区对话框，将该工作区保存在 Ch5 文件夹下的 project 文件夹内，命名工作区为“Ch5”。

步骤 2：创建源码文件并添加到工程 Ch5－UART1 中。

（1）创建源码文件夹。

在“Ch5”文件夹下创建“source”文件夹。

（2）创建源码文件。

本次案例需要读者自行编写的代码文件有：clock. h、clock. c、uart1. h、uart1. c、main. c 共 5 个文件。请依次在项目中新建文件，并参考理论分析部分给出的源码内容将源码文件编写完整后，将这些文件都保存在刚才创建的“source”文件夹下。

（3）为工程创建分组。

参考第 3 章实战步骤 2（3）的操作，为工程创建 source 分组。

（4）将源码文件添加到分组 source 中。

参考第 3 章实战步骤 2（4）的操作，将 source 文件夹下所有 C 文件添加至工程的 source 分组中。

步骤 3：配置工程。

工程配置部分的操作请参考第 1 章实战 2 中的步骤 3，所有工程的配置都是一样的。

步骤 4：编译工程。

点击"Project"菜单下的"Rebuild All"菜单，等待编译器将源码编译完成。如果编译出现错误，请根据编译器日志输出窗口修改错误并再次编译，直到编译成功为止。编译成功后可以选择在 IAR 工程界面中使用"Download and Debug"的方式将可执行代码烧写到 CC2530 中，也可以选择"Flash Programmer"软件将".hex"文件烧写到 CC2530 中。当然，在执行这些烧写操作之前请确认已经使用 SmartRF04EB 仿真器将绿色家居上的 Node3 CC2530 模块与计算机进行连接。

步骤 5：安装串口驱动。

由于本次案例需要使用计算机与 CC2530 之间进行数据传输，因此需要使用相应的数据线将它们进行链接。

本书第 1 章的图 1－18（a）是 CC2530 实验底板实物照片，图片中标识的 USB 调试串口是一个 Micro USB 型接口，CC2530 实验底板集成了 USB 转串口的 CP2102 芯片，有了它就可以把 USB 当作串口使用。用户只要使用通用的 Micro USB 线，一端连接 CC2530 实验底板的 Micro USB 接口，另一端连接计算机的 USB 接口，并给计算机安装上相应的驱动程序，就可以实现计算机与 CC2530 之间进行 UART 通信了。

由于计算机的 USB 接口电平与 CC2530 的 USART 接口电平定义不同，并且所使用的通信协议也不一样，为了能够将计算机的 USB 接口当作一般的 COM 接口来进行 UART 通信，往往需要安装软件驱动来实现。这里所需要的驱动软件的安装文件请按照本书内容简介部分提供的软件地址进行下载。下载的文件名为 CP210x _ Drivers－win7. zip，解压后请根据电脑操作系统是 32 位还是 64 位来选择对应的版本进行安装。

（1）CP210x _ Drivers 软件安装启动界面。

CP210x _ Drivers 软件的启动界面如图 5－23 所示，在当前界面上点击"下一步"。

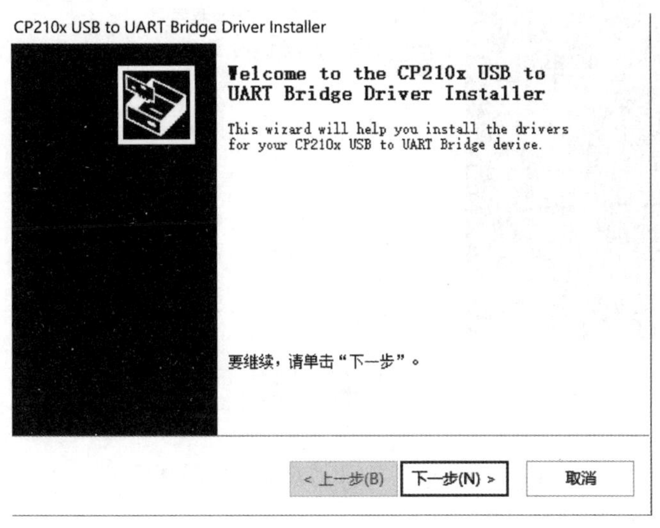

图 5－23　CP210x 驱动软件启动界面

（2）接收协议。

如图 5－24 所示，选择“我接受这个协议”，点击“下一步”后，驱动软件自动开始安装，等待安装完成。

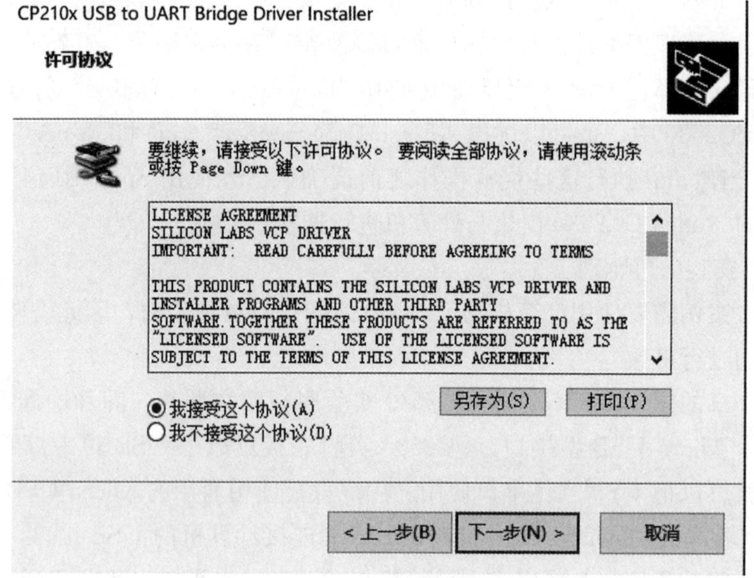

图 5－24　CP210x 驱动安装协议许可界面

（3）成功安装驱动。

如图 5－25 所示，可以看到驱动安装成功，并通知设备可以正常使用了。

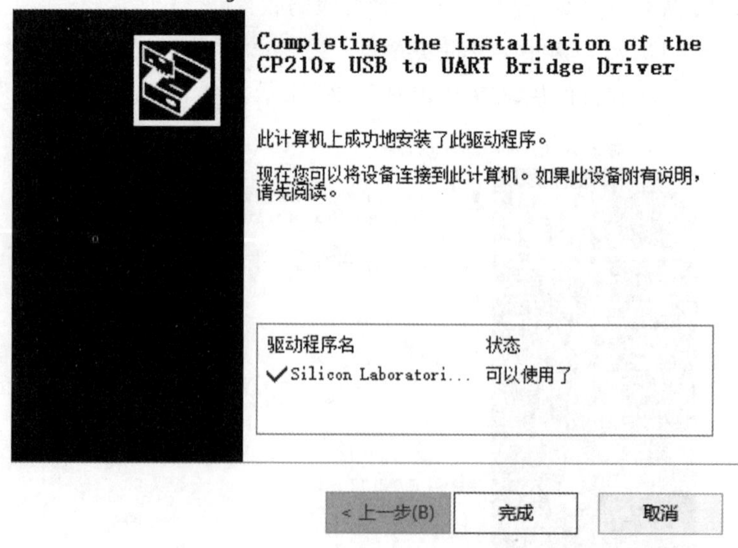

图 5－25　CP210x 驱动安装成功后的提示

（4）查看 USB 转串口的端口号。

安装完成后，在计算机桌面上右键单击“计算机”，在弹出的快捷菜单中选择管理→设备管理器→端口，展开后观察当前电脑连接到节点的 USB 串口的串口号，如图 5-26所示，当前的串口为“COM3”。注意，不同的计算机安装完成后有可能显示的串口号不一样，请以你当前计算机上出现的串口号为准。

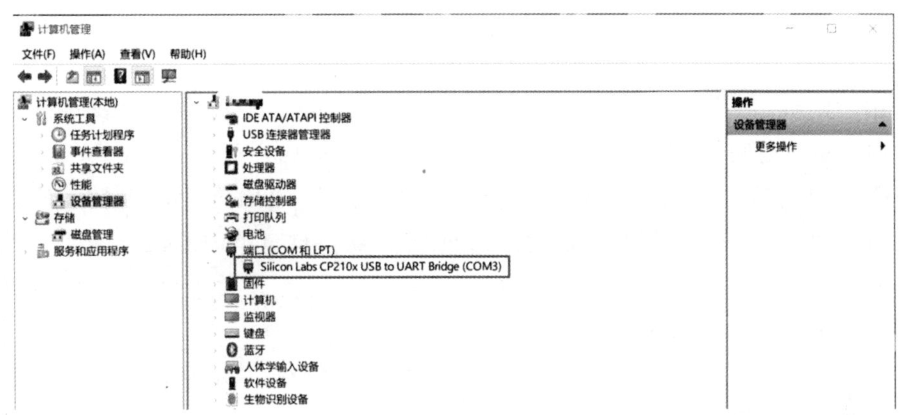

图 5-26　计算机设备管理器中 USB 转 UART 的端口号

步骤 6：使用串口调试助手进行“对话”。

串口调试工具有很多，本书实战中选用的串口调试工具是 PortHelper. exe，这个工具不需要安装，下载后直接双击打开即可。图 5-27 是该软件的操作界面示意图，请在界面中设置一下刚才在你的电脑上看到的 COM 端口号，并设置波特率为 38400、无奇偶校验位、1 位停止位、8 位数据位，然后点击“打开串口”。

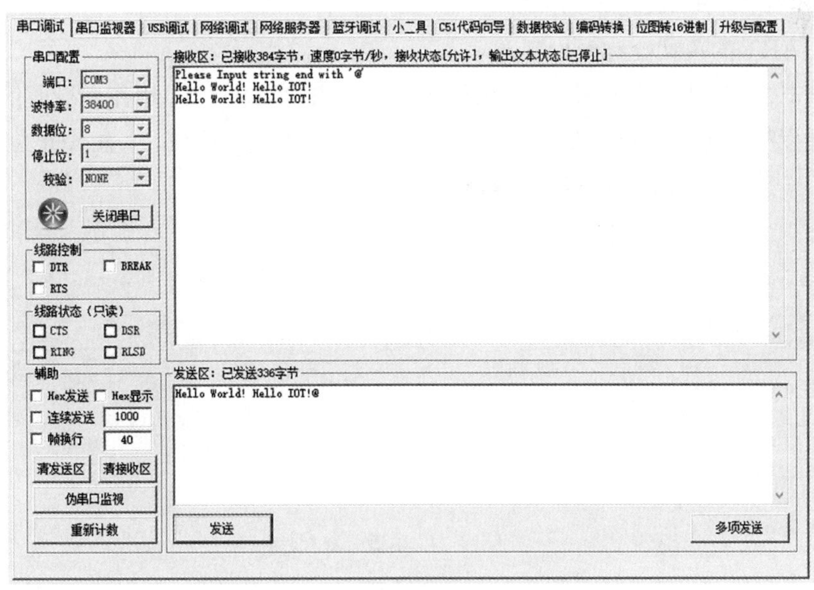

图 5-27　串口调试助手界面参考图示

这时请再次确认CC2530实验底板与计算机之间通过Micro USB线进行了连接，之后打开电源给CC2530实验底板供电，这时我们应该能在图5-27所示的串口调试助手界面的接收区看到CC2530发送过来的“Please input string end with ‘@’”。我们在发送区输入想要发送的字符串内容，并以“@”结尾，然后点击“发送”按钮后，稍后就能在接收区看到CC2530将我们发送的内容原原本本地显示了出来。

※ 挑战一下：通过UART控制LED的亮灭

使用计算机给CC2530实验底板发送控制LED亮灭的命令，当发送的命令是“ON”时，将实验底板上的BLUE和RED两个LED同时点亮，并通过串口调试助手返回LED状态信息“LEDs are on!”；当发送的命令是“OFF”时，让BLUE和RED两个LED同时灭，并通过串口调试助手返回LED状态信息“LEDs are off!”；当发送的命令既不是“ON”也不是“OFF”时，LED的状态不变，并通过串口调试助手返回错误信息“Invalid Instruction!”。

提示：这里通过计算机传送的字符串内容需要在CC2530端进行处理，并根据处理的结果执行相应的操作。这里需要用到C语言中字符串比较库函数“strcmp”，因而需要在源码文件中加入“string. h”头文件的引用。

习题

1. 串行通信按照数据传递的方向分为哪几类?
2. 什么是同步串行通信?
3. 什么是异步串行通信? 异步串行通信的数据帧格式是什么?
4. 简要说明比特率和波特率的区别。
5. 写出UART的英文全称及中文意思。
6. 已知某CC2530开发板中将P0_2用作串行通信的RXD，P0_3用作串行通信的TXD，若该开发板设定的串行通信波特率为19200bps，8位数据位，1位停止位，无奇偶校验位，请写出该串行通信接口的初始化代码。

第 6 章　ADC

单片机内部处理的数据是“数字”的，而现实生活中很多数据是以“模拟”的形式表现的。例如一天内某地气温的变化值，一小时内人体血压的变化值，一刻钟手机电池剩余电量的变化值等。这些随着时间的推移连续不断产生的数据，单片机是处理不来的。这就需要利用 ADC（Analog to Digital Convertor，模数转换器）来把现实世界的模拟信号转换成单片机可以处理的数字信号。

6.1　模拟信号和数字信号

6.1.1　信号

信号是指通信双方所传递的数据信息。

例如：你和朋友面对面说话聊天，你和朋友两个人就是通信的双方，你们聊天时说出的话（也就是你们说话时发出的声音）就是信号，这个信号是在空气中以声波的形式传递的。同时，你们说话时双方脸上的表情以及身体的动作都可以称为信号，这种信号是以光波的形式传递的。

又如：你和朋友相隔两地用微信聊天，你们两人手里拿的手机就是通信的双方，你们俩在微信聊天窗口中看到的消息就是信号，这个信号经过手机的天线发射到空气中，以无线电波的形式传递到无线网络中（Wi－Fi 或 4G），然后经过一系列的传递后到达微信服务商的中心服务器上，再经过这个服务器把消息内容通过一系列的传递后发送到无线网络中，并再次以无线电波的形式被你们双方的手机天线接收到，最后被手机处理成消息文字显示在窗口中。

在第一个例子中，所有的信号都是模拟的；而第二个例子中，手机中看到的消息是数字信号，发射到空气中的无线电波是模拟信号。

6.1.2　模拟信号

模拟信号是指在时间和空间上数据都是连续的信号。模拟信号可以简单到就是一个正弦波的样子，也可以复杂到由许多不同指标的正弦波叠加后的样子。图 6－1 所示就是一个不太复杂的模拟信号的波形在一定时间内的展示。水平方向的 t 代表时间，垂直方向的 x 代表随着时间的推移这个波形振幅的取值。这幅图中的波形是连续的，它可以看成是由若干个简单的正弦波叠加而成。模拟信号的波形在二维坐标空间中展示了它的振幅变化、频率变化和相位变化。

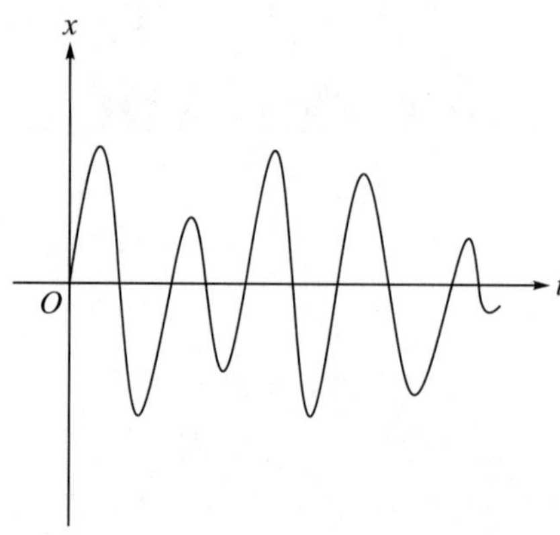

图 6－1　某个模拟信号的波形

一个模拟信号容易受到其他模拟信号的干扰，这些干扰信号往往被称为噪声。在一个房间里只有一个人说话时，这个人说的话我们能清楚地听到；如果有两个人同时说话，我们仔细分辨也差不多能听清楚；可房间足够大的情况下有 40 个人同时说话，估计你想听清楚每个人说什么就不可能了。这就是模拟信号的一个特点。根据这个特点，人们制造出了一种设备叫作手机信号屏蔽仪，用于某些需要屏蔽手机信号的场合，如考场、保密机构等。手机信号在空气中传播时也是模拟信号，只要在手机所在的环境中发射很多噪声信号来制造干扰，手机就无法通信了。

模拟信号的频率取值范围很广，不同的频率范围应用也不同。以无线通信来说，VLF 频带范围是用于远距离导航以及海底通信的 3kHz～30kHz，EHF 频带范围是用于卫星通信以及雷达探测的 30GHz～300GHz。在医学领域中使用的紫外线频带范围甚至达到了 3×10^{15} Hz。

6.1.3　数字信号

数字信号是在电子设备内部传递的信号。以图 6－2 所示的数字信号为例，图中横坐标表示的是时间，纵坐标表示的是电压值。随着时间的变化，电压的取值只有两种情况，一种是高电平（在图中标识为 1），一种是低电平（在图中标识为 0）。在信号线上每隔一定时间（或者叫周期）就出现一个确定的电压值，根据这个电压值转换成对应的数字值，当把这些数字值组合在一起后，就得到了一个二进制数据“0100 1011”。如果把这个二进制数据看作 ASCII 码，那么在信号线上传递的信息就是大写字母“K”。

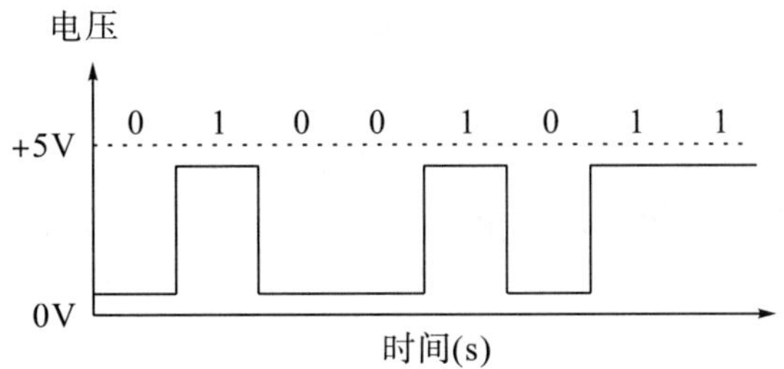

图 6－2　电子设备内部传递的数字信号示意图

数字信号几乎是对噪声免疫的。你用手机进行微信聊天时，除非你自己打错字，不然你明明用手机上的屏幕键盘输入了“你好”，在点击发送按钮的同时你不小心咳嗽了一声，结果发出去的文字依然是“你好”，而不会是“尔子”对吧？

单片机内部的元件之间所传递的信号就是数字信号。在第 2 章介绍 GPIO 时，提到了 GPIO 的管脚上传递的值有两种：这两种值对应到电路中表现出来的就是两种不同的电压值，而对于软件开发人员来说就是“0”和“1”这两个二进制数值。当通过 GPIO 在某个管脚上按照一定的频率输入了对应为“0100 1011”这样的电压组合时，单片机的 MCU 经过内部的总线获取到电压组合后，再经过内部元件的处理，最后电压组合被识别为字母“K”，这样的过程就是数字信号在单片机内部的传输过程。

6.1.4　模拟信号与数字信号之间的转换

日常生活中有很多信息都是以模拟信号来体现的。例如每天的气温变化、光照强度变化、空气湿度变化、人体血压变化等。有些时候我们需要对这些变化的数据进行实时监测，如果全靠人工来完成，工作量就太大了。现在采用的手段大多是“单片机＋传感器”。

传感器是一种感知元件，它们利用自身的一些物理或者化学的特性对外部世界的某个指标进行标识。例如光敏电阻传感器，就是利用某些材质在接受强光照射后电阻值增大，而光线变弱后电阻值减小的特性所制作出来的感知元件。这些传感器所感知的数据都是模拟的，它们往往是将获取到的外部世界的线性模拟量转换为线性的电压值。然而即便是线性电压值单片机也无法直接处理，这就需要单片机内部有一个将传感器采集到的模拟信号“翻译”成数字信号的部件来帮忙，它的名字是 ADC。

6.2　ADC

ADC（Analog to Digital Convertor），即模数转换器，它是将连续变化的模拟信号转换为离散的数字信号的器件。

6.2.1　转换原理

ADC 将模拟电压转换为数字量时，整个转换过程可以分为采样、量化和编码三个大的环节。

图 6−3（a）中是一个待转换的模拟信号。图 6−3（b）中的箭头符号代表在当前时刻对图 6−3（a）中的模拟信号进行采样，这个采样操作是按照相同的频率来执行的，也叫作采样频率。图 6−3（c）是对采样后的数据进行量化，也就是在坐标空间中对采样的值进行标注。最后将这些量化后的数据进行二进制编码。

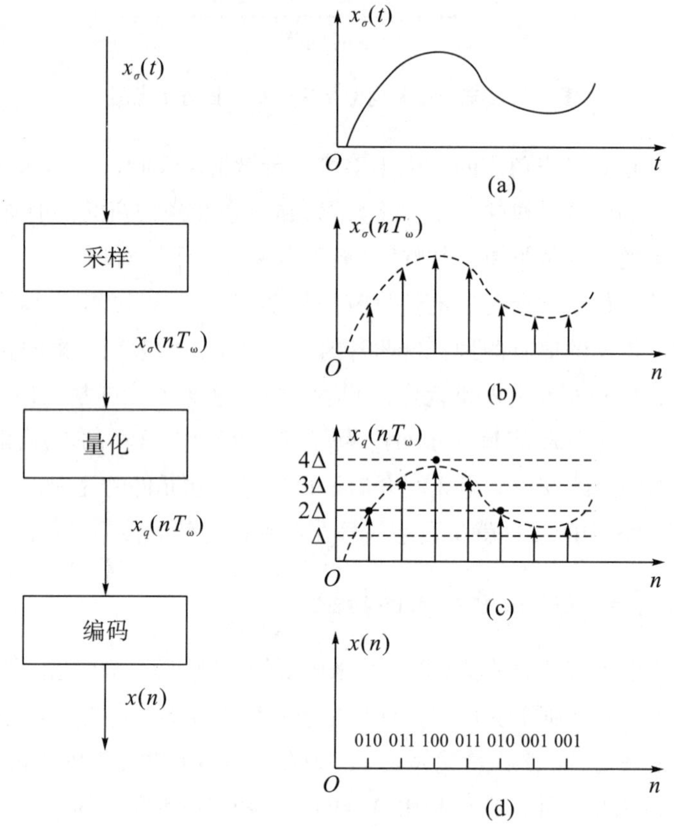

图 6−3　模拟信号转换为数字信号的过程

采样的频率越高，量化后的数据量就越大，编码时所需的二进制位数就越多，而转换后的数字信号就越接近实际的模拟信号。

6.2.2　AD 转换的方法

AD 转换的方法很多，包括逐次逼近法、双积分法、电压频率转换法等。其中最好理解的一种叫作逐次逼近法。图 6−4 就是采用逐次逼近法进行 AD 转换的电路示意图。转换开始时，首先将逐次逼近寄存器的值清空，然后将其最高位置为“1”后送入 D/A 转换器，经 D/A 转换器转换后会产生一个输出电压 V_o，这个值与送入比较器待转换的采样电压值 V_i 进行比较。如果 $V_o<V_i$，那么逐次逼近寄存器的最高位的“1”被保留，将其次高位置为“1”，再经过 D/A 转换器输出一个新的 V_o 与 V_i 比较；如果 $V_o>V_i$，则将比较前置位的“1”清零，而将后一位置为“1”后将输出的 V_o 与 V_i 进行比较。直到逐次逼近寄存器中的数据经过 D/A 转换器输出为 $V_o=V_i$ 时，由控制逻辑电路产生转换结束信号，将逐次逼近寄存器中的数值量送入缓冲寄存器中输出，完成一次 AD 转换。

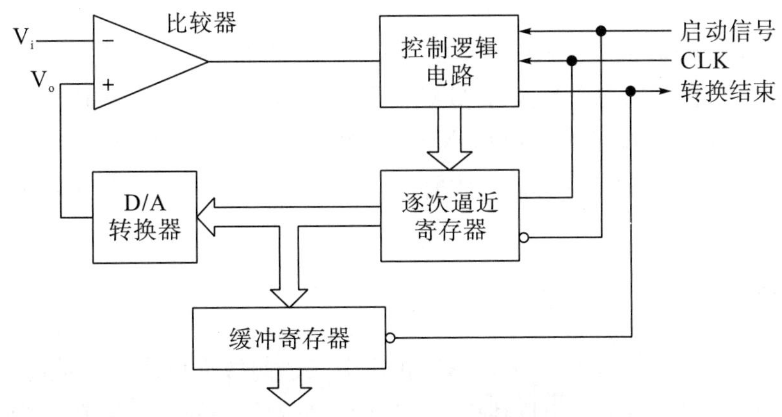

图 6－4　逐次逼近法实现 AD 转换原理图

6.2.3　AD 转换的分辨率

举个例子：一把量程为 10cm 且最小刻度为 1mm 的尺子，它的分辨率就是 1mm。你用这把尺子可以相对精确地画出 15mm 和 16mm 两种不同长度的直线，但如果你想用这把尺子画出 15.8mm 长度的直线就比较困难了。换一种说法，当两条直线之间的长度差最小为 1mm 时，你可以用这把分辨率为 1mm 的尺子量出来，如果两条直线之间的长度差小于 1mm 时，你就无法量出来了。

AD 转换的分辨率就是指可以分辨出来模拟量变化之间的最小值。用 1 个二进制数据来描述 0～5V 的电压变化时，分辨率就是 5V；用 2 个二进制位来描述的话，分辨率就是 1.25V；用 3 个二进制位来描述，那么分辨率就是 0.625V。也就是说，ADC 内部用来存放转换后二进制数据的寄存器位数越高，这个 AD 转换的分辨率就越高（图 6－5）。

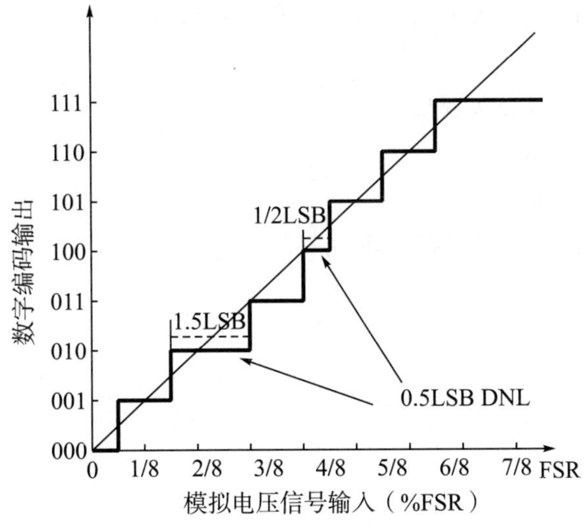

图 6－5　3 位电压转换示意图

6.2.4 AD 转换的精度

理论上经过 AD 转换后生成的电压值与实际工作中产生的电压值之间的误差，叫作 AD 转换的精度。例如用一个 8 位的 ADC 对电压范围为 0～5V 的模拟电压信号进行转换，理论上无论什么情况下输入电压为 2.5V 时，得到的输出数据都应该是 10000000 才对。但是实际上每次输出的二进制数据与这个理论值之间都有一些误差，这个误差就是 AD 转换的精度。

6.2.5 AD 转换的参考电压

参考电压也叫作基准电压，是指 AD 转换中二进制数据位取最大值时表示的电压值。如果没有这个参考电压，AD 转换就无法确定被测信号的准确幅值。通常 AD 转换的参考电压都以当前单片机外接的电源电压为准。例如 CC2530 芯片中 AD 转换的参考电压就与其电源电压一致，为 3.3V。

6.3 CC2530 内部的 ADC

6.3.1 介绍

CC2530 的 ADC 支持多达 14 位的模拟数字转换，具有多达 12 位的 ENOB（有效数字位）。它包括一个模拟多路转换器，具有多达 8 个各自可配置的通道，以及一个参考电压发生器。转换结果通过 DMA 写入存储器。

CC2530 内部 ADC 的主要特性如下：

（1）可选的抽取率，这也设置了分辨率（7～12 位）。

（2）8 个独立的输入通道，可接收单端或差分信号。

（3）参考电压可选为内部单端、外部单端、外部差分或 AVDD5。

（4）产生中断请求。

（5）转换结束时的 DMA 触发。

（6）温度传感器输入。

（7）电池测量功能。

CC2530 内部 ADC 的功能框图如图 6－6 所示。

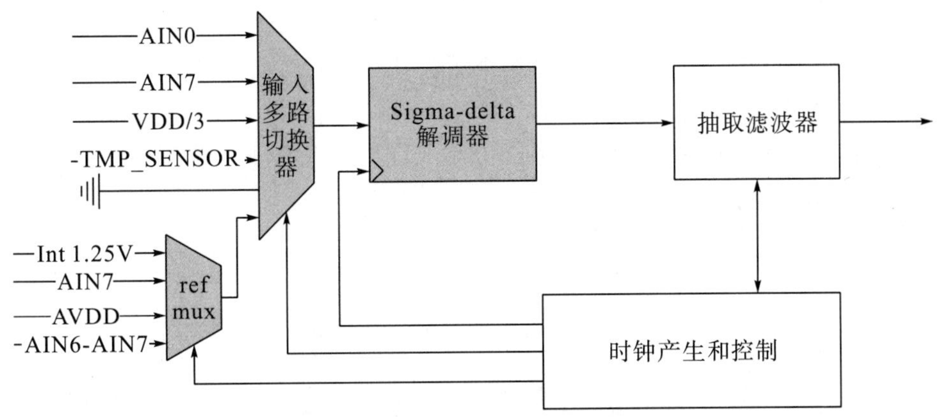

图 6-6　CC2530 内部 ADC 的功能框图

6.3.2　输入端

从图 6-6 中可以看到，ADC 的输入端有 10 路：

（1）AIN0～AIN7 使用的是 CC2530 的 P0 端口的 8 个管脚（参考图 5-15）。

（2）VDD/3 输入端可以用来监测电池电压。

（3）TEMP _ SENSOR 输入的是 CC2530 内部的温度传感器采集的数据，用来检测当前芯片的工作温度。

6.3.3　转换模式

CC2530 内部的 ADC 在进行 AD 转换时有两种不同的转换模式，即序列转换和单次转换。

（1）序列转换：无须 CPU 参与，ADC 能够完成一个序列的转换，并通过 DMA 把结果写入内存中。

（2）单次转换：通过对与之有关的 SFR 进行编程，实现单个模拟数据的转换。本书仅对这种转换模式进行介绍和应用举例。

6.4　CC2530 中 ADC 编程应用

6.4.1　ADC 初始化编程

无论使用哪种转换模式，都需要首先对 CC2530 内部的 ADC 进行初始化配置，与之有关的 SFR 有 ADCCON1、ADCCON2 和 ADCCON3。由于 ADCCON2 主要是设置 ADC 的序列转换，本书不做介绍。

6.4.1.1　ADCCON1（ADC Control 1）

用于 ADC 的通用控制，包括转换结束标志、ADC 触发方式等。具体请参见图 6-7

所示的 ADCCON1 的数据解释。ADCCON1. EOC 是当前 ADC 转换结束标志位，当转换结束时，该位被置“1”。而一旦转换结束后去读取存储转换结果的 ADCH 这个 SFR 的值时，该位被硬件自动清零。ADCCON1. ST 用于启动 ADC，当该位被写入“1”时，并且 ADCCON1. STSEL 的值为“11”时，ADC 才开始进行新的转换。

ADCCON1 (0xB4) – ADC Control 1

Bit	Name	Reset	R/W	Description
7	EOC	0	R/H0	End of conversion. Cleared when ADCH has been read. If a new conversion is completed before the previous data has been read, the EOC bit remains high. 0: Conversion not complete 1: Conversion completed
6	ST	0	R/W1/H0	Start conversion. Read as 1 until conversion has completed 0: No conversion in progress 1: Start a conversion sequence if ADCCON1.STSEL = 11 and no sequence is running.
5:4	STSEL[1:0]	11	R/W	Start select. Selects the event that starts a new conversion sequence 00: External trigger on P2.0 pin 01: Full speed. Do not wait for triggers 10: Timer 1 channel 0 compare event 11: ADCCON1.ST = 1
3:2	–	00	R/W	Controls the 16-bit random-number generator. See **ADCCON1 (0xB4) – ADC Control 1** description in Section 14.3.
1:0	–	11	R/W	Reserved. Always set to 11

图 6－7　ADCCON1 的数据解释

6.4.1.2　ADCCON3（ADC Control 3）

ADCCON3 用于对单次转换时设置转换通道、参考电压、分辨率等，具体请参见图 6－8 所示的 ADCCON3 的数据解释。ADCCON3. EREF 的取值表示当前 ADC 的参考电压由谁提供，00 表示内部电压，01 表示由 AIN7 输入外部电压，10 表示由 AVDD5 管脚提供，11 表示由 AIN6～AIN7 差分输入的外部参考电压提供。

ADCCON3 (0xB6) – ADC Control 3

Bit	Name	Reset	R/W	Description
7:6	EREF[1:0]	00	R/W	Selects reference voltage used for the extra conversion 00: Internal reference 01: External reference on AIN7 pin 10: AVDD5 pin 11: External reference on AIN6–AIN7 differential input
5:4	EDIV[1:0]	00	R/W	Sets the decimation rate used for the extra conversion. The decimation rate also determines the resolution and the time required to complete the conversion. 00: 64 decimation rate (7 bits ENOB) 01: 128 decimation rate (9 bits ENOB) 10: 256 decimation rate (10 bits ENOB) 11: 512 decimation rate (12 bits ENOB)
3:0	ECH[3:0]	0000	R/W	Single channel select. Selects the channel number of the single conversion that is triggered by writing to ADCCON3. 0000: AIN0 0001: AIN1 0010: AIN2 0011: AIN3 0100: AIN4 0101: AIN5 0110: AIN6 0111: AIN7 1000: AIN0–AIN1 1001: AIN2–AIN3 1010: AIN4–AIN5 1011: AIN6–AIN7 1100: GND 1101: Reserved 1110: Temperature sensor 1111: VDD / 3

图 6－8　ADCCON3 的数据解释

ADCCON3. EDIV 的取值用来设置当前 ADC 的分辨率，不同的分辨率代表最后输出的数据有效位数也不同。

ADCCON3. ECH 的取值用来设置由哪个通道作为 ADC 的输入端。根据图 6－8 中所示，如果要想检测 CC2530 内部温度传感器的值，则需要将 ADCCON3. ECH 设置为“1110”。

ADC 初始化举例：当前需要执行单次 ADC 来检测 CC2530 片内温度传感器，分辨率为 12 位有效数据，则对应的初始化代码如下：

```
void adc_single_init(void){
  ADCCON3 = 0x3E;         //选择内部参考电压，12位有效数据，温度传感器输入
  ADCCON1 |= 0x30;        //设置ADC单次转换的启动模式为手动启动
  ADCCON1 |= 0x40;        //启动转换
}
```

代码中先执行“ADCCON1 |= 0x30”后执行“ADCCON1 |= 0x40”的原因是，当 ADCCON1. ST 被置为“1”后，只有 ADCCON1. STSEL＝11 才可以启动一个新的转换。如果使用单次转换模式，必须通过这样的代码顺序来启动。

6.4.2 读取转换结果

ADC 将转换后的结果存放到了 ADCH 和 ADCL 这两个 8 位 SFR 中。如图 6－9 所示是 ADCL 和 ADCH 的数据解释，ADCH 用于存储转换结果的高 8 位数据，ADCL 只有前 6 位用来保存转换结果的低位数据，最后两位保留为 0，不作为数据考虑。假如现在转换需要得到 14 位的有效数据，则 ADC 将转换后生成的 14 位二进制数据的高 8 位存放在 ADCH 中，低 6 位存放在 ADCL［7：2］中。因此，在编写代码时需要将 ADCH 与 ADCL 的数据进行组合处理后才能得到正确的结果。

ADCL (0xBA) – ADC Data, Low

Bit	Name	Reset	R/W	Description
7:2	ADC[5:0]	0000 00	R	Least-significant part of ADC conversion result
1:0	–	00	R0	Reserved. Always read as 0

ADCH (0xBB) – ADC Data, High

Bit	Name	Reset	R/W	Description
7:0	ADC[13:6]	0x00	R	Most-significant part of ADC conversion result

图 6－9　ADCL 和 ADCH 的数据解释

实战：检测 CC2530 芯片的温度

实战目标	掌握 CC2530 内部 ADC 的编程应用
实战环境	（1）计算机（Pentium 处理器双核 2GHz 及以上，内存 4GB 及以上），Windows 10 64 位专业版； （2）CC2530 实验底板及 SmartRF04EB 仿真器套件
实战内容	实时获取 CC2530 实验底板上的核心芯片温度，并通过串口将温度值打印输出

☆理论分析☆

1. 功能分析

实时获取 CC2530 的芯片温度可以使用 TEMP_SENSOR 作为 CC2530 内部 ADC 的输入端进行单次转换而得到；通过串口将温度值打印输出可以使用 USART1 来实现。

2. 功能流程图

基于以上分析，得到了如图 6－10 所示的程序流程图。

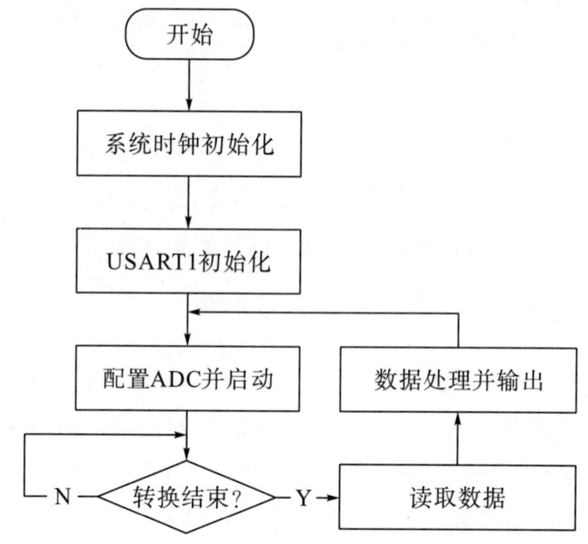

图 6－10　ADC 单次转换获取 CC2530 芯片温度的程序流程图

流程图最开始的“系统时钟初始化”和“USART1 初始化”是为了保证在 ADC 完成后能顺利通过串口输出到计算机端，这里的工作原理与第 5 章中介绍的 UART1 一致。

接下来看到的“配置 ADC 并启动”功能是对 ADC 进行初始化配置，同时选择单次转换模式，也就是每转换完成一次数据后就自动停止，除非编写程序代码来启动下一次转换。因此这里的功能模块需要放到循环体内来执行。

当转换结束后，ADCCON1 中的转换结束标志位会被置位，这时就可以从 ADCH 和 ADCL 中将最终转换完成的数据读出并进行处理了。

“数据处理并输出”功能中包含了将转换后的数据以字符串的格式进行显示的处理操作，这里将会用到一个 C 语言标准输入输出库的功能函数 sprintf 来处理。

3. 根据流程图写代码

（1）系统时钟初始化。因为本次实例中需要使用串行通信，因此必须进行系统时钟初始化，具体代码在第 4 章中已经详细介绍过，这里不再赘述。

（2）USART1 初始化以及工作在 UART 模式下的数据收发功能。具体代码在第 5 章中也已经详细介绍过。

(3) 配置 ADC 并启动。这里需要配置 ADC 为单次转换模式，内部温度传感器为转换输入端，12 位有效转换数据。代码如下：

```
/***********************************************************************
* 文件名: adc.h
************************************************************************/

/************************************************************************
*宏条件编译
************************************************************************/
#ifndef  __ADC_H
#define  __ADC_H
/************************************************************************
*头文件
************************************************************************/
#include <ioCC2530.h>
/************************************************************************
*函数原型
************************************************************************/
void adc_single_init(void);       //ADC单次转换初始化
float get_temperature(void);      //对片内温度传感器的值进行转换
#endif  /*__ADC_H*/
```

```
/*************************************************************
* 文件: adc.c
**************************************************************/

/*************************************************************
*头文件
**************************************************************/
#include "adc.h"

/*************************************************************
*名  称: adc_single_init
*功  能: ADC单次转换初始化
*参  数: 无
*返回值: 无
**************************************************************/
void adc_single_init(void){
  ADCCON3 = 0x3E;         //选择内部参考电压, 12位有效数据, 温度传感器输入
  ADCCON1 |= 0x30;        //设置ADC单次转换的启动模式为手动启动
  ADCCON1 |= 0x40;        //启动转换
}

/*************************************************************
*名  称: get_temperature
*功  能: 获取CC2530片内温度传感器的值
*参  数: 无
*返回值: float
**************************************************************/
float get_temperature(void){
  unsigned int value;
  adc_single_init();      //单次转换要求每次获取数据前都要先初始化ADC
  while( !(ADCCON1 & 0x80));
  value = ADCH * 256;
  value = value + ADCL;
  value = value / 4;
  return (value-1367.5)/4.5 - 4;          //官方温度计算公式
}
```

(4) 数据处理并输出。通过 get _ temperature 函数返回的温度数据是 float 型的，如果要经过串口把数据内容输出，必须是字符型的。在 C 语言的标准输入输出库中，有一个十分好用的功能函数 sprintf，可以帮助我们实现这个操作。同时为了保证获取温度数据的准确性，最好是多获取几次温度数据，求这些数据的平均值之后再进行格式转换输出。具体实现代码可以写在 main. c 文件中：

```
#include <ioCC2530.h>
#include <stdio.h>

#include "clock.h"
#include "uart1.h"
#include "delay.h"
#include "adc.h"

/***********************************************************************
*名   称：cc2530_temperature
*功   能：通过串口输出CC2530片内温度
*参   数：无
*返回值：无
***********************************************************************/
void cc2530_temperature(void){
  int i = 0;
  float avgTemp = 0.0;
  char output[100];

  avgTemp = get_temperature();
  for(i = 0; i < 60; i++){        //一共获取64次温度数据，并对其取平均值
    avgTemp += get_temperature();
    avgTemp = avgTemp / 2;
  }
  sprintf(output,"Temperature is: %.2f ℃\r\n",avgTemp); //格式化输出内容
  uart1_send_string(output);
  delay_ms(500);
}

void main(void){
  clock_init();
  uart1_init(0,0);
  uart1_send_string("CC2530 Temperature test:\r\n");

  while(1){
    cc2530_temperature();
  }
}
```

☆实战操作☆

步骤 1：创建新的工程及工作区。

（1）创建工程及工作区文件夹。

新建一个“Ch6”文件，并在其内部创建“project”文件夹。

（2）创建工程“Ch6－ADC”，并将工程保存在“Ch6”工作区中。

点击 IAR 软件界面中的“Project→Create New Project”菜单后，会打开“Create New Project”对话框，在对话框中将“Tool Chain”选择为 8051，然后点击“OK”按钮。在“另存为”对话框中将工程命名为“Ch6－ADC”并保存在“project”目录下。

选择“File→Save Workspace”菜单，会打开保存工作区对话框，将该工作区保存在 Ch6 文件夹下的 project 文件夹内，命名工作区为“Ch6”。

步骤 2：创建源码文件并添加到工程“Ch6－ADC”中。

（1）创建源码文件夹。

在“Ch6”文件夹下创建“source”文件夹。

（2）创建源码文件。

本次案例需要读者自行编写的代码文件有：clock. h、clock. c、uart1. h、uart1. c、delay. h、delay. c、adc. h、adc. c、main. c 共 9 个文件。其中 clock. h、clock. c、uart1. h、uart1. c、delay. h、delay. c 这 6 个文件可以直接从第 2 章、第 5 章实战项目的源码文件夹中复制。adc. h、adc. c 和 main. c 这 3 个文件需要新建，请依次在项目中新建文件，并参考理论分析部分给出的源码内容将源码文件编写完整后，将这些文件都保

存在刚才创建的“source”文件夹下。

（3）为工程创建分组。

参考第 3 章实战步骤 2（3）的操作为工程创建 source 分组。

（4）将源码文件添加到分组 source 中。

参考第 3 章实战步骤 2（4）的操作，将 source 文件夹下所有 C 文件添加至工程的 source 分组。

步骤 3：配置工程。

工程配置部分的操作请参考第 1 章实战 2 中的步骤 3，所有工程配置都是一样的。

步骤 4：编译工程。

点击“Project”菜单下的“Rebuild All”菜单，等待编译器将源码编译完成。如果编译出现错误，请根据编译器日志输出窗口修改错误并再次编译，直到编译成功为止。编译成功后可以选择在 IAR 工程界面中使用 Download and Debug 的方式将可执行代码烧写到 CC2530 中，也可以选择 Flash Programmer 软件将“. hex”文件烧写到 CC2530 中。当然，在执行这些烧写操作之前请确认已经使用 SmartRF04EB 仿真器将绿色家居上的 Node3 CC2530 模块与计算机进行连接。

步骤 5：使用串口调试助手。

（1）使用 Micro USB 数据线将 Node3 CC2530 与计算机之间进行连接。

（2）打开 PortHelper. Exe，设置正确的 COM 端口号，并设置波特率为 38400、无奇偶校验位、1 位停止位、8 位数据位，然后点击“打开串口”。

（3）使用 12V 电源给 CC2530 实验底板供电，并打开电源开关。

（4）在串口调试助手中查看输出的信息。如果能够正确看到温度数据（图 6－11），表明本次实战成功。

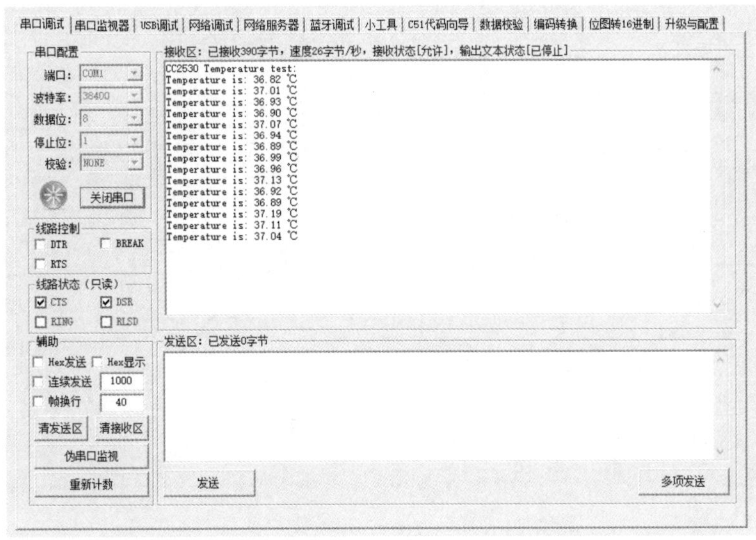

图 6－11　在串口调试助手中看到的 CC2530 片上温度传感器获取的数据值

※ 挑战一下：将 CC2530 的芯片温度显示在 OLED 屏上，每秒刷新一次

请读者参考第 4 章实战的内容，并结合本章的实战，思考如何通过定时器控制每秒钟获取一次 CC2530 芯片的温度，并将该温度值传输至 OLED 屏幕上进行显示。

习题

1. 简要说明数字信号与模拟信号的区别。
2. ADC 的英文全称和中文意思是什么？
3. 什么是 ADC 的分辨率、转换精度以及参考电压？
4. CC2530 的 ADC 有几种不同的转换模式，分别是什么？

案例1 工业化设备及仪器的信号指示灯控制

案例正文

作者：刘华（石家庄学院）、卢斯（武汉中智讯科技有限公司）

内容提要：许多工业化设备及仪器都有指示其工作状态的信号灯，通过信号灯的闪烁或者亮灭来帮助用户判断当前仪器设备的工作状态。本案例以Z公司生产的安防设备控制器面板上指示灯工作原理为例，介绍在单片机应用系统中，如何通过单片机的GPIO来实现对指示灯亮灭变化的控制处理。

关键词：工业化设备、信号指示灯、系统状态

1. 引言

中智讯科技有限公司目前中标了S市某大型写字楼的智能安防系统的设计与实施项目，项目中要求各个房间均需配备智能安防控制器，控制器面板要求设计简洁，功能突出，具有通话、报警、设防以及撤防功能，同时为了节省能耗，该控制器面板无显示屏，但需要通过不同的信号灯来指示当前设备的工作状态。

2. 相关背景

中智讯科技有限公司是我国一家从事物联网应用解决方案的科技公司，近年来一直在基于物联网环境的低功耗的智能家居、智能工厂、智能楼宇等领域开展技术研发和项目实施，积累了大量的物联网应用解决方案，具有丰富的物联网项目设计经验和专业的施工能力。此次能中标S市某大型写字楼的智能安防系统项目，正是得益于该公司技术团队在给出技术解决方案时，选择了使用美国TI公司的低功耗ZigBee物联网解决方案核心芯片——CC2530。该芯片内置增强型8051CPU，不仅完全兼容MSC−51内核，而且拥有十分丰富的片上资源，易于进行外设扩展。该芯片还内置性能优秀的射频芯片，支持ZigBee网络。最优秀的一点是该芯片提供了免费开源的ZigBee应用协议栈Z−Stack，方便快速构建低功耗的ZigBee网络环境和应用开发。中智讯科技有限公司多年来一直与美国TI公司保持着良好的合作关系，可以用非常低的价格批量购置CC2530芯片。

3. 主题内容

本案例介绍智能安防设备控制器的报警功能。智能安防设备控制器设计安装在办公区出入口的大门一侧，由独立电源供电。控制器面板上具有 4 个按键，4 个 LED 信号灯，分别是电源指示灯、报警灯、通话灯和设置状态灯。当用户按下报警按钮后，报警灯开始闪烁，并可以发出鸣叫提醒，再次按下报警灯后，报警灯停止闪烁，鸣叫提醒停止。该设备的实物外观如案例图 1-1 所示。

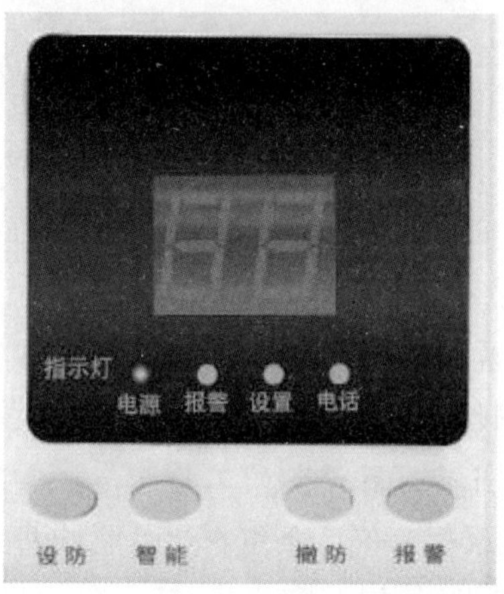

案例图 1-1　智能安防设备控制器面板实物

该案例中涉及的实现报警功能的按键以及信号指示灯、蜂鸣器的电路设计图如案例图 1-2、案例图 1-3 所示。

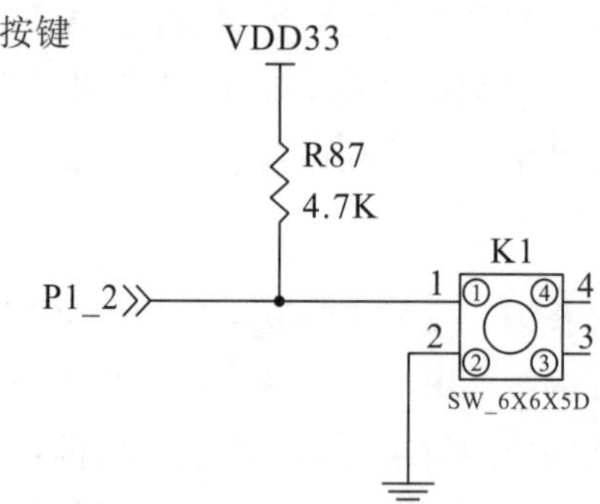

案例图 1-2　报警按键控制逻辑电路图

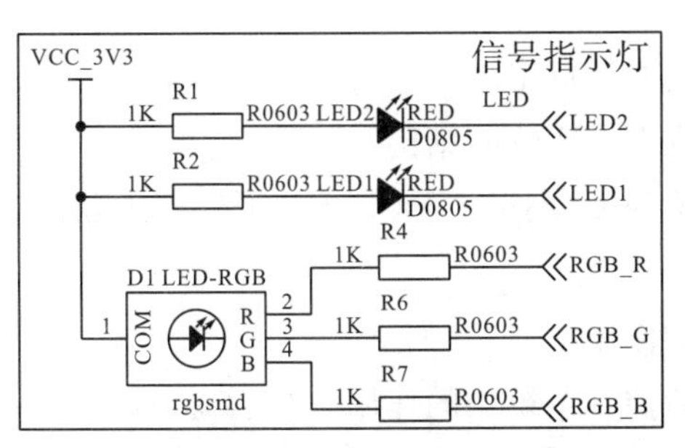

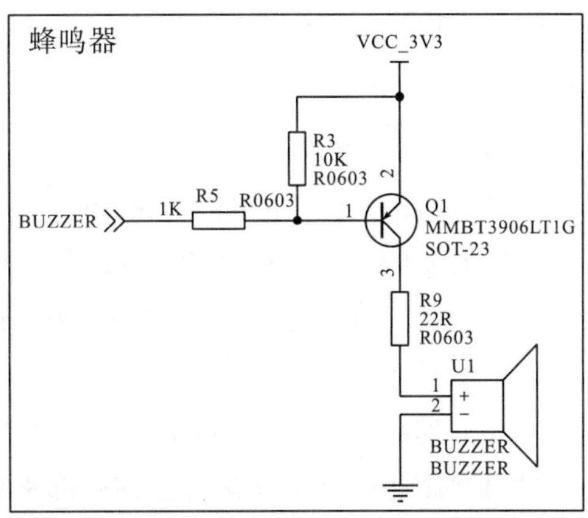

案例图 1－3　报警信号指示灯控制逻辑电路图

从图 1－2 中不难看出，按键按下后需要触发基于 CC2530 的 P1 端口的外部中断，由 CPU 获取中断服务程序来运行，以达到 RGB 三色灯颜色闪烁切换并控制蜂鸣器鸣叫的功能。CC2530 具有包含 P1 端口中断在内的 18 个外部中断源，可以方便地针对不同的外部中断设计不同的中断服务程序。本案例中按键使用的是 CC2530 的 P1_2 管脚，按键按动一下后，在 P1_2 管脚产生上升沿触发外部中断请求，因而 P1_2 管脚工作在 GPIO 的通用模式下，是输入管脚。当 P1 端口的中断使能开启后，CPU 在运行过程中可以识别到 P1 端口提交的中断请求，程序员编写 P1 端口的中断服务函数，并在该函数中判断是否为 P1_2 管脚所触发的中断，如果是，则执行 RGB 三色灯的交替闪烁功能并开启蜂鸣器。

RGB 三色灯一端接通 3.3V 直流电源，另一端的 RGB _ R、RGB _ G 和 RGB _ B 分别连接在 CC2530 的 P0_0、P0_1、P0_2上，这三个管脚工作在 GPIO 的通用模式下，是输出管脚。

程序代码设计过程中，需要对电路中用到的 GPIO 进行初始化，并设计一个延迟函数实现闪烁效果。还需要设计一个全局变量，判断用户按下报警按键后是打开报警功能还是关闭报警功能。

4. 结尾

至此，通过以上的分析和设计，智能报警设备控制器的报警功能就完成了。

案例教学使用说明

1. 教学目的与用途

该案例是“单片机原理及应用”课程开设的第一个案例，使用对象为专业培养方案中开设该课程的所有专业的大二年级的学生。该案例的设计目的是让学生对于单片机工程应用设计的流程有一个总体的认识，熟悉项目开发环境的搭建与配置，通过独立完成该案例的学习以及实验的完成，帮助学生建立学习自信与兴趣，因此该案例内容主要是以单片机的 GPIO 应用为核心来设计。

2. 启发思考题

（1）CC2530 中共有多少个 GPIO 的 pin？

（2）单片机中 GPIO 的输入和输出方向是如何规定的？

（3）针对不同的单片机芯片如何了解其内部 GPIO 的结构？

（4）对于单片机的外部中断控制系统，请简要阐述一下 CPU 对于外部中断的处理过程。

（5）如何理解单片机外部中断控制系统的作用？

（6）简要阐述一下中断标志位在外部中断控制系统中的作用。

（7）中断服务程序与一般的用户自定义函数有哪些异同之处？

3. 分析思路

本案例重点是 CC2530 的中断控制系统。单片机系统在工作过程中必须能够接收外部的中断请求，这样才能达到良好的人机交互效果。外部中断的触发可以是人为的，也可以是某种外界状态打破平衡产生的，不管是哪种方式，都需要通过外部中断系统来进行管理。该案例在讲解过程中需要引导学生理解外部中断的重要性，通过现实生活中的例子来深入理解外部中断的处理机制。

在理解外部中断机制的基础上，需要讲解按键电路的工作，让学生理解按键动作变化对 GPIO 管脚电平信号产生的影响。这样的变化可以被 CPU 获取的前提是将整个系统的中断使能开启。

不同的中断源触发后需要 CPU 执行不同的中断服务，这里要讲解中断服务函数与中断向量表，让学生理解中断向量表的作用。

最后，通过讲解 GPIO 的工作模式以及输入输出选择，实现案例图 1-3 中所示的 RGB 三色灯颜色变化以及蜂鸣器的鸣叫与停止。

4. 理论依据与分析

该案例需要学生提前了解什么是 GPIO，并在此基础上开展单片机外部中断系统的介绍。包括什么是外部中断，什么是外部中断源，中断响应，中断判优，中断嵌套，中断向量表，中断服务函数等概念。

在此理论介绍的基础上，讲解 CC2530 的外部中断源，与中断有关的 SFR，重点讲解与本案例相关的 SFR。

5. 背景信息

中智讯科技有限公司多年来一直参与我国许多高校的人才合作培养工作，并针对单片机实验教学设计研发了一套功能丰富的教学用 CC2530 开发板。该开发板以 TI 原厂的 CC2530 为核心板，设计了丰富的外围扩展电路及传感器扩展板，外观设计采用磁吸模式，方便根据不同的教学需要选择不同的传感器扩展板。开展本次案例教学可以选用该公司的 ZXBEE-LiteB 型 CC2530 实验底板和 Sensor-B 扩展板，该扩展板中 RGB 三色灯的电路设计与案例中提到的报警功能电路设计是一致的。同时在 CC2530 实验底板中，按键 K1 的电路设计与案例中提到的报警按键的电路设计是一致的。

6. 关键点

本案例的关键点是学生对单片机外部中断机制的理解。特别是要强调没有中断系统的单片机系统是无法执行人机交互的，是一个失败的系统。涉及的关键知识点有外部中断源、中断向量表、中断服务函数。

7. 建议课堂计划

本案例教学宜安排在讲解完单片机的 GPIO 以及外部中断系统章节知识之后立刻开展。可根据实验设备的数量安排每组 2～3 人共同完成该案例的项目设计，并引导学生对案例功能进行有意义的改进，激发学生的创新意识。建议学时为 5 学时。

8. 相关附件

本案例功能的有关源码已分享至学习通，可通过以下链接访问下载。

https://pan-yz.chaoxing.com/external/m/file/761775685191184384

案例2　秒表计时器

案例正文

作者：刘华（石家庄学院）、孟军英（石家庄学院）

内容提要：本案例以居家常见的电子时钟为例，介绍以单片机为核心控制的电子时钟/秒表计时器的实现原理。

关键词：秒表、计时器、定时器、系统时钟、工作频率

1. 引言

日常生活中常见时钟或秒表计时器这类计时设备，它们有的是利用机械装置驱动的，有的是利用石英晶体通电后的效应实现的，有的是利用 RC 振荡电路驱动实现的。

其中机械驱动装置对材料的精密加工要求比较高，因而制作成本很高。另外这类机械驱动型的计时器只能进行单一计时，无法扩展更多的功能，例如倒计时、定时等。

使用 RC 振荡电路驱动的计时设备价格相对低廉，但 RC 振荡电路往往会随着运行时间的增加出现计时不准确的情况，经常需要重新校准时间。

使用石英晶体在通电后产生稳定振荡频率的特性而制作的计时设备，价格处于机械驱动与 RC 振荡电路驱动之间，计时比 RC 振荡电路精准，因而经常会用在单片机、微型计算机、智能手机等计算系统中。

2. 相关背景

任何计算设备中都有时钟电路为中央处理单元提供稳定的工作主频，而为时钟电路提供持续稳定振荡频率输入的称为“时钟源”。以 CC2530 为例，该芯片内置了石英晶体振荡器和 RC 振荡器两种时钟源，分别用于提供计算需要的稳定的高频振荡频率和处于休眠时的低频振荡。

3. 主题内容

本案例介绍使用 CC2530 及 0.96 英寸 OLED 显示屏制作一款秒表计时器，可以通过按键控制实现计时开始、计时结束、计时复位的功能。实物效果如案例图 2-1 所示。

设备上电开机后，OLED 屏幕上显示的内容中第二行是计时显示，初始状态下是“00：00：00”，分别代表时、分、秒。按下设备的控制键 K1 后，开始计时，屏幕上的时间显示会以秒增加，再次按下 K1 后，计时结束，屏幕上的内容保持不变。按下设备

的控制键 K2 后，屏幕上的计时显示行上的内容复位为“00：00：00”。

本案例中涉及的按键 K1 和 K2 所在设备及其位置如案例图 2-2 所示。该设备是秒表计时器的核心控制底板，图中标注为“功能按钮”的位置就是本案例中 K1、K2 按键所在的位置。

案例图 2-1　CC2530 秒表计时器实物外观及运行效果图

案例图 2-2　CC2530 核心控制设备实物图

本案例中用于显示计时信息的元件为 0.96 英寸 OLED 屏幕，该元件采用 128×64 点阵，可以通过设定字符高度来控制屏幕中显示内容的行数和列数。而且该种元件在出厂后，厂家会提供驱动及字符显示等的源码，这极大地降低了案例功能开发的难度。本案例中仅需要调用 OLED 初始化驱动函数“OLED_Init ()”和字符串显示函数“OLED_ShowString ()”，并为其传入合理的参数进行调用即可。

CC2530 中具有 4 个定时/计数器，分别是 Timer1、Timer2、Timer3 和 Timer4。本案例使用 Timer1 来提供计时过程中需要的脉冲信号。

CC2530 中的 Timer1 内部具有一个 16 位的计数器，计数最大值为 $2^{16}-1$，Timer1 对输入时钟的最大预分频为 128 分频。本案例中选用系统 32MHz 的晶振为 Timer1 的输入时钟，要求 Timer1 工作在模计数模式下。对晶振进行 128 预分频后，得到的计数频率为 250kHz，如果希望通过对计数器的值从 0 直到某个数值后产生一次中断请求，实现对屏幕中计时信息的刷新，那么这个数值为 250000，而该数值远远大于 $2^{16}-1$，因此需要设计一个全局变量，每 100ms 触发一次计数结束中断，每 10 次中断后刷新一次屏幕即可实现 1s 刷新一次屏幕的效果。

当按键 K1 被按下时，触发的是 CC2530 的 GPIO 中断，可以通过 K1 被按下是奇数次还是偶数次来控制定时器 Timer1 开始工作还是停止工作。当按键 K2 被按下时，也会触发 CC2530 的 GPIO 中断，这里通过判断获取是否 K2 被按下，来决定是否停止 Timer1 的工作，同时将 OLED 屏幕上的计时内容复位。

4. 结尾

至此，通过以上的分析和设计，利用 CC2530 及 OLED 屏幕设计的秒表计时器的功能就完成了。

案例教学使用说明

1. 教学目的与用途

该案例是针对单片机中定时器的功能应用而设计的。秒表计时器对于学生来说并不陌生，对秒表计时器的认知很容易迁移到对单片机中定时器工作原理的学习中。在掌握了基本工作原理的基础上，通过完成实验项目，可以让学生对单片机中定时器的作用有更加直观的认识。

2. 启发思考题

（1）在 C 语言中编写一个延时函数，用纯软件的方式来实现。

（2）如果仅依靠软件的方式来编写延时函数，该如何实现比较精准的延时效果？

（3）时钟电路都有哪些组成部分？

（4）晶振与 RC 振荡分别适合哪些应用场合？

（5）CPU 的工作主频靠什么部件来实现？

（6）CPU 的工作主频与指令执行时间之间的关系是什么？

（7）CC2530 作为一款低功耗的芯片，是通过什么方式来实现低功耗的？

3. 分析思路

本案例的重点是 CC2530 的时钟系统及定时器。任何计算系统都需要通过时钟电路提供的稳定的脉冲信号来控制 CPU 进行运算的节奏，这个脉冲也叫作 CPU 的工作主频。

CC2530 中的 4 个 Timer 虽然有不同的计数位数和具体用途，但是工作原理都是一样的。Timer1 中有一个 16 位的计数器，根据其工作模式及对输入时钟的预分频配置，可以利用 Timer1 产生计数溢出的中断实现比较精准的定时效果。根据应用需求，分析出产生定时中断的各个环节的参数，并对开发过程中需要用到的 SFR 进行配置即可。

定时中断的触发，是为了能够对 OLED 屏幕的显示内容进行刷新，在获知可以直接调用 OLED 的初始化函数配置其工作方式后，接下来就需要正确调用 OLED 的字符串显示函数才能达到预期的效果。

引导学生分析字符串“00：00：00”在 C 语言中可以通过字符数组或者字符指针来实现。以字符数组 pbuf 为例，案例图 2－3 为字符数组与显示内容的对应关系。

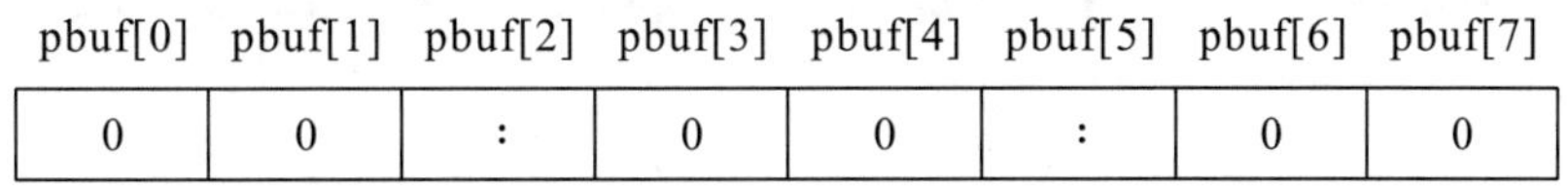

pbuf[0]	pbuf[1]	pbuf[2]	pbuf[3]	pbuf[4]	pbuf[5]	pbuf[6]	pbuf[7]
0	0	:	0	0	:	0	0

案例图 2－3　时间字符与字符数组 pbuf 的对应关系

在代码设计过程中，还需要提醒学生注意时间计时的特点，即表示秒数的pbuf［6］和 pbuf［7］以及表示分钟数的 pbuf［3］和 pbuf［4］组合后的最大值为 59。

4. 理论依据与分析

该案例需要学生提前了解什么是单片机的中断系统，什么是单片机的工作主频，系统时钟的作用以及重要性，并在此基础上开展单片机内置的定时器部件功能的介绍，包括时钟脉冲、分频、定时器的输入时钟、预分频、工作模式、计数溢出等概念。

在此理论介绍的基础上，讲解 CC2530 的 Timer1，与 Timer1 有关的 SFR，以及 Timer1 中断控制处理等。

5. 背景信息

无。

6. 关键点

本案例的关键点是学生对单片机系统时钟作用的理解。特别要强调系统时钟是单片机的性能指标，稳定高速的系统时钟决定了单片机可以高速运算，快速响应用户交互。定时器属于单片机的外围扩展，高性能的单片机特别是 SOC 都内置高精度的定时器部件，方便利用定时功能开发各种相关应用。

7. 建议课堂计划

本案例教学宜安排在讲解完单片机的系统时钟及定时器的章节知识之后立刻开展。可根据实验设备的数量安排每组 2～3 人共同完成该案例的项目设计，并引导学生对案例功能进行有意义的改进，激发学生的创新意识。建议学时为 5 学时。

8. 相关附件

本案例功能的有关源码已分享至学习通，可通过以下链接访问下载。

https://pan－yz. chaoxing. com/external/m/file/761775685191184384

案例3　智能工厂设备交互系统

案例正文

作者：刘华（石家庄学院）、卢斯（武汉中智讯科技有限公司）

内容提要：本案例是单片机的串行通信在工业化生产环境中的一个典型应用。案例介绍了上位机与下位机之间通过串行总线进行信息交互的场景需求以及实现过程。

关键词：串行通信、异步通信、多指令控制

1. 引言

串行通信在工业化生产环境中是一种经常被采用的有线信号数据传输方式。因其只需要两根数据线进行双向的数据传输，再加上几根线控制数据传输，电路实现简单，所以生产成本低，硬件维护方便。在串行通信应用场景中，数据收发双方同时具有相同的串行通信接口，并且只需要约定相同的传输参数即可实现数据传输。

2. 相关背景

工业化生产环境中的许多设备，特别是自动化程度高又具有一定“智慧”的工业化设备大多是随着我国“工业 4.0”概念提出后不断涌现的。这些设备因为内置了高性能的单片机或者 ARM 处理器，可以自动完成一些工业化生产技能。某些设备中甚至还具有无线网络通信能力，方便操作者远程进行操控。这些高度自动化的工业设备也会提供标准的 RS232 或 RS485 串行通信接口，用于在设备维护或者故障检测时进行数据传输。

S 市有一家生态环保公司 ZR，ZR 公司的主要经营业务为负责全市危险化学品以及污泥、制药工艺残留物质的焚烧。为了提升焚烧效率，降低焚烧过程中的烟尘排放，控制焚烧温度，降低能源消耗，该生态环保公司从 J 市的锅炉生产企业 KJ 购置了一部具有燃烧指数检测、自动喷淋降低烟尘挥发的智能锅炉。

KJ 企业为智能锅炉专门开发上位机调试程序，方便售后人员上门为客户进行锅炉工作指标检测。这次 ZR 公司购置的智能锅炉的控制芯片是 CC2530，并在核心板的设计中将 UART 接口经过 CP210X 系列芯片转换为 USB 调试接口，设备调试人员通过 USB 数据线就可以将上位机与锅炉控制板进行连接，并在上位机的调试程序中检测系统参数。智能锅炉监控系统示意图如案例图 3－1 所示。

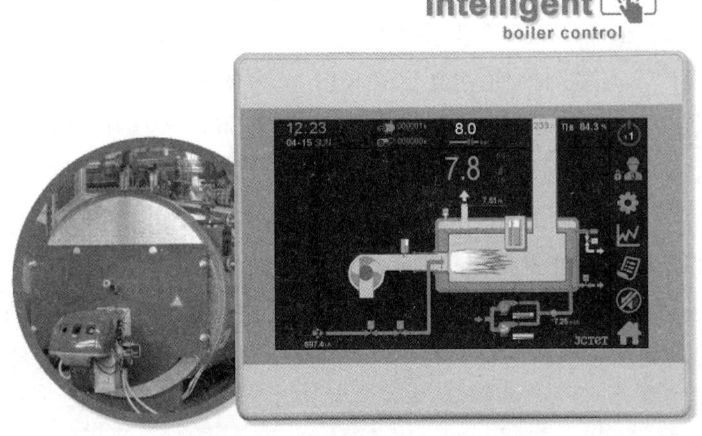

案例图 3－1　智能锅炉检测系统示意图

3. 主题内容

本案例介绍使用 CC2530 的 UART（异步串行通信）接口功能的设计与开发。

由于单片机的信号接口电平与上位机（主要是计算机）的数据通信接口电平定义不同，因此考虑采用 CP2102 对 CC2530 的 UART 电路引脚进行电平信号转换，并配置 mini USB 插口，仅使用一根 USB—mini USB 线缆即可实现串行通信的建立。具体转换电路见案例图 3－2。

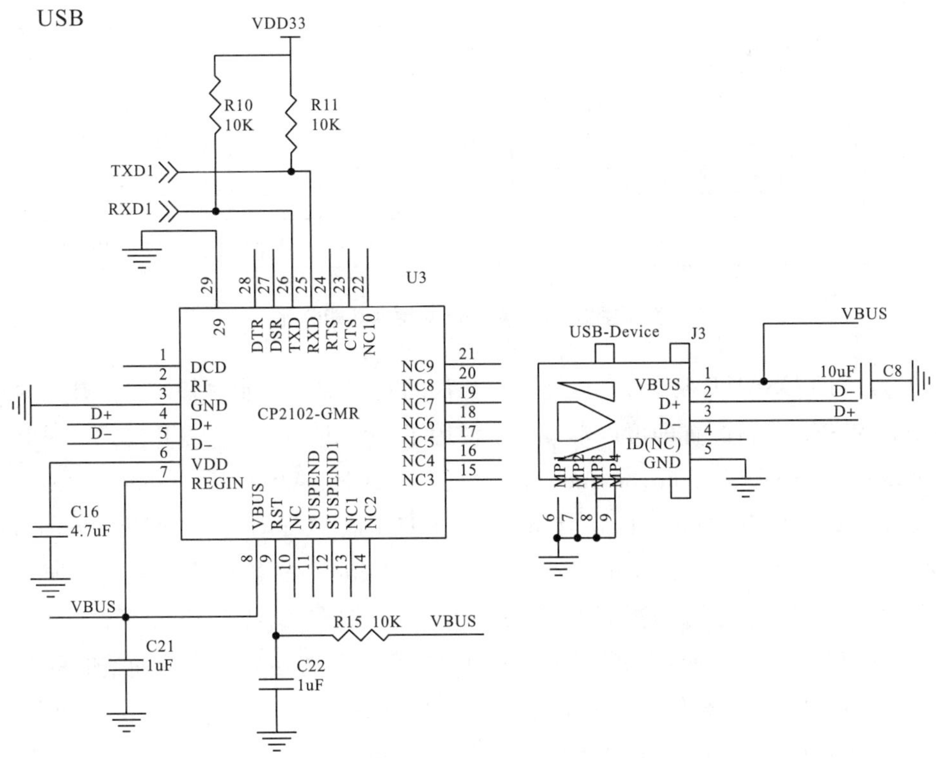

案例图 3－2　CC2530 核心板中 CP2102 设计电路

CC2530 内置两个 USART，既可以实现同步串行通信，也可以实现异步串行通信，应当先参考 TI 官方的 CC2530 数据手册中为 USART0 和 USART1 分配的硬件资源，然后进行电路设计。本案例中使用的 USART1 作为数据通信接口。如案例图 3－3 所示，该图片截取自 TI 官方 CC2530 数据手册第 7 章 I/O Prots 中的 Peripheral I/O Pin Mapping。图片最左侧的椭圆形标注的位置是 USART1 用作 UART 时在硬件引脚映射时可选位置二，图片最上面的椭圆形标注的是 P1 端口的 P1_7 和 P1_6 管脚，这两处椭圆形所在的行和列的交会处就是图片中矩形框标注的位置，即 UART1 的 TX 和 RX 引脚。这表示在进行电路设计时，从 CC2530 中引出的 GPIO 中的 P1_7 和 P1_6 是用作 UART1 的，也就是用于串行通信。在功能开发时，需要依据这样的硬件设计进行代码的编写。

Peripheral I/O Pin Mapping

Periphery/ Function	P0								P1								P2				
	7	6	5	4	3	2	1	0	7	6	5	4	3	2	1	0	4	3	2	1	0
ADC	A7	A6	A5	A4	A3	A2	A1	A0													T
Operational amplifier						O	–	+													
Analog comparator			+	–																	
USART 0 SPI			C	SS	MO	MI															
Alt. 2											M0	MI	C	SS							
USART 0 UART			RT	CT	TX	RX															
Alt. 2											TX	RX	RT	CT							
USART 1 SPI			MI	M0	C	SS															
Alt. 2									MI	M0	C	SS									
USART 1 UART			RX	TX	RT	CT															
Alt. 2									RX	TX	RT	CT									
TIMER 1		4	3	2	1	0															
Alt. 2	3	4												0	1	2					
TIMER 3												1	0								
Alt. 2									1	0											
TIMER 4															1	0					
Alt. 2																		1			0
32-kHz XOSC																	Q1	Q2			
DEBUG																			DC	DD	
OBSSEL											5	4	3	2	1	0					

案例图 3－3　CC2530 的硬件功能分配

CC2530 的 USART 控制器已经将串行通信的有关配置功能封装好了，开发时仅需要对相应的 SFR 进行配置即可。本案例中使用了 USART1 的 UART 模式，因此需要对 U1CSR（USART1 Control and Status）、U1GCR（USART1 Generic Control）、U1BAUD（USART1 Baud－Rate Control）、U1UCR（USART1 UART Control）和 U1DBUF（USART1 Receive and Transmit Data Buffer）的各个功能位进行配置或读取。其中 U1CSR 主要用于配置当前 USART1 工作在 UART 模式下；U1GCR 和 U1BAUD 配合设置串行通信的波特率；U1UCR 用于配置在异步串行通信时的数据位个数、校验位设置、起始位和停止位设置等；U1DBUF 是一个双向的数据缓冲寄存器，CC2530 与上位机之间进行数据收发的内容都在该 SFR 中暂存，只有执行了读或者写命令后，该 SFR 的内容才会清除掉，继续接收或发送下一个字节的内容。

CC2530 允许采用外部中断的方式来处理异步串行通信中的数据收发，因此除了要配置相关的 SFR，还要编写正确的数据接收中断服务程序，以及数据发送中断服务程序，并根据数据收发的内容进行处理，完成上位机与单片机之间的串行通信功能开发。

本案例中的串行通信功能选取通过在上位机输入预设指令，由锅炉控制系统板做出相应动作的环节来介绍。其中上位机通过串行通信发送“LED−ON@”后，锅炉控制系统面板上的工作状态指示灯“亮”，输入“LED−OFF@”后，指示灯“灭”。这一功能的核心处理环节在单片机侧接收到指令后的一系列处理如下：

（1）通过 U1DBUF 接收指令信息。

（2）判断接收到的字符是否为“@”，如果不是，则判断接收字符的个数是否超过了上限。如果不是，则把接收到的字符存入全局字符型数组中，然后继续执行（1）。

（3）如果接收到的字符是“@”或者接收字符的个数达到上限，表明指令结束，分析全局字符型数组里的内容与预设的指令字符串是否匹配（使用 C 语言 string. h 库中的 strcmp 函数来实现）。如果匹配，就执行相应的动作；如果不匹配，则返回给上位机错误提示。

4. 结尾

CC2530 的异步串行通信功能开发的重点在于对硬件资源分配、电路设计图以及相关的 SFR 进行正确的理解后，方可完成。

案例教学使用说明

1. 教学目的与用途

该案例是针对上位机与单片机之间进行异步串行通信的功能需求场景的开发。学生在学习过单片机串行通信的有关理论后，可以开展本案例的实践学习。

异步串行通信中的数据位个数、波特率、奇偶校验位、起始位及停止位在理论介绍中都是非常抽象的，通过本案例的学习，学生可以在观察实验现象的过程中加深对以上概念的理解。

2. 启发思考题

（1）串行通信的特点。

（2）异步串行通信的数据帧格式。

（3）什么是波特率，什么是比特率。

（4）简要描述一下 UxDBUF 的作用。

（5）预将 CC2530 中的 USART1 设定为 UART 模式，硬件资源分配选择可选位置二，8 个数据位，无校验位，1 个起始位，1 个停止位，该如何进行相应的 SFR 设置？

（6）与 USART1 的 UART 模式下进行数据发送及数据接收有关的中断标志位是什么？

（7）如何统计某次串行通信中数据接收的字节数？

3. 分析思路

CC2530 具有专门的 USART 控制器，如果要完成 CC2530 的 UART 功能开发，首先要对其涉及的 SFR 进行学习和理解。

CC2530 中针对 GPIO 用作外设 I/O 时有设定好的管脚映射方案，开发前需要查看电路图中的引脚配置，并查询数据手册获取正确的 I/O 配置方案。

在 CC2530 中，如果 GPIO 用作外设 I/O，则需要配置相应的 SFR。本案例中涉及的与 GPIO 有关的 SFR 有 P1SEL、PERCFG、P2SEL。其中 P1SEL 用于将 P1_6和 P1_7设置为外设 I/O，PERCFG（Peripheral Control）用于配置外设功能的可选位置，P2SEL（Port2 Function Select and Port1 Peripheral Control）用于设定 P1 端口用作外设功能时的优先级配置。当这些 SFR 的数据位功能都理解后，才能编写出正确的 UART1 驱动代码。

串行通信中的数据收发是核心功能。首先需要明白串行通信中的数据收发过程，特别是“串入并出”“并入串出”等方式的原理，然后分别对 UART 的数据发送和数据接收进行功能设计。

通过中断方式处理串行通信的数据发送与接收功能时，引导学生理解 U1DBUF 的读操作和写操作体现在 C 语言的代码中是什么样的。当中断发生时，中断标志位是进入中断的条件，进入中断服务程序后需要对中断标志位进行清除。另外，在设计数据收发时，针对比较长的字符串内容，需要通过设置全局变量来计数，统计实际接收或发送的字节数。当通过上位机程序显示接收或发送内容时，需要添加“\0”或“\r\n”这样的转义字符来控制显示输出的效果。

4. 理论依据与分析

该案例需要学生提前了解什么是计算机通信、通信的种类、串行通信的模式、异步串行通信的数据帧格式、波特率等概念。

在此理论介绍的基础上，讲解 CC2530 的 USART1，与 USART1 和 P1 有关的 SFR，以及 USART1 的中断控制处理等。

5. 背景信息

串行通信在单片机的应用开发中十分常见，几乎所有的单片机应用项目中都离不开串行通信的功能设计。CC2530 因为内置了 USART 控制器，使得基于 CC2530 的单片机串行通信开发变得更加容易。

6. 关键点

本案例中的关键点在于如何通过外部中断方式处理串行通信过程中所收发的数据。

7. 建议课堂计划

本案例教学宜安排在讲解完单片机的串行通信有关章节的知识之后立即开展。可根据实验设备的数量安排每组 2～3 人共同完成该案例的项目设计，并引导学生对案例功能进行有意义的改进，激发学生的创新意识。建议学时为 5 学时。

8. 相关附件

本案例功能的有关源码已分享至学习通，可通过以下链接访问下载。

https://pan-yz.chaoxing.com/external/m/file/761775685191184384

案例4　智能农业大棚环境信息采集控制

案例正文

作者：刘华（石家庄学院）、卢斯（武汉中智讯科技有限公司）

内容提要：本案例是单片机与传感器在智能农业领域中的一个典型应用。案例介绍了温湿度传感器的工作原理、应用场景以及项目开发步骤。

关键词：I^2C、温湿度传感器、继电器

1. 引言

现代智能农业的一个十分典型的体现就是智能农业大棚。这种大棚中往往都会配备一套集成了环境检测系统和环境干预系统的综合环境维持系统。在这种环境维持系统中，必然会有相当数量的环境检测类传感器对大棚内的环境进行实时采集和控制。通过该案例的学习，学生能够掌握温湿度传感器的工作原理、应用场景以及项目开发步骤。

2. 相关背景

智能农业是指在相对可控的环境条件下，采用工业化生产，实现集约高效和可持续发展的现代超前农业生产方式。智能农业基于物联网技术，通过各种无线传感器实时采集农业生产现场的光照、温度、湿度等参数以及农产品生长状况等信息，从而对生产环境进行远程监控。

智能农业的发展趋势中一个明显的特点是作物信息采集智能化、资源利用数字化，即充分利用现代地球空间与地理信息技术、传感器技术、手持便捷信息识别技术等获取与农作物生产有关的各种生产信息和环境参数，对耕作、播种、施肥、灌溉、喷药和除草等田间作业进行数字化控制，使农业投入品的资源利用精准化，效率最大化。

在智能农业的成功应用案例中，最为典型的就是大棚种植智能化，如案例图4－1所示。S市L县有相当一部分农民靠草莓种植致富。草莓种植环境对温度、湿度及光照都有特殊的需求，纯粹靠人工进行环境控制相对费时费力。为此L县与S市的某高校科研机构合作，研发低功耗、低成本、实时性强的草莓大棚环境信息采集与控制系统。该系统最主要的采集与控制模块以CC2530为核心芯片，采用HTU21D采集现场温湿度数据。每个模块通过电池供电，配备独立的继电器，可以在检测到现场环境信息后实时控制继电器的开关，达到自动控制棚内的风扇启停、加温设备启停、喷淋装置启停的

功能。

案例图 4－1　智能大棚种植示意图

3. 主题内容

本案例介绍使用 CC2530 获取 HTU21D 采集的数据，并实时控制继电器工作的功能。

（1）HTU21D 介绍及驱动设计。

HTU21D 温度和湿度传感器是基于法国 Humirel 公司高性能温湿度感应元件制成的新一代数字温湿度传感器，可以测量的温度范围为－40℃～125℃，可以测量的相对湿度范围为 0%～100%。HTU21D 中嵌入了适于回流焊的双列扁平无引脚 DFN 封装，底面 $3\times3mm^2$，高度 1.1mm，输出的数据是经过标定的数字信号，通信模式为 I^2C（案例图 4－2）。HTU21D 体积小、功耗低的特点是专为应对设备空间狭小和成品敏感的应用而设计的。案例图 4－3 所示为 HTU21D 的实物外观图。

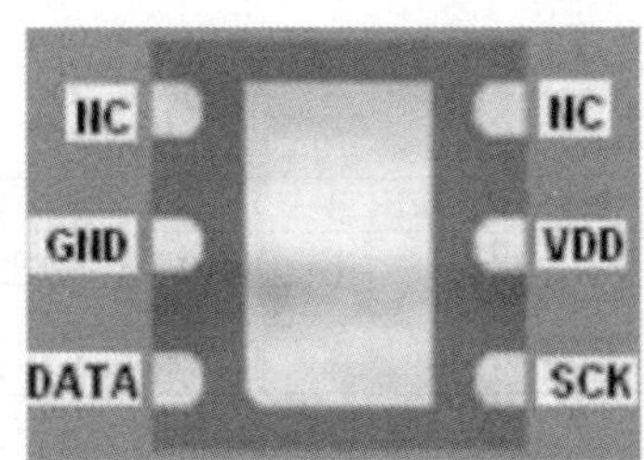

案例图 4－2　HTU21D 背面贴片引脚及说明

案例图 4－3　HTU21D 实物外观图（左：正面；右：背面）

HTU21D 与单片机之间通过 I^2C 通信，其中 HTU21D 在 I^2C 总线结构中为从设备，CC2530 为主设备。当主设备（即 CC2530）与 HTU21D 通信时，需要向其发送特定编码格式的命令才能使其正常工作。具体的操作命令如案例表 4-1 所示。

案例表 4-1　HTU21D 操作命令

序号	命令	功能	代码
1	触发温度测量	保持主机	1110 0011（0xE3）
2	触发湿度测量	保持主机	1110 0101（0xE5）
3	触发温度测量	非保持主机	1111 0011（0xF3）
4	触发湿度测量	非保持主机	1111 0101（0xF5）
5	写寄存器	—	1110 0110（0xE6）
6	读寄存器	—	1110 0111（0xE7）
7	软复位	—	1111 1110（0xFE）

在保持主机模式下，传感器在进行测量的过程中，SCK 被传感器控制为低电平来进行封锁，这种模式下 MCU 进入等待状态。当传感器释放 SCK 后，表示传感器内部的测量处理过程已结束，可以继续进行数据传送。

在非保持主机模式下，传感器在进行测量时总线上可以处理其他的 I^2C 通信任务，这种模式下 MCU 需要对传感器状态进行查询，此时 MCU 向传感器发送 0x81（其中前 7 位是 HTU21D 的地址，最后一位为“1”表示需要读数据），如果查询到传感器发出的应答位，MCU 就可以通过 DATA 进行数据读取；如果测量处理工作没有完成，传感器无应答位输出时，则 MCU 需要再次向传感器发送 0x81 进行查询。

本案例采用 HTU21D 的非保持主机模式进行温湿度数据的采集。针对 CC2530 开发 HTU21D 需要参考其工作时序。

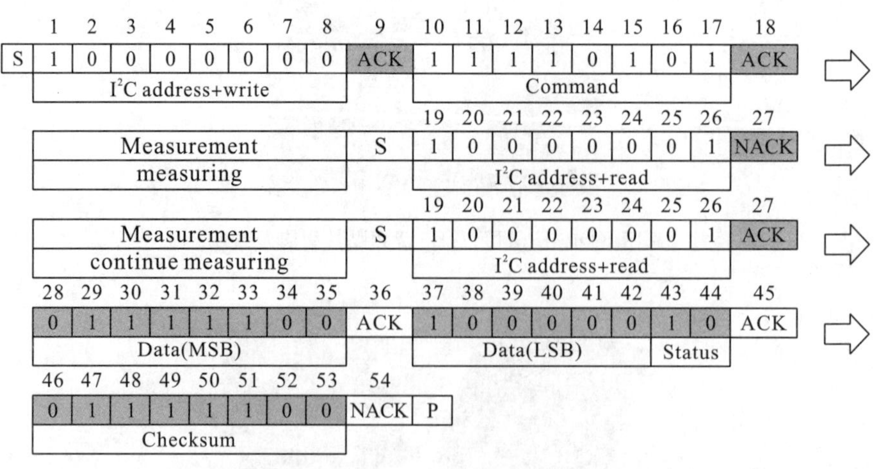

案例图 4-4　HTU21D 非保持主机模式工作时序

当 HTU21D 启动后，在非保持主机模式下，与主机之间进行数据通信的时序示意图如案例图 4−4 所示。图中没有背景颜色的块表示由主机控制 I^2C 总线发送的数据位（这里相当于主机执行“写”操作），带背景颜色的块表示由 HTU21D 控制 I^2C 总线发送的数据位（这里相当于主机执行“读”操作）。

本案例中 HTU21D 的 SCL 与 CC2530 的 P0_0 连接，SDA 与 CC2530 的 P0_1 连接（案例图 4−5）。根据 I^2C 总线的通信协议以及 HTU21D 在非保持主机模式下的工作时序，可以设计出以下 HTU21D 的初始化功能代码：

```
void htu21d_init(void)
{
  iic_init();                                    //I2C初始化
  iic_start();                                   //启动I2C
  iic_write_byte(HTU21DADDR&0xfe);               //写HTU21D的I2C地址
  iic_write_byte(0xfe);
  iic_stop();                                    //停止I2C
  delay(600);                                    //短延时
}
```

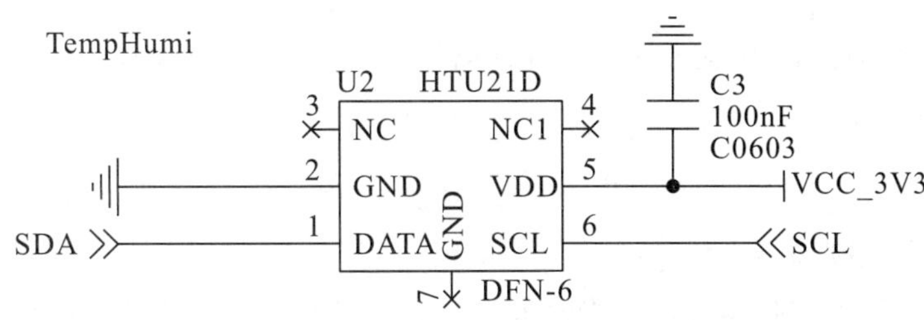

案例图 4−5　HTU21D 硬件连线示意图

HTU21D 一旦启动工作，就可以接收来自主机的命令，并根据命令的具体内容执行相应的操作。当主机发送了“获取温度”的命令后，HTU21D 进入获取温度数据并进行数字转换的工作中，这时，需要主机采用等待并询问的方式来查询，当主机获取到 HTU21D 已经处理完成的信号后，便需要通过 I^2C 总线将数据读入，因此设计出如下的读取 HTU21D 数据的功能代码：

```
unsigned char htu21d_read_reg(unsigned char cmd)
{
  unsigned char data = 0;
  iic_start();                                   //I2C开始
  if(iic_write_byte(HTU21DADDR & 0xfe) == 0){    //写HTU21D的I2C地址
    if(iic_write_byte(cmd) == 0){                //写寄存器地址
      do{
        delay(30);                               //延时30ms
        iic_start();                             //开启IIC通信
      }
      while(iic_write_byte(HTU21DADDR | 0x01) == 1);  //等待数据传输完成
      data = iic_read_byte(0);                   //读取数据
      iic_stop();                                //停止总线传输
    }
  }
  return data;                                   //返回数据
}
```

HTU21D 转换温湿度数据得到的数字量并不是实际的温湿度数值，需要通过转换公式得到对应的数值。其中温度实际数值与返回数据的计算公式为：

$$Temp = -46.85 + 175.72 \times \frac{S_{Temp}}{2^{16}}$$

湿度实际数值与返回数据的计算公式为：

$$RH = -6 + 125 \times \frac{S_{RH}}{2^{16}}$$

对应的函数代码如下：

```
float get_temperature(int data){
  float tx = 0.0;
  tx = 175.72*fabs(data)/65536-46.85;
  return tx;
}


float get_temperature(int data){
  float tx = 0.0;
  tx = 175.72*fabs(data)/65536-46.85;
  return tx;
}
```

（2）继电器控制功能设计。

继电器是一种电控制器件，是当输入量（激励量）的变换达到规定要求时，在电气输出电路中使被控制量发生预定的阶跃变化的一种电器。它具有控制系统（又称输入回路）和被控制系统（又称输出回路）的互动关系，通常用于自动化控制电路中。它实际上是用小电流去控制大电流运作的一种“自动开关”，在电路中起着自动调节、安全保护、转换电路等作用。

按照继电器的工作原理或结构特征可以将其分为：电磁式继电器、热敏干簧继电器、固态继电器等。本项目中所用的继电器为电磁式继电器。

电磁式继电器一般由铁芯、线圈、衔铁、触点簧片等组成（案例图 4－6），只要在线圈两端加上一定的电压，线圈中就会流过一定的电流，从而产生电磁效应，衔铁就会在电磁力吸引的作用下克服返回弹簧的拉力吸向铁芯，从而带动衔铁的动触点与静触点（常开触点）吸合。当线圈断电后，电磁的吸力也随之消失，衔铁就会由于弹簧的反作用力而返回原来的位置，使动触点与原来的静触点（常闭触点）吸合，这样吸合、释放交替，就达到了电路导通、切断的目的。对于继电器的“常开、常闭”触点，可以这样来区分：继电器线圈未通电时处于断开状态的静触点，称为常开触点；处于接通状态的静触点称为常闭触点。

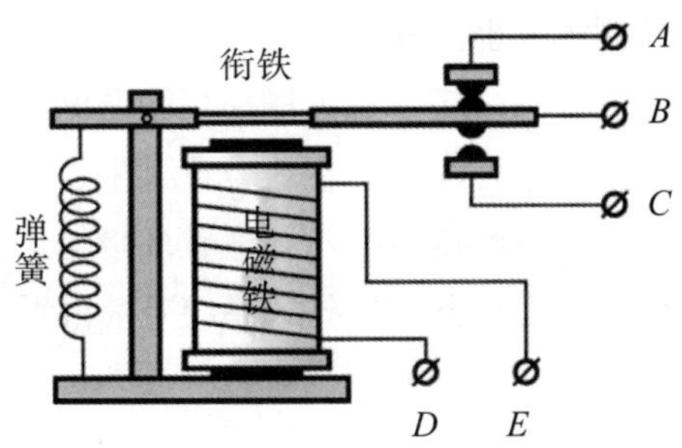

案例图 4－6　电磁式继电器内部结构示意图

本项目中有两路继电器，一路用于控制喷淋系统的电源开关，一路用于控制排风系统的电源开关。两路继电器分别连接至 CC2530 的 P0_6 和 P0_7。因为继电器的工作方式是一样的，这里仅以连接至 P0_7的继电器为例做介绍。其电路原理图如案例图 4－7 所示。

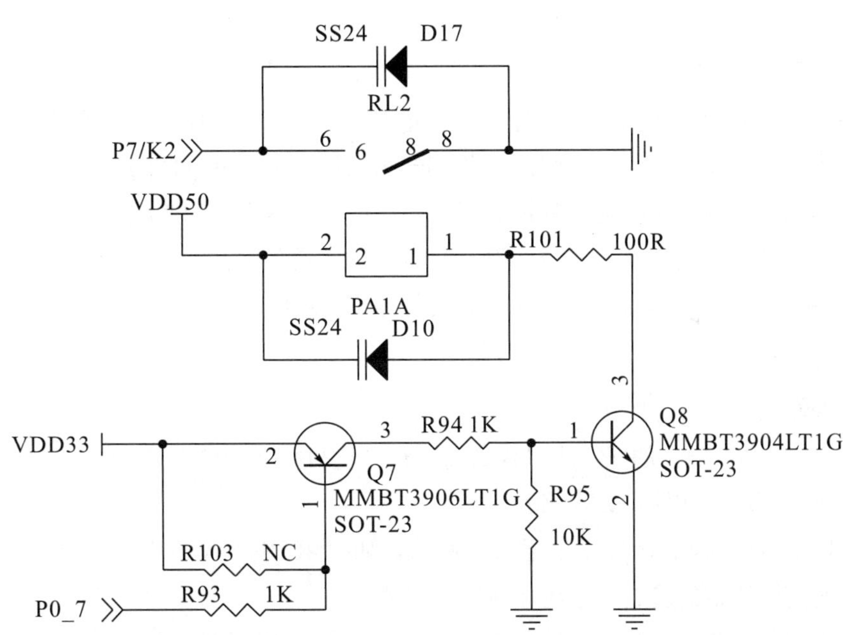

案例图 4－7　继电器在 CC2530 单片机系统中的电路原理图

当 P0_7为低电平时，三极管 Q7 导通，进而使得三极管 Q8 导通，继电器通电工作；当 P0_7为高电平时，三极管 Q7 截止，Q8 也因此截止，继电器断开。同理，连接至 P0_6的继电器电路的工作原理是一样的。由此可以得到两路继电器的初始化驱动代码如下：

```
void relay_init(void)
{
  P0SEL &= ~0xC0;          //配置管脚为通用IO模式
  P0DIR |= 0xC0;           //配置控制管脚为输出模式
}
```

（3）温湿度数值变化控制继电器工作。

本项目设计使用定时器每分钟采集一次大棚环境的温湿度数据，数据经过公式转换得到实际数值。对该数值进行判断，当数值在适合草莓生长环境的温湿度范围内时，继电器应当处于断开状态；当温度或湿度数据不在适宜环境信息范围内时，需要控制相应的继电器开关使其处于工作状态，以此控制排风系统及喷淋系统的电源开关。

4. 结尾

本案例以大棚环境信息的温湿度数据采集与控制系统为例，介绍了如何通过温湿度传感器及继电器协同完成功能设计与开发。在此案例中，还涉及了定时器、串口通信等环节的设计需求。因为在案例2和案例3中分别针对定时器和串口通信做了详细介绍，本案例不再赘述，具体实现应当以实际的案例要求为准完成代码开发。

案例教学使用说明

1. 教学目的与用途

该案例是针对单片机与温湿度传感器之间进行数据交互与控制的功能需求场景以及相应的开发方法。学生在学习过温湿度传感器的工作原理、继电器的工作原理后，结合单片机定时器应用以及串行通信的前导知识，可以开展本案例的实践学习。

部分数字传感器与单片机进行数据交互时采用的通信方式为I^2C，学生在完成本案例的学习后，可以理解串行通信中同步通信与异步通信的差别。

2. 启发思考题

（1）简要描述I^2C通信协议。

（2）理解HTU21D的保持主机模式与非保持主机模式的区别。

（3）继电器的工作原理是什么？

（4）CC2530中没有内置I^2C通信控制器，如果用P1_2做SCL，用P1_3做SDA，请问I^2C通信协议中的起始信号该如何编程实现？

（5）如果需要将一个浮点数输出到串口打印，请问该如何编程实现？

（6）除了可以通过定时的方式实现周期性的环境信息采集，如果需要人为干预随机采集信息，请问用什么方式实现最为合理？

（7）为了保证环境信息采集的数据的有效性，可以采用哪些方式来实现？

3. 分析思路

CC2530没有内置I^2C控制器，无法通过配置SFR的方式来实现I^2C通信，一般需要通过GPIO来模拟I^2C的通信功能。这里需要为学生讲解I^2C的通信原理、I^2C的通信协议，配合源码讲述I^2C通信时序的实现。

HTU21D是数字温湿度传感器，其与主控设备之间通过I^2C方式交互数据，HTU21D有特定的数据通信时序，分为保持主机模式和非保持主机模式两种。在设计

HTU21D 的驱动代码时，需要根据所选的模式不同来分析具体的工作时序，并结合源码讲述驱动的实现过程。

继电器与 CC2530 核心板之间通过 GPIO 进行信号控制，这里的 GPIO 充当通用 IO 来使用，授课时需要帮助学生分析继电器的工作电路，得到对应 GPIO 的 SFR 控制代码。

温湿度数据采集既需要实现周期性采集，也需要实现随机性采集。其中周期性采集可以通过定时器的方式来实现，随机性采集需要通过案件中断的方式来实现。在进行项目功能设计时，需要分别进行功能描述和代码设计。

为了保证温湿度数据采集的有效性，需要一次性采集多个温湿度数据，用求平均值的方式得到相对有效的测量结果。对于测量获取的数字量，需要通过专门的公式转换成对应的温湿度数值，这些数值本身是浮点数，需要利用 C 语言中的格式化输出函数辅助实现串口信息的打印。

4. 理论依据与分析

该案例需要学生提前了解什么是 I^2C 通信，数字温湿度传感器的命令码和工作时序，继电器的工作原理等。

在此理论介绍的基础上，讲解 CC2530 的 I^2C 驱动开发，HTU21D 温度数据和湿度数据的获取代码开发，继电器驱动开发，并结合定时器功能、UART 串口通信功能和按键中断功能等完成最终的项目功能开发。

5. 背景信息

在大棚种植环境中，温湿度数据的采集最为常见也最为普遍，通过对 HTU21D 数字温湿度传感器基于 CC2530 应用环境的功能设计与开发，可以让学生了解基于 I^2C 通信的“采集类”传感器的驱动开发方法。同时，I^2C 通信在基于板载的串行通信方面的应用也十分普遍。

6. 关键点

本案例的关键点在于掌握基于 CC2530 的 I^2C 通信功能驱动开发。

7. 建议课堂计划

本案例教学宜安排在讲解完 I^2C 通信协议、数字温湿度传感器及继电器的有关章节知识之后立即开展。可根据实验设备的数量安排每组 2～3 人共同完成该案例的项目设计，并引导学生对案例功能进行有意义的改进，激发学生的创新意识。建议学时为 10 学时。

8. 相关附件

本案例功能的有关源码已分享至学习通，可通过以下链接访问下载。

https://pan-yz.chaoxing.com/external/m/file/761775685191184384

案例5　厨房燃气泄漏报警器

案例正文

作者：刘华（石家庄学院）、卢斯（武汉中智讯科技有限公司）

内容提要：本案例是单片机与可燃气体传感器在家用燃气管道检测中的典型应用。案例介绍了可燃气体传感器的工作原理、应用场景以及项目开发步骤。

关键词：可燃气体传感器、AD转换

1. 引言

在厨房使用燃气烧水做饭对于许多人来说并不陌生，甚至有的家庭中还在厨房的燃气管道上配置了燃气泄漏自闭阀。该案例就是基于这一日常生活应用来设计的。通过让学生了解可燃气体传感器的工作原理，结合单片机的控制能力，就可以完成厨房燃气泄漏报警器的设计与开发。

2. 相关背景

在Bing搜索引擎上输入“燃气泄漏事故”，可以搜索到多达2亿条信息。《全国燃气事故分析报告》显示，仅2021年上半年燃气泄漏事故的数量就达544起，伤亡人数为483人（案例图5—1）。

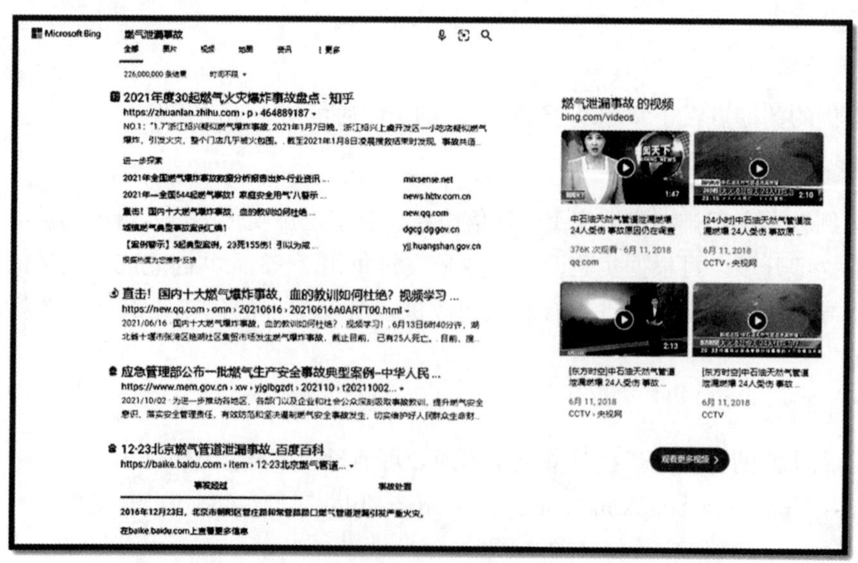

案例图5—1　以“燃气泄漏事故”作为关键词的搜索结果页面

《全国燃气事故分析报告》显示，在各种燃气泄漏事故类型中，居民用户事故最为多发，仅2021年上半年就发生305起，占事故总数的56%。燃气消防特设应急专家认为，居民用气问题占燃气安全事故比例大的主要原因是橡胶软管老化、灶具无熄火保护装置和未安装燃气泄漏报警器或失效等这类不规范使用。专家特别指出，最怕的是液化石油气这种重于空气的、比较稳定的混合气体泄漏，“有泄漏时它就像水在地面漫，无孔不入，漫到你鼻子之前是闻不到的，如果没有扰动空气难以发现”。相比天然气，液化石油气汽化后的密度大于空气，不易挥发，容易发生窒息、燃烧、爆炸。

2021年11月24日，国家安全委发布《全国城镇燃气安全排查整治工作方法》，特别针对餐饮等公共场所的燃气安全隐患做重点排查，其中“不安装燃气泄漏报警器或安装位置不正确”是重点排查项目之一。

新《中华人民共和国安全生产法》第三十六条第四款规定：“餐饮等行业的生产经营单位使用燃气的，应当安装可燃气体报警器装置，并保障其正常使用。”

国家标准《城镇燃气工程项目规范》(GB 55009—2021）已于2022年1月1日起正式实施。

中智讯科技有限公司日前应某高校后勤集团委托，为其学生食堂食品加工环境内的燃气管道安装燃气泄漏报警器。该报警器内部采用MP－4可燃气体传感器探测现场环境中甲烷的含量，并使用CC2530作为主控芯片对采集的数据进行处理。当检测到环境中甲烷含量即将达到危险值时，报警器发出声光报警。报警器上具有消音按钮，当报警器发出声光报警提醒周围人群后，可以人为按下消音按钮关闭报警（案例图5－2)。

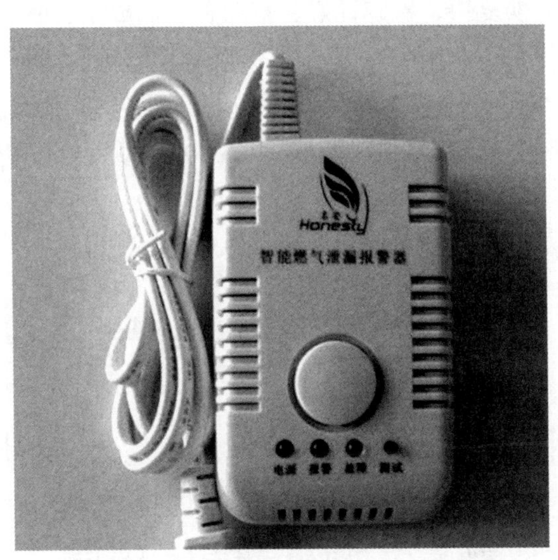

案例图5－2　智能燃气泄漏报警器实物外观图

3. 主题内容

本案例介绍使用CC2530实时获取MP－4采集的数据，并根据数值内容控制声光报警的功能。

（1）MP−4 介绍。

MP−4 可燃气体传感器（燃气传感器，天然气传感器）采用多层厚膜制造工艺，在微型 Al_2O_3 陶瓷基片的两面分别制作加热器和金属氧化物半导体气敏层，封装在金属壳体内（案例图 5−3）。当环境空气中有被检测气体存在时，传感器电导率发生变化。可燃气体的浓度越高，传感器的电导率就越高。通过设计简单的单片机控制电路，就可以将这种电导率的变化转换为与可燃气体浓度相对应的输出信号（案例图 5−4）。需要注意的是，MP−4 可燃气体传感器输出的是模拟信号，需要通过 AD 转换才能被单片机进行处理。

案例图 5−3　MP−4 可燃气体传感器外观图

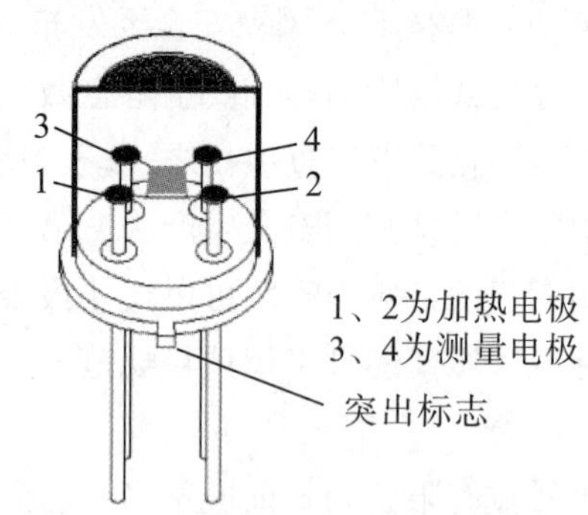

案例图 5−4　MP−4 可燃气体传感器内部结构示意图

MP−4 可燃气体传感器在较宽的浓度范围内对甲烷有良好的灵敏度，具有抗干扰能力强、功耗低、响应恢复快、稳定性好、寿命长、低成本、驱动电路简单等优点。其主要应用于家庭、工厂、商业用所的可燃气体泄漏监测装置，防火/安全探测系统等。

本案例中 MP−4 的硬件连线电路原理图如案例图 5−5 所示。当 MP−4 开始工作后，监测到的数据由图中的 GAS 引脚输入到 CC2530 的某个 GPIO 中才能进行后续数据的处理。

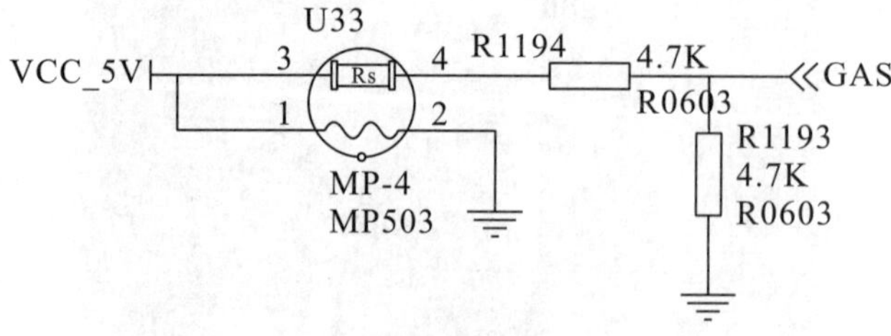

案例图 5−5　MP−4 硬件连线电路原理图

由于 MP−4 采集可燃气体浓度所生成的是模拟信号，如果要进行进一步的数据处理，那么必须将其转换为数字信号。在 CC2530 中内置了 AD 转换器，可以进行多路模拟信号的数字化转换输出。

（2）CC2530 的 AD 转换器。

CC2530 的 AD 转换器支持多达 14 位的模拟数字转换，具有 12 位的 ENOB（有效数字位）。它包括一个模拟多路转换器，具有 8 个各自可配置的通道，以及一个参考电压发生器，还具有若干运行模式（案例图 5−6）。转换结果通过 DMA 写入存储器。

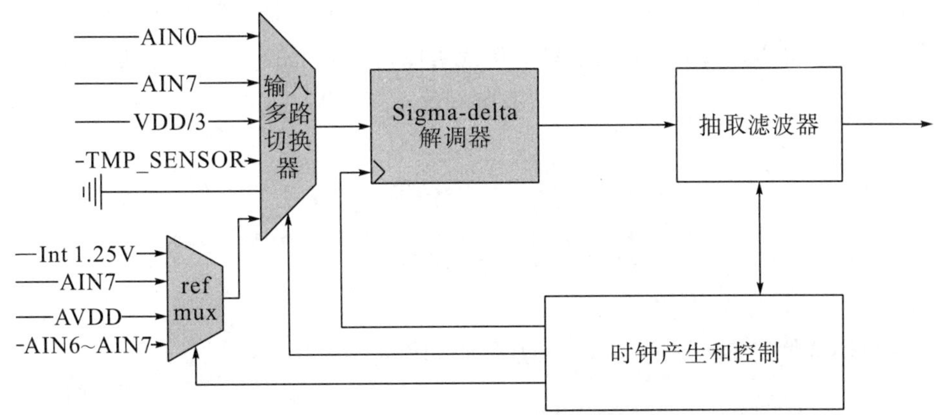

案例图 5−6　CC2530 内部 ADC 电路示意图

ADC 的主要特性有：可选的抽取率，这也设置了分辨率（7～12 位）；8 个独立的输入通道，可接收单端或差分信号；参考电压可选为内部单端、外部单端、外部差分或 AVDD5；产生中断请求；转换结束时的 DMA 触发；温度传感器输入；电池测量功能。

针对需要通过 CC2530 的 GPIO 进行外设信息交互的需求，TI 官方数据手册中专门指定了确切的外设 I/O 使用分配方案，其中 ADC 可用的 GPIO 为 P0 端口从 P0_0到 P0_7所有 8 个管脚（案例图 5−7）。

Periphery/ Function	P0								P1								P2				
	7	6	5	4	3	2	1	0	7	6	5	4	3	2	1	0	4	3	2	1	0
ADC	A7	A6	A5	A4	A3	A2	A1	A0													T
Operational amplifier						O	–	+													
Analog comparator			+	–																	
USART 0 SPI			C	SS	MO	MI															
Alt. 2											MO	MI	C	SS							
USART 0 UART			RT	CT	TX	RX															
Alt. 2											TX	RX	RT	CT							
USART 1 SPI			MI	MO	C	SS															
Alt. 2									MI	MO	C	SS									
USART 1 UART			RX	TX	RT	CT															
Alt. 2									RX	TX	RT	CT									
TIMER 1		4	3	2	1	0															
Alt. 2	3	4												0	1	2					
TIMER 3												1	0								
Alt. 2									1	0											
TIMER 4															1	0					
Alt. 2																		1			0
32-kHz XOSC																	Q1	Q2			
DEBUG																			DC	DD	
OBSSEL											5	4	3	2	1	0					

案例图 5−7　CC2530 外设 I/O 端口分配

（3）MP−4 在 CC2530 中的应用开发。

在本案例中，MP−4 的 GAS 输出与 CC2530 的 P0 _ 5 连接，因此需要配置 CC2530 中与 ADC 有关的 SFR 来实现：P0 _ 5 为外设 I/O，ADC 采用单次转换模式，参考电压为 5V，12 位分辨率，启动模式为手动。由此可以得到以下的 MP−4 功能代码：

```
void combustiblegas_init(void)
{
  APCFG |= 0x20;          //模拟 I/O 使能
  P0SEL |= 0x20;          //端口0_5 功能选择外设功能
  P0DIR &= ~0x20;         //设置输入模式
  ADCCON3  = 0xB5;        //选择AVDD5为参考电压；12分辨率；P0_5  ADC
  ADCCON1 |= 0x30;        //选择ADC的启动模式为手动
}
```

获取可燃气体传感器返回数值的函数代码如下：

```
unsigned int get_combustiblegas_data(void)
{
  unsigned int  value;
  ADCCON3  = 0xB5;              //选择AVDD5为参考电压；12分辨率；P0_5  ADC
  ADCCON1 |= 0x30;              //选择ADC的启动模式为手动
  ADCCON1 |= 0x40;              //启动AD转化

  while(!(ADCCON1 & 0x80));     //等待ADC转化结束
  value =  ADCL >> 2;
  value |= (ADCH << 6)>> 2;     //取得最终转化结果，存入value中
  return value;                 //返回有效值
}
```

（4）声光报警功能。

MP−4 可燃气体传感器采集数据的输出电压与实际甲烷浓度对照关系如案例图 5−8 所示。

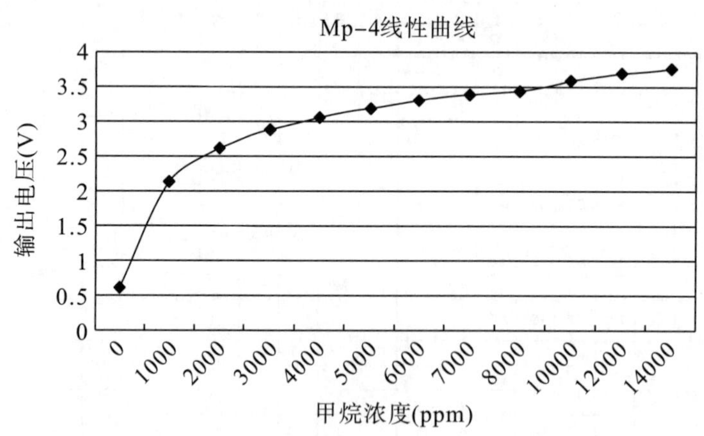

案例图 5−8　MP−4 传感器输出电压与实际甲烷浓度对照关系

ppm 是气体体积百分比含量的百万分之一，是无量纲单位，现已废除。例如 5ppm 的甲烷，表示空气中含有百万分之五的甲烷。

LEL（Lower Explode Limit）是可燃气体的爆炸下限浓度使用的单位，低于爆炸下限浓度时，混合气体中的可燃气体含量不足，不能引起燃烧或爆炸。

Vol 是气体体积百分比，表示某种气体在混合气体中所占的百分比。

甲烷的爆炸下限浓度是 5％Vol，国家标准《石油化工可燃气体和有毒气体检测报警设计规范》（GB 50493—2009）要求："可燃气的一级报警设定值小于或等于 25％爆炸下限。"因此有：

$$25\%LEL = 25\% \times 5\%Vol = 1.25\%Vol$$

$$1.25\%\mathrm{Vol} = (1.25/100) \times 1000000\mathrm{ppm} = 12500\mathrm{ppm}$$

ADC 满量程的参考电压是 5V，也就是当获取的结果为 $2^{12}-1$ 时，输出电压为 5V，因此 MP－4 输出的数据转换后得到的 *value* 值与输出电压之间的关系为：

$$\frac{value}{2^{12}-1} = \frac{\text{实际电压值}}{5}$$

由案例图 5－8 所示的曲线可以看出，当返回的电压值大于 3.6V 时，空气中的甲烷浓度即将达到 12500ppm，也就是最低爆炸下限的 25％。根据上面的公式可以推算出当 *value* 的取值大于 2949 时，应当触发声光报警。

声光报警功能的详细描述请参考案例 1，清除声光报警的功能依然参考案例 1 的报警清除功能来设计，这里不再赘述。

4. 结尾

本案例以 MP－4 可燃气体传感器与 CC2530 相结合用于检测空气中的甲烷浓度为原型，介绍了 MP－4 可燃气体传感器的检测特性，CC2530 的 AD 转换设置，以及如何根据国家有关标准设定报警下限阈值的功能开发。

案例教学使用说明

1. 教学目的与用途

该案例是针对单片机通过采集 MP－4 可燃气体传感器的数据进行声光报警控制的功能需求场景以及相应的开发方法。学生在学习过 MP－4 可燃气体传感器的工作原理、ADC 的工作原理后，结合单片机定时器应用的前导知识，可以开展本案例的实践学习。

通过本案例的学习，学生可以体会到单片机内部处理的数据都是数字量，而某些传感设备采集的信号是模拟量，AD 转换是实现单片机对模拟量进行处理的关键。通过阅读 CC2530 中 AD 转换的设置要求，掌握 AD 转换中电压数据与转换数值之间的关系，理解 AD 转换中的概念，进而学会如何使用 ADC 进行单片机应用开发。

2. 启发思考题

（1）简要说明数字信号与模拟信号的区别。

（2）ADC 的英文全称和中文意思分别是什么？

（3）什么是 ADC 的分辨率？分辨率的高低可以体现 ADC 的什么指标？

（4）什么是 ADC 的参考电压？

（5）MP－4 可燃气体传感器可以检测哪些可燃气体？

（6）ppm、LEL 和 Vol 表示的内容分别是什么？它们之间的关系是什么？

（7）CC2530 的 ADC 有几种不同的转换模式，分别是什么？

3. 分析思路

MP-4 可燃气体传感器输出的数据值与混合气体中可燃气体的浓度成正比，其输出的数据是模拟量，若要在单片机系统中对该数据进行分析，则必须经过 AD 转换。

CC2530 内部具备 AD 转换功能，可以通过设置与之有关的 SFR 来实现模拟量转数字量的功能。若要设计出正确的功能代码，需要理解 AD 转换的原理、AD 转换的分辨率、转换精度以及参考电压等基本概念。在此基础上，结合电路图中的 GPIO 引脚分配做正确的 SFR 配置。

CC2530 的 AD 转换可以选择手动或连续自动两种模式，程序开发时需要根据具体的需求选择合适的工作模式。

当涉及对采集现场数据的实时性要求较高的需求时，通常在主程序中采用查询而非中断的方式。这点在程序结构设计中需要注意。

4. 理论依据与分析

该案例需要学生提前了解什么是数字信号，什么是模拟信号，以及什么是 AD 转换，特别是 AD 转换工作原理中的分辨率、转换精度以及参考电压的概念，对于理解 AD 转换的实现十分重要。

5. 背景信息

单片机开发中经常会涉及 AD 转换的需求，某些传感器由于其工作特点采集到的数据是模拟量，如果要在单片机中进行处理，必须将模拟量转换为数字量。CC2530 自带 AD 转换功能，但某些单片机系统的核心芯片中不具备 AD 转换功能，这时就需要外接专门的 AD 转换芯片才能完成功能开发。

6. 关键点

本案例的关键点在于掌握 AD 转换工作原理中的分辨率、转换精度以及参考电压的概念。

7. 建议课堂计划

本案例教学宜安排在讲解完单片机的 AD 转换、MP-4 可燃气体传感器的有关章节后立即开展。可根据实验设备的数量安排每组 2～3 人共同完成该案例的项目设计，并引导学生对案例功能进行有意义的改进，激发学生的创新意识。建议学时为 5 学时。

8. 相关附件

本案例功能的有关源码已分享至学习通，可通过以下链接访问下载。

https://pan-yz.chaoxing.com/external/m/file/761775685191184384

案例6　出租车计价器

案例正文

作者：刘华（石家庄学院）、卢斯（武汉中智讯科技有限公司）

内容提要：案例介绍了霍尔效应、霍尔传感器的工作原理及应用领域，重点是霍尔传感器与单片机结合实现出租车计价器功能的设计与开发。

关键词：霍尔效应、霍尔传感器

1. 引言

乘坐出租车并使用计价器计价的生活经验对于大多数人来说都不陌生，但是对于计价器的工作原理很多人就不一定了解了。该案例中会介绍霍尔传感器，它是实现路程信息采集的重要部件，并且会引导学生通过编写正确的单片机工程代码，实现对行车里程进行计算并转换成对应价格的功能。

2. 相关背景

出租车计价器是一种计量器具，用于测量出租持续时间及依据里程传感器传送的信号测量里程，并以测得的计时时间和里程为依据，计算并显示乘客乘坐出租车时应付的费用。

我国在20世纪70年代开始出现出租车，那时的计费系统大都是国外进口，不但不够准确，价格还十分昂贵。随着改革开放日益深入，出租车行业的发展势头已十分突出，国内各机械厂家纷纷推出国产计价器。出租车计价器的功能从刚开始的只显示路程(需要司机自己定价，计算后四舍五入)，已发展到能够自主计费，以及现在的能够打印发票和语音提示、按时间自主变动单价等功能。随着城市旅游业的发展，出租车行业已成为城市的窗口，象征着一个城市的文明程度。

从传统的全部由机械元器件组成的机械式计价器，到半电子式即用电子线路代替部分机械元器件的计价器，再从集成电路到目前的单片机系统的计价器，出租车计价器计费是否准确、出租车司机是否作弊才是乘客最关心的问题，而出租车营运数据的管理是否方便才是出租车司机最关注的。因此怎样设计出一种既能有效防止司机作弊，又能方便司机操作的出租车计价器尤为重要。

中智讯科技有限公司的技术团队目前协助W市LX出租车公司研发了一款智能出

租车计价器设备，其实物外观如案例图 6－1 所示。该计价器的核心功能为里程计算和计价，辅助功能为基于 5G 的收款功能。其中核心功能由中智讯科技有限公司负责设计开发。该公司经过市场调研，决定选择 AH3144 霍尔传感器进行测速，结合 CC2530 单片机实现数据的处理。

案例图 6－1　**智能出租车计价器实物图**

霍尔器件具有许多优点，它们的结构牢固，体积小，重量轻，寿命长，安装方便，功耗小，频率高（可达 1MHz），耐震动，不怕灰尘、油污、水汽及盐雾等的污染或腐蚀。

将安装在车辆变速箱输出端齿轮的 AH3144 霍尔传感器接到单片机外部中断接口上，车轮每转动一圈，霍尔传感器将产生一个下降沿脉冲，在 CC2530 中实现 1 次计数，并根据车轮周长计算出具体里程，结合出租车计价原则和有关公式，实现计价功能。

3. 主题内容

（1）霍尔效应及霍尔传感器。

霍尔效应由美国物理学家 Edwin Hall 在 1879 年发现。霍尔效应是指当载流导体或半导体放置于磁场中时，其内部电荷载子因洛伦兹力的作用而偏向一边，进而产生电压的现象（案例图 6－2）。通过后来者们的研究发现，半导体能够产生的磁电效应要比导体强得多，于是人们开始利用霍尔效应制作各种霍尔元件。霍尔传感器便是利用霍尔效应研究开发的一类新产品。

霍尔传感器应用于数据的测量，是其应用最广泛的领域。霍尔传感器可以用作测量各种物理量，如测量线速度、加速度、转速、风速、流速以及物体位移量。在测量物体的这些物理参数的时候，我们可以将半导体材料加在待测物体的表面，然后利用霍尔传感器捕捉半导体材料的磁场来对物体进行实时测量，这样我们就能够通过霍尔传感器得到关于物体运动的参数了（案例图 6－3）。

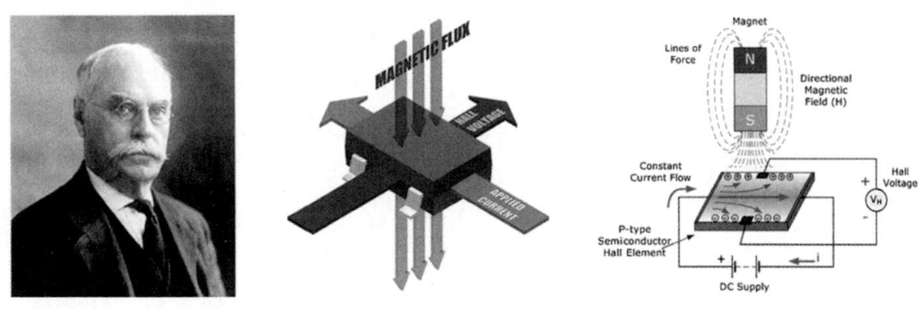

案例图 6－2　Edwin Hall **（左）、磁场对导体影响产生电压（中）、霍尔效应电路示意图（右）**

案例图 6－3　**霍尔传感器外观（左）、大小（中）、内部结构示意图（右）**

在生活中，利用霍尔效应及霍尔传感器对物体进行自动化处理的应用非常多。我们在进入一些高档场所，如星级酒店的时候，会看到那些自动门。自动门在人体靠近时便会自动打开，这在一定程度上就是利用了霍尔效应及霍尔传感器（案例图 6－4）。人体是一个半导体，具有霍尔效应，设计人员在感应门中设置霍尔传感器，霍尔传感器就会在人体接近的时候，瞬间捕捉到磁场效应，为人们自动开门。

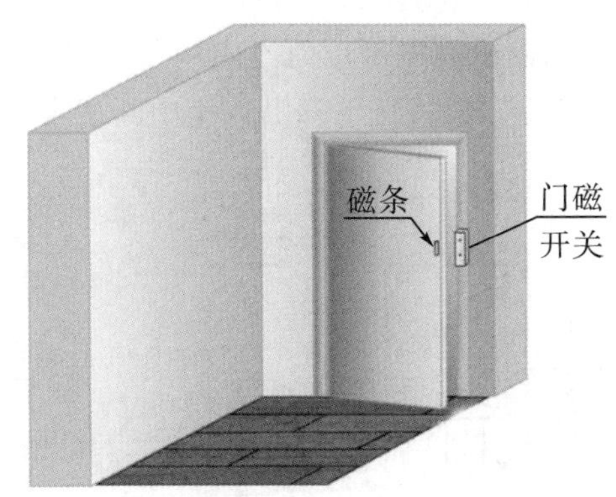

案例图 6－4　**霍尔传感器在自动门中的应用示意图**

另外，霍尔传感器还应用于电路中对电流的测控。众所周知，电路通电时会产生磁场，而应用霍尔传感器能够准确地捕捉到电路中磁场的变化，从而对电路中的电流变化进行实时测控。因此，现在许多电表中都含有霍尔元件。

（2）AH3144 霍尔传感器。

AH3144 是单磁极激励的单端数字输出霍尔集成电路。传感器芯片内置反向电压保护器、电压调整器、温度补偿电路、霍尔电压发生器、信号放大器、史密特触发器和集电极开路输出驱动器等电路单元（案例图 6－5）。性能优良的电压调整器和温度补偿电路确保传感器在较宽的电压范围和温度范围内稳定地工作，反向电压保护电路避免了传感器受到反向电压的损伤。

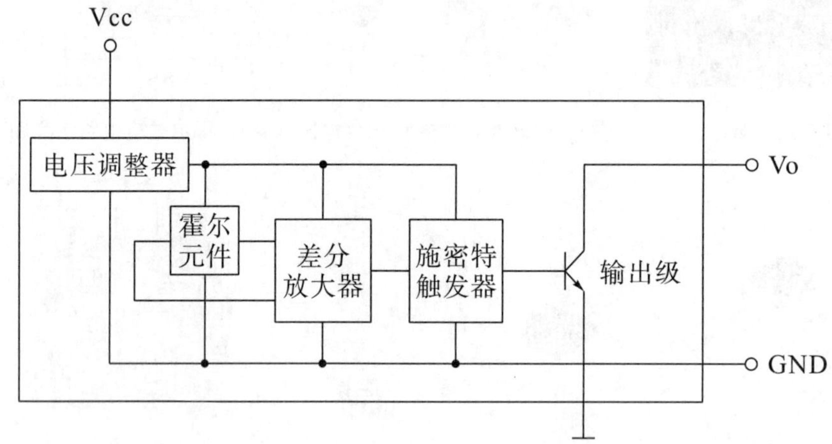

案例图 6－5　AH3144 内部电路方框图

单磁极开关型霍尔传感器磁电转换的特性是：磁铁 S 极面对传感器标志面且接近传感器时（$B \geqslant Bop$），传感器输出低电平；磁铁 S 极远离传感器时（$B \leqslant Brp$），传感器输出高电平。磁铁 N 极面对传感器标志面时，传感器没有响应。稳定的回差（$Bh = Bop - Brp$）确保传感器开关状态稳定。

（3）车轮转动计数功能设计。

本案例中，将 AH3144 的 Vo 端连接在 CC2530 的 P0_2上，根据 AH3144 的工作原理，当检测到磁场时，Vo 端输出高电平，而当磁场远离时，Vo 端输出低电平，这就相当于在 P0_2上产生了下降沿，通过该下降沿产生中断请求，实现一次计数（案例图 6－6）。

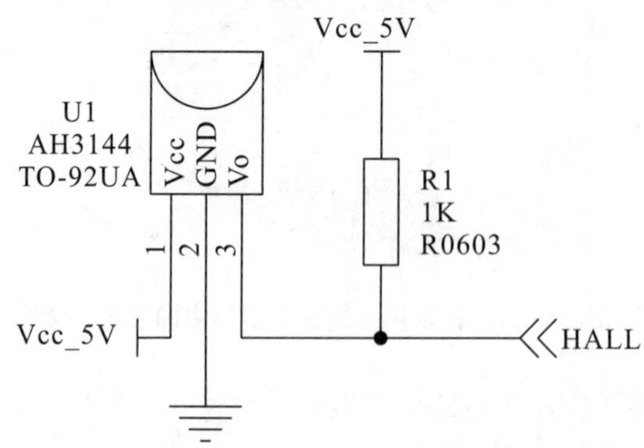

案例图 6－6　AH3144 在 CC2530 应用系统中的电路原理图

（4）里程计价功能设计。

出租车里程计价包含起步价和超出起步价后的每公里计价。假设起步价为 3 公里以内 8 元，这时可以计算一下车轮转动多少次相当于行走了 3 公里，将这个次数作为车轮转动计数的参考值。只要霍尔传感器的 Vo 端产生的下降沿数量小于或等于该参考值，则价格始终保持 8 元不变。当 Vo 端产生的下降沿数量大于该参考值时，则实际价格的计算公式为：

$$8\text{元}+\frac{(\text{Vo 端产生的下降沿次数}-\text{参考值})\times\text{轮胎周长（米）}\times\text{每公里单价（元）}}{1000}$$

轮胎直径的计算方法如下：

断面宽度×扁平比×2+钢圈尺寸（英寸）×2.54

如果轮胎规格为 185/60R 15 轮胎，那么其轮胎直径＝18.5×0.6×2＋15×2.54＝60.3 厘米。轮胎周长约等于 1.9 米，车辆运行一公里相当于轮胎转动 527 圈（案例图 6－7）。如果将统计车轮转动次数的变量设定为整型数值，则最大统计值为 65535，相当于可以记录里程在 124 公里以内的计数，若一次行程超过 124 公里，则超出了计数范围。

案例图 6－7　汽车轮胎型号图解

为了解决数据范围的问题，考虑将车辆运行 1 公里的计数范围定为一次统计周期，当 Vo 的下降沿出现 527 次后，公里数增加 1，而统计 Vo 下降沿次数的变量清零重新开始统计，这样可以实现最大 65536 公里（比地球赤道一圈的长度还要大）的里程计费。

4. 结尾

本案例以 AH3144 霍尔传感器与 CC2530 相结合用于对汽车车轮转数进行计数为原型，介绍了霍尔效应、霍尔传感器的应用，以及 AH3144 的特性等内容，并讨论了出租车里程计价功能的设计与实现。

案例教学使用说明

1. 教学目的与用途

该案例是针对霍尔传感器在汽车电子领域的里程表与计价器方面应用的介绍。学生在学习过霍尔效应、AH3144 霍尔传感器的工作原理后，结合单片机中断系统的前导知识，可以开展本案例的实践学习。

霍尔传感器在汽车电子领域有着较为广泛的应用，包括安全报警装置、点火器、油位计、门窗雨刷等位置控制，座椅舒适度控制，车速控制和 ABS 装置等都是由霍尔传感器实现的。学生通过本案例的学习，可以对霍尔效应在实际生活中的应用有大致的了解，通过学习霍尔传感器的工作原理体会其在应用领域中的重要作用。

2. 启发思考题

（1）什么是霍尔效应？

（2）霍尔传感器有什么特点？

（3）霍尔传感器的应用有哪些？

（4）AH3144 的工作原理和特性是什么？

（5）如何根据轮胎型号计算轮胎周长？请举例说明。

（6）CC2530 中整型数据统计的最大正数是多少？

（7）如果利用 AH3144 和 CC2530 构造一款自行车里程表，请问传感器该放在前轮的轮毂处还是后轮的齿轮处？请说明原因，并给出一套设计方案。

3. 分析思路

AH3144 是单磁极激励的单端数字输出霍尔集成电路。当磁铁 S 极面对传感器标志面且接近传感器时，传感器输出低电平；当磁铁 S 极远离传感器时，传感器输出高电平。根据这一特性可以利用 AH3144 和永磁体搭配放置于汽车变速箱的齿轮处，将 AH3144 的 Vo 端与 CC2530 的 GPIO 中的某个管脚连接（这里假设连接在 P0_2管脚），根据管脚产生的下降沿的个数来判断车轮转动的圈数。由此可以得到 AH3144 的驱动代码如下：

```
void hall_init(void)
{
  P0SEL &= ~0x04;         // 配置管脚为通用IO模式
  P0DIR &= ~0x04;         // 配置控制管脚为输入模式
  PICTL |= 0x01;          // P0端口下降沿触发中断
  P0IEN |= 0x04;          // P0_2开启中断使能
  P0IE = 1;               // P0开启中断使能
  EA = 1;                 // 打开总中断
}
```

CC2530 的 GPIO 可以由 P0_2产生的下降沿来触发中断请求，因此在程序中设置一个全局的整型变量 c _ count，并初始化为 0。当中断发生时，在中断服务程序中对

c _ count的值+1。

由于单片机中整型变量的最大正数取值为 65535，根据一般普通轿车的汽车轮胎的型号估算出行驶 1 公里大约需要转动 527 圈，也就是当汽车行驶大约 124 公里后再继续对 c _ count的值自增会产生溢出错误，因此考虑在程序中设计记录行驶公里数的全局变量 km _ count，并设初值为 0。在中断服务程序中对 c _ count 的值首先判断是否等于 527，如果是则将 c _ count 的值清零，将 km _ count 的值+1；如果不是则执行c _ count++的操作。P0_2的中断服务程序代码如下：

```
#pragma vector = P0INT_VECTOR
__interrupt void P0_ISR(void)
{
  EA = 0;                            //关中断
  if((P0IFG & 0x04 ) >0 ){           //P0_2触发中断
    P0IFG &= ~0x04;                  //中断标志清0
    if(c_count == 527){
      c_count = 0;
      km_count++;
    }else{
      c_count++;
    }
  }
  EA = 1;                            //开中断
}
```

由里程转换为价格的计算可以根据实际需求的计算公式进行处理。这里假设 3 公里以内是 8 元，超出 3 公里则每公里按 1.2 元计费，则得到如下的里程计算代码：

```
int c_count = 0;
int km_count = 0;

float taxiCost(void){
  float cost = 8.0;
  if(km_count>3){
    cost = 8.0 + (km_count - 3 + c_count / 527) * 1.2;
  }
  return cost;
}
```

4. 理论依据与分析

该案例需要学生提前了解什么是霍尔效应，了解霍尔传感器的应用领域。另外针对由霍尔传感器实现的测量功能，需要考虑到单片机中不同数据类型可以表示的数据范围，防止因为溢出而导致数据统计错误。

5. 背景信息

乘坐出租车已然是现代社会生活中非常普遍的一种出行方式。出租车计价器是霍尔传感器的典型应用。AH3144 是单磁极激励的单端数字输出霍尔集成电路，适用于实现里程表或计价器的应用开发中。

6. 关键点

本案例的关键点在于掌握 AH3144 的工作特性，从应用电路图中分析出利用 Vo 连接的 P0_2所产生的下降沿中断来实现计数统计功能。另外，针对单片机中整型数据的取值范围，防止数据溢出也是本案例的关键点所在。

7. 建议课堂计划

本案例教学宜安排在讲解完霍尔传感器的有关章节知识，并结合 CC2530 的中断系统的有关前导知识基础上开展。可根据实验设备的数量安排每组 2～3 人共同完成该案例的项目设计，并引导学生对案例功能进行有意义的改进，激发学生的创新意识。建议学时为 5 学时。

8. 相关附件

本案例功能的有关源码已分享至学习通，可通过以下链接访问下载。

https://pan-yz.chaoxing.com/external/m/file/761775685191184384

案例 7　笔记本散热器

案例正文

作者：刘华（石家庄学院）、孟军英（石家庄学院）

内容提要：案例介绍了轴流风机的工作原理及应用领域，结合 CC2530 自带的芯片温度检测功能，设计并制作一款随芯片温度变化而自动工作的笔记本散热器。

关键词：轴流风机、PWM、AD 转换

1. 引言

笔记本中 CPU 的工作温度如果过高，主板上的风扇就会自动转动，完成空气流动以降低 CPU 的温度。该案例中会介绍如何使用片上 ADC 实现 CPU 当前温度的采集，并根据采集到的实时数据进行处理，在温度过高时自动启动风扇工作的工程项目开发过程。学生通过该案例的学习，能够掌握 ADC 的工作原理和应用场景，并掌握工程项目开发中如何使用 ADC 实现模数转换。

2. 相关背景

计算机内部的两大发热核心分别是 CPU 和 GPU，当计算机处于极大量数据运算的情况下时，CPU 会处于极快的工作频率，甚至有时为了达到一定的运行效果（例如图像处理）还会出现 CPU 超频工作的情况，这种极高频率的工作会使 CPU 和 GPU 产生大量的热，导致 CPU 和 GPU 以及周围主板环境温度上升。如果这些热量没有及时散去，过高的温度会超出 CPU 和 GPU 甚至周围主板上其他电子元件的工作温度，就有可能引起电路被烧坏而导致计算机无法工作。

笔记本因为体积小，主板散热空间少。为了更好地散热，许多笔记本在散热方面采取由整块铜板（或者铝材）覆盖 CPU 和 GPU 核心，再将热管两端分别焊接在铜板和散热鳍片上，由风扇吹发热的鳍片，将从铜板传递到鳍片上的热量带走（案例图 7－1）。

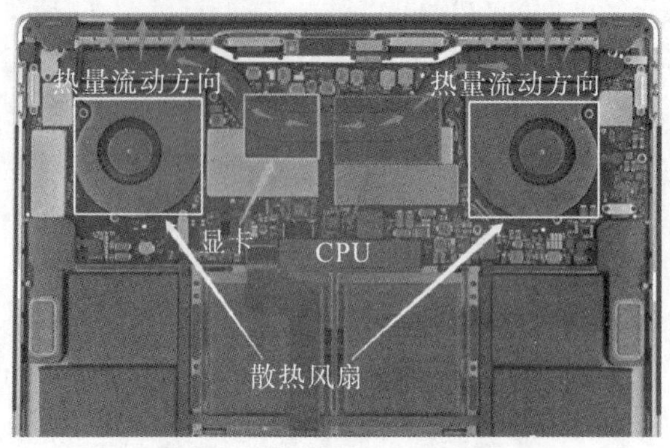

案例图 7−1　笔记本内部散热系统

使用专门的笔记本散热底座也有助于帮助笔记本快速散热。以铝镁合金为外壳的轻薄本，热量会传到整个机身以辅助散热，使用向下抽风的底座可以把笔记本外壳的热量抽走，加速散热。而底部作为主进风口的笔记本需要使用向上吹风的散热底座，因为这类笔记本的底部有进风口，使用向上吹风的散热底座可以加大笔记本底部进风量，进而提升散热效果（案例图 7−2）。

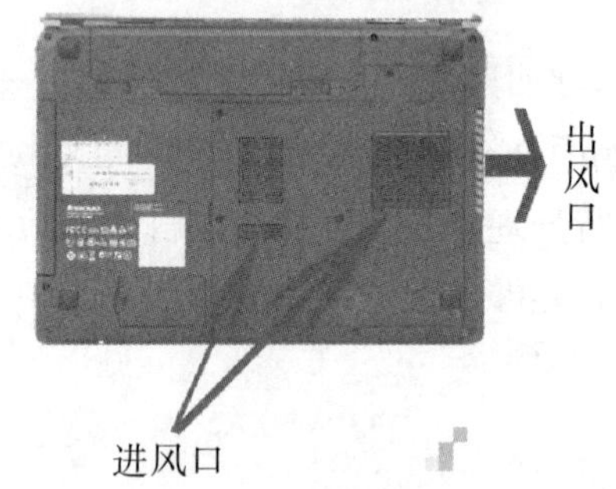

案例图 7−2　底部带进风口的笔记本实物图

目前市面上销售的笔记本散热底座上的风扇大多是直流匀速的，也就是说，供电后风扇启动转动的速度是不可调的。另外，这类笔记本散热底座供电一般采用笔记本上的 USB 供电。为了保证散热效果，同时也让供电更加合理，现在需要设计一款随着当前笔记本底部环境温度变化而调整风扇转速的笔记本散热器。

CC2530 内置定时器，可以利用定时器产生的 PWM 输出控制直流风扇的转速，同时 CC2530 内部自带温度传感器，无须外接温度传感器芯片即可完成可调速的吹风式散热器的制作。

3. 主题内容

(1) PWM。

PWM 是脉冲宽度调制，其一定频率的方波是由高电平和低电平构成的（案例图 7−3）。假设高电平的持续时间是 $T1$，低电平的持续时间是 $T2$，那么周期 $T=T1+T2$。

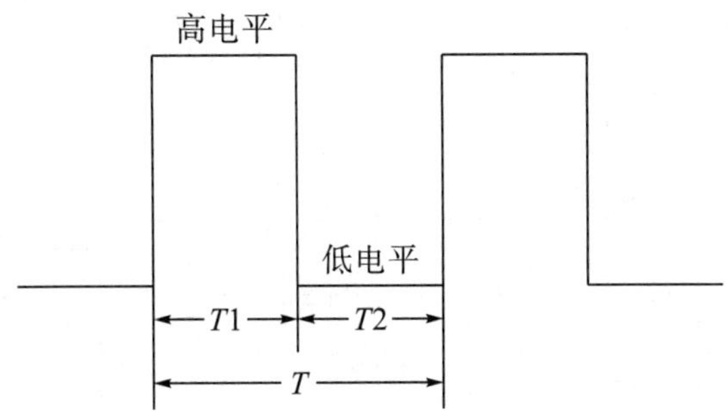

案例图 7−3　一个方波周期中的高电平与低电平

通过改变高电平的持续时间，就可以改变方波的平均电压，在一个周期内高电平所占的比例叫作占空比，计算公式为：$D=T1/T$。占空比越大，平均电压就越高；占空比越小，平均电压就越低。

如案例图 7−4 所示，以供电最大电压 5V 为例，当占空比为 75%时，平均电压为 5V 的 75%，即 3.75V；当占空比为 20%时，其平均输出电压为 5V 的 20%，即 1V。

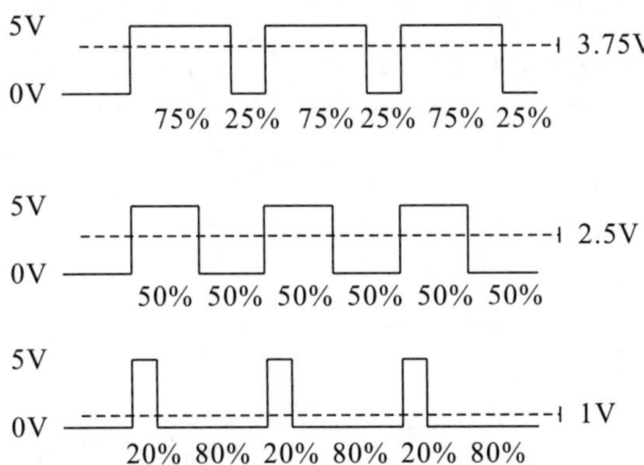

案例图 7−4　方波占空比与平均电压输出对比图

利用 PWM 对脉冲信号进行调制，可以控制输出电压的大小，从而实现对风扇转速的控制。

（2）CC2530 中 Timer1 的 PWM 设计。

CC2530 的 Timer1 是一个 16 位的定时/计数部件，可以工作在自由计数、模计数和正计数/倒计数三种模式下，一共 5 个独立的捕获/比较通道，可以完成输入捕获、输出比较和 PWM 功能。

CC2530 中 Timer1 的 5 个独立通道有指定的 I/O 映射，一共两个可选位置，如案例图 7−5 所示。

Periphery/ Function	P0								P1								P2				
	7	6	5	4	3	2	1	0	7	6	5	4	3	2	1	0	4	3	2	1	0
ADC	A7	A6	A5	A4	A3	A2	A1	A0													T
Operational amplifier						O	–	+													
Analog comparator			+	–																	
USART 0 SPI			C	SS	MO	MI															
Alt. 2											M0	MI	C	SS							
USART 0 UART			RT	CT	TX	RX															
Alt. 2											TX	RX	RT	CT							
USART 1 SPI			MI	M0	C	SS															
Alt. 2									MI	M0	C	SS									
USART 1 UART			RX	TX	RT	CT															
Alt. 2									RX	TX	RT	CT									
TIMER 1		4	3	2	1	0															
Alt. 2	3	4												0	1	2					
TIMER 3												1	0								
Alt. 2									1	0											
TIMER 4															1	0					
Alt. 2																		1			0
32-kHz XOSC																	Q1	Q2			
DEBUG																			DC	DD	
OBSSEL											5	4	3	2	1	0					

案例图 7-5　CC2530 的外设 I/O 映射分配

当 CC2530 的 Timer1 用于输出比较功能时，需要使用两个通道进行计数值的比较，其中一个指定为通道 0，另一个通道可选 1～4 中的任意一个。

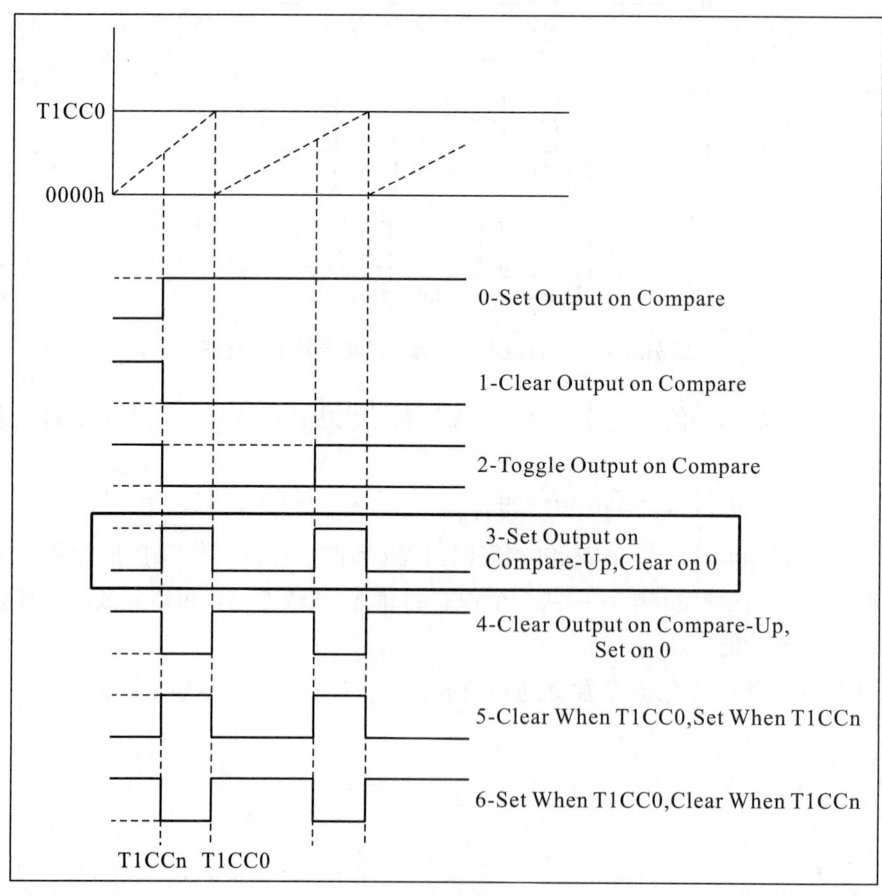

案例图 7-6　CC2530 的 Timer1 处于模计数模式时输出比较功能图例

以 CC2530 的 Timer1 工作在模计数模式下实现输出比较功能，选定案例图 7－6 中的“3－Set Output on Compare－Up，Clear on 0”，使用 Timer1 的通道 2 的可选位置二（即 P1_0）作为比较输出通道为例：假设本案例中设置了 T1CC0 为 0x00FF，设置 T1CC2 为 0x007F，现在启动 Timer1，其内部的计数器就开始自加 1，P1_0输出为低电平。计数器每次自加 1，都会与 T1CC2 的值比较，如果小于 T1CC2，则 P1_0的输出保持为低电平。当自加计数器已经达到 0x007F，与目标通道的计数器值相等，此时 P1_0 输出高电平，并一直保持到计数器的值与 T1CC0 的值相等为止。接着由于计数器的计数值达到了模计数模式的上限，在下一个计数周期时计数器的值会清零，此时会使 P1_0输出低电平。接着就会以此循环，直到定时器关闭。

如果 T1CC0 保持不变，通过修改 T1CC2 的值就可以调整在一个固定的计数周期内 P1_0输出高电平的时长，即修改固定频率方波的占空比，从而实现 PWM 的应用效果。

（3）调速风扇功能设计。

本案例选择使用 GM0501PFB3－8 轴流风机完成调速风扇功能的设计。该风机是由建准电机（SUNON）生产的用于小型 IC 片发热散热处理的磁悬浮＋汽化轴承工艺的轴流风机，其具体参数见案例图 7－7。

指标	数据
尺寸	20mm × 20mm × 10mm
轴承	磁悬浮 + 汽化轴承（Maglev + VOPT)
额定电压	5V
功率	0.2W
最大转速	15000rpm
可持续运转时间	100,000小时
插头	3线（电源正极、负极和转速控制)

案例图 7－7　GM0501PFB3－8 **轴流风机的主要参数**

本案例中，将风机的使能端 FAN _ EN 与 CC2530 的 P0_3连接，将控制风机转速的 FAN _ SPEED 与 P1_0连接（案例图 7－8）。当 CC2530 检测到温度值超过阈值，向 P0_3输出低电平时，电路导通，开启风扇，同时通过 Timer1 的通道 2 向 P1_0输出 PWM 信号，通过设定温度对应不同风扇转速的数值实时调整 Timer1 的 T1CC2 的数值，用以达到控制风扇转速的目的。

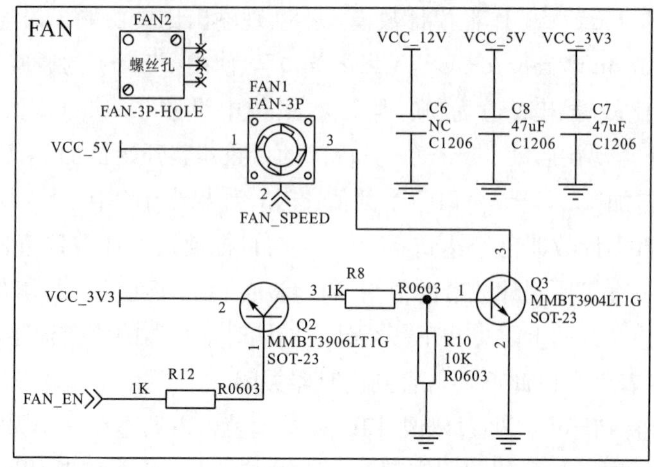

案例图7－8　GM0501PFB3－8轴流风机在CC2530系统中的电路原理图

4. 结尾

本案例以小型轴流风机与CC2530中Timer1的通道2输出的PWM相结合，设计了一款可自动调速的笔记本散热器。CC2530中Timer1的PWM功能还可以应用到呼吸灯的设计中，通过规律地修改固定频率方波的占空比可以达到灯光线性亮灭的效果。

案例教学使用说明

1. 教学目的与用途

该案例是针对PWM在电子电路设计中的应用场景进行的设计与实践。在工控行业，PWM信号可以用来调节电机转速，调节变频器以及BLDC电机驱动等；在LED照明行业，可以通过PWM来控制LED灯的亮暗变化；还可以通过PWM信号来控制无源蜂鸣器发出简单的声音，以及实现功率继电器的线圈节能等。

学习CC2530中Timer1的通道设计，有利于学生理解掌握固定方波占空比的概念，学会利用PWM完成具体的应用开发。

2. 启发思考题

（1）什么是PWM?

（2）PWM中的占空比与平均输出电压之间的关系是什么?

（3）PWM的主要应用有哪些?

（4）CC2530中Timer1的5个独立通道在实现比较输出功能时，都有哪些比较方式?

（5）轴流风机的工作原理是什么，都应用在哪些场合?

（6）具有3个引脚的轴流风机其引脚定义分别是什么?

（7）如何利用单片机控制轴流风机的转速?

3. 分析思路

本案例应当从笔记本散热设计方案角度入手，首先介绍常见的笔记本内部散热方案，以及外置散热底板的散热原理。然后引入常用于散热的小型轴流风机的工作原理及其具体工作参数，并以此引导学生思考如何利用单片机进行风机转速的控制。

小型轴流风机一般都是直流供电，可以直接应用在以 CC2530 为核心芯片的单片机电路中。结合案例图 7-8 所示的电路原理图，编写风机的驱动代码如下：

```
void fan_init(void)
{
  P0SEL &= ~0x08;    //配置管脚为通用IO模式
  P0DIR |= 0x08;     //配置控制管脚为输出模式
}
```

现在的轴流风机都有三个引脚，分别是电源、接地和转速控制。其中转速控制引脚可以接收 PWM 信号，用于控制风机的转速。

CC2530 中 Timer1 的通道 2 产生 PWM 功能的初始化代码如下：

```
void initT1()
{
    CLKCONCMD &= ~0x40;          //设置系统时钟源为32MHZ晶振
    while(CLKCONSTA & 0x40);     //等待晶振稳定为32M
    CLKCONCMD &= ~0x07;          //设置系统主时钟频率为32MHZ
    CLKCONCMD |= 0x38;           //时钟速度32 MHz 定时器标记输出设置[5:3]250kHz

    //定时器通道设置
    PERCFG |= 0x40;              //定时器1 的IO位置   1:备用位置2
    P2SEL &= ~0x10;              //定时器1优先

    P1DIR |= 0xff;               //端口1为输出
    P1SEL |= 0x01;               //timer1 通道2映射口P1_0

    //定时器通道2比较值
    T1CC2H = 0x00;               //20%占空比为200us
    //修改T1CC2L可调整led的亮度
    //T1CC2L = 0xF7; //1%的正占空比
    //T1CC2L = 0xE1; //10%的正占空比
    //T1CC2L = 0xC8; //20%的正占空比
    //T1CC2L = 0xAF; //30%的正占空比
    //T1CC2L = 0x96; //40%的正占空比
    T1CC2L = 0x7D; //50%的正占空比
    //T1CC2L = 0x64; //60%的正占空比
    //T1CC2L = 0x4B; //70%的正占空比
    //T1CC2L = 0x32; //80%的正占空比
    //T1CC2L = 0x19; //90%的正占空比
    //T1CC2L = 0x0A; //99%的正占空比
    //T1CC2L = 0x01; //设置通道2比较寄存器初值

    //装定时器通道0初值
    T1CC0H = 0x00;               //1ms的周期时钟,频率为976.516HZ
    T1CC0L = 0xff;

    T1CCTL2 = 0x1c;              //0001 1100 模式选择 通道2比较模式

    //模式设置
    T1CTL = 0x02;                //250KHz 不分频 模计数模式
}
```

本案例中是根据 CC2530 实时采集片上芯片温度来控制风扇转速的。因此在主函数中需要设定不同转速时的温度阈值，并将该阈值与 PWM 的输出电压一一对应，以此实现自动控制的效果。

CC2530 获取片上温度的功能代码如下：

```
void adc_single_init(void){
  ADCCON3 = 0x3E;         //选择内部参考电压，12位有效数据，温度传感器输入
  ADCCON1 |= 0x30;        //设置ADC单次转换的启动模式为手动启动
  ADCCON1 |= 0x40;        //启动转换
}

float get_temperature(void){
  unsigned int value;
  adc_single_init();      //单次转换要求每次获取数据前都要先初始化ADC
  while( !(ADCCON1 & 0x80));
  value = ADCH * 256;
  value = value + ADCL;
  value = value / 4;
  return (value-1367.5)/4.5 - 4;     //官方温度计算公式
}
```

4. 理论依据与分析

该案例需要学生掌握 CC2530 中 Timer1 的工作模式，Timer1 的 5 个独立通道的功能，掌握利用比较输出功能实现 PWM 信号。只有在理解什么是 PWM，以及 PWM 可以应用在哪些地方后，才能掌握 PWM 的设计和实现方法。

5. 背景信息

脉宽调制（Pulse Width Modulation，PWM）是利用微处理器的数字输出来对模拟电路进行控制的一种非常有效的技术，广泛应用在从测量、通信到功率控制与变换的许多领域中。

6. 关键点

本案例的关键点在于掌握什么是 PWM，如何通过 CC2530 的 Timer1 实现 PWM 信号。

7. 建议课堂计划

本案例教学宜安排在讲解完 CC2530 的定时器有关章节知识，并在结合风扇传感器工作原理的基础上开展。可根据实验设备的数量安排每组 2～3 人共同完成该案例的项目设计，并引导学生对案例功能进行有意义的改进，激发学生的创新意识。建议学时为 5 学时。

8. 相关附件

本案例功能的有关源码已分享至学习通，可通过以下链接访问下载。

https://pan－yz.chaoxing.com/external/m/file/761775685191184384

案例8　智能家居系统

——基于 ZigBee 的安防监控系统

案例正文

作者：刘华（石家庄学院）、卢斯（中智讯科技有限公司）

内容提要：案例介绍了通过 ZigBee 网络实时采集燃气、火焰、人体红外、振动传感器等的状态，并将采集状态主动推送到云端数据中心，再凭借 Web 端获得状态信息。当监测到状态异常时，声光报警器打开，从而实现基于 ZigBee 的智能家居安防监控系统的设计。

关键词：智能家居、ZigBee、家居安防监控

1. 引言

随着物联网技术的不断发展，以及无线网络应用的不断普及，居家生活中的很多设备都可以通过 Wi-Fi、蓝牙或者 ZigBee 这类短距离无线通信网络环境进行数据交互，并由此产生了基于这些网络通信模式的智能家居应用系统。

本案例完全基于中智讯智云物联开放平台的基本框架进行设计与开发，其中：在全面感知层选择主控芯片为 CC2530 的绿色家居板卡，该板卡上内置 3 组 CC2530 无线模组，多达 28 种传感器；在网络传输层采用主控芯片为三星 ARM Cortex A9 S5P4418 四核处理器的 Android 网关，该网关具有 10.1 寸电容液晶屏，集成 ZigBee、Wi-Fi、蓝牙、100M 以太网通信功能，内置 500W MIPI 高清摄像头、可选 GPS 或北斗定位模块等；使用远程智云服务器进行本地采集数据的推送和存储服务；在上层应用部分，本案例仅介绍基于 Web 的智云物联应用开发功能。

2. 相关背景

智能家居是以住宅为平台，基于物联网技术，由硬件（智能家电、智能硬件、安防控制设备、家具等）、软件系统、云计算平台构成的一个家居生态圈，实现人远程控制设备、设备间互联互通、设备自我学习等功能，通过收集、分析用户行为数据为用户提供个性化的生活服务，使家居生活更加安全、舒适、便捷。

随着人们安全意识的不断提高，家庭安防逐渐成为智能家居产品中崛起的一部分，其中涉及的产品包括智能门锁、家用摄像头、门磁传感器、红外报警器，等等。据相关

数据统计，家庭安防类设备在 2022 年已创造一个价值 870 亿美元的市场，这也是智能家居领域不可小觑的市场。

近日，权威机构发布的数据显示，从中国智能家居产品用户需求度情况来看，家庭安防是用户需求度最高的智能家居产品，需求度高达 92%（案例图 8-1）。

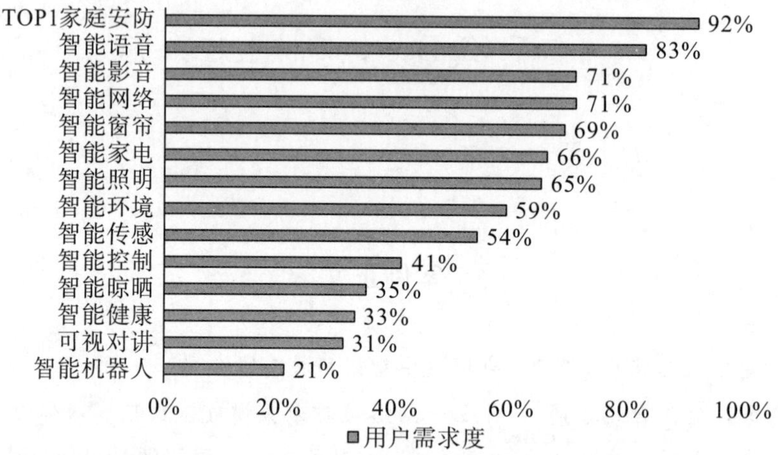

案例图 8-1　2021 年中国智能家居产品用户需求度

图片来源：前瞻产业研究院

从设备供应市场占比来看，家庭安防也是当前智能家居品类中市场份额最大的设备类别（案例图 8-2）。可见，智能安防设备已成为当前智能家居用户生活中首当其冲的智能化需求产品。

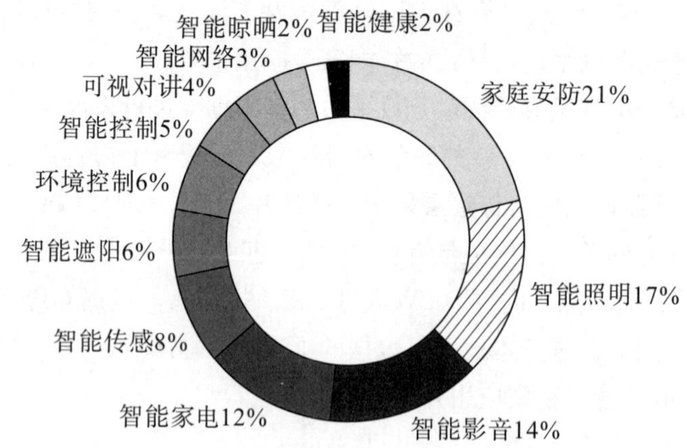

案例图 8-2　中国智能家居产业链供应设备占比

图片来源：前瞻产业研究院

在智能家居应用研发领域，中智讯科技有限公司自主研发了一套基于阿里云 ECS 的智云物联开发环境。智云物联是一个开放的公共物联网接入平台。该平台的系统设计分为三个部分：传感器硬件和接入互联网的通信网关，高性能的数据接入服务和海量存储，特定应用、处理结果展现服务。

智云物联基本框架由四个部分组成：全面感知、网络传输、数据中心和应用服务（案例图 8－3）。

案例图 8－3　智云物联基本框架

在全面感知层，为开发人员提供了多达 10 种无线核心板，包括 CC2530 ZigBee 模组、CC3200 Wi－Fi 模组、CC2541 蓝牙模组、CC1110 433M 模组、STM32W108 ZigBee/IPv6 模组、HF－LPA Wi－Fi 模组、HC05 蓝牙模组、ZM5168 ZigBee 模组、SZ05 ZigBee 模组、EMW3165 Wi－Fi 模组；40 多种教学传感器/执行器，100 多种工业传感器/执行器。可以开展智能家居、智能电网、智能安防、智能汽车、智能医疗等多个行业的物联网应用项目设计与研发。

在网络传输方面，中智讯的智云物联平台支持 ZigBee、Wi－Fi、Bluetooth、RF433M、IPv6、电力载波、RS485/ModBus 等无线/有线通信技术，自主设计的基于 JSON 数据通信格式的 ZXBee 轻量级通信协议易学易用，并且智能 M2M 网关集成 Wi－Fi/3G/100M 以太网等网络接口，支持本地数据推送及远程数据中心接入，采用 AES 加密认证。

数据中心采用高性能工业级物联网数据集群服务器，支持海量物联网数据的接入、分类存储、数据决策、数据分析及数据挖掘；自主研发的基于 B/S 架构的后台分析管理系统，支持 Web 对数据中心进行管理和系统运营监控，可以实现消息推送、数据存储、数据分析、触发逻辑、应用数据、位置服务、短信通知、视频传输等功能。

针对最上层的应用服务，智云物联开放平台提供 SensorHAL 层、Android 库、Web JavaScript 库等 API 二次开发编程接口，具有互联网/物联网应用所需的采集、控制、传输、显示、数据库访问、数据分析、自动辅助决策、手机/Web 应用等功能，可以基于该 API 开发一整套完整的互联网/物联网应用系统。

3. 主题内容

（1）感知层功能设计。

智能家居安防监控系统主要采集燃气、人体红外、光栅、火焰等信息，本案例中选择中智讯公司 xLabGreenHouse 实验平台中的以 CC2530 为主控芯片的绿色家居板卡为安防类信息的感知设备。

如案例图 8-4 所示，该绿色家居板卡共有 3 组 CC2530 无线模组，处于中间的一组为安防类传感器通信模组，可以采集人体红外、振动、燃气、光栅、霍尔以及火焰等数据信息，模组上的 RGB LED 可以模拟声光报警功能。

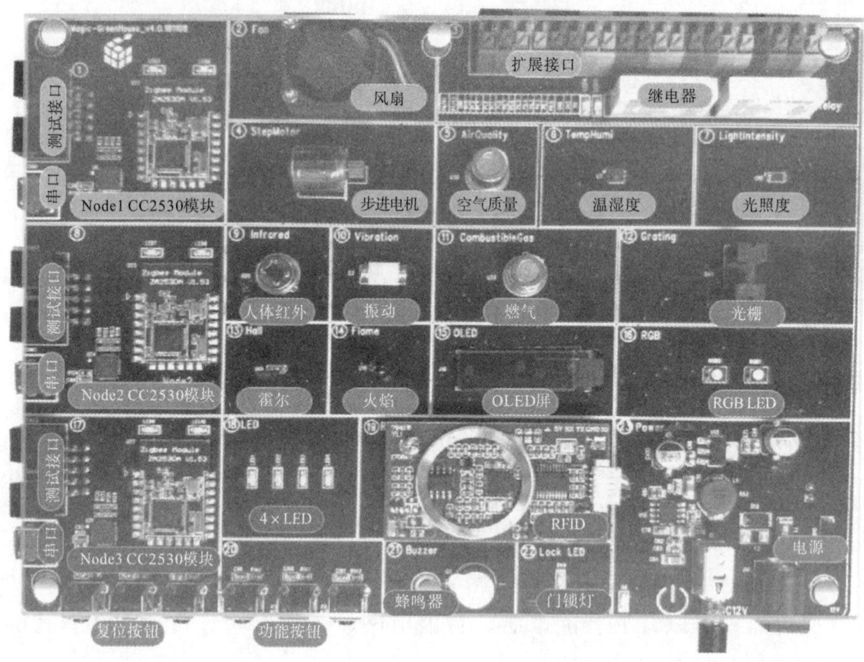

案例图 8-4　中智讯 xLabGreenHouse 绿色家居无线模组板卡实物图

以 CC2530 为主控芯片的无线模组可以运行 TI 的 Z-Stack（ZigBee 协议栈），并连接到 S4418 智能网关上搭载的 ZigBee 协调器所建立的 ZigBee 网络中，将采集到的传感器数据实时经由 ZigBee 网络发送给 ZigBee 协调器来进行转发处理。

TI 官方针对 Z-Stack 应用提供了一套完善的 ZigBee 网络通信项目源码，开发人员只需要将注意力专注于具体传感器驱动和功能开发，以及数据采集后的处理功能即可，而针对数据通过 ZigBee 网络的发送与接收功能，只需要调用源码中的具体接口即可实现。

（2）S4418 智能网关。

以三星 ARM Cortex A9 S5P4418 四核处理器为主控芯片的 Android 网关如案例图 8-5 所示，该网关设备搭载一块 10.1 寸电容液晶屏，集成 ZigBee、Wi-Fi、蓝牙、千兆以太网通信功能，内置 500W MIPI 高清摄像头、可选 GPS 或北斗定位模块，具备 USB 调试功能。

案例图 8-5　中智讯 ARM Cortex-A9 智能网关外观及构成解析图

该网关运行的是 Android 5.1 操作系统，并已经安装好网关配置服务及 ZCloudTools 程序（案例图 8-6）。通过网关配置服务，可以开启或停止远程智云物联平台的服务器访问功能，在没有互联网连接的情况下，也可以选择本地服务模式。

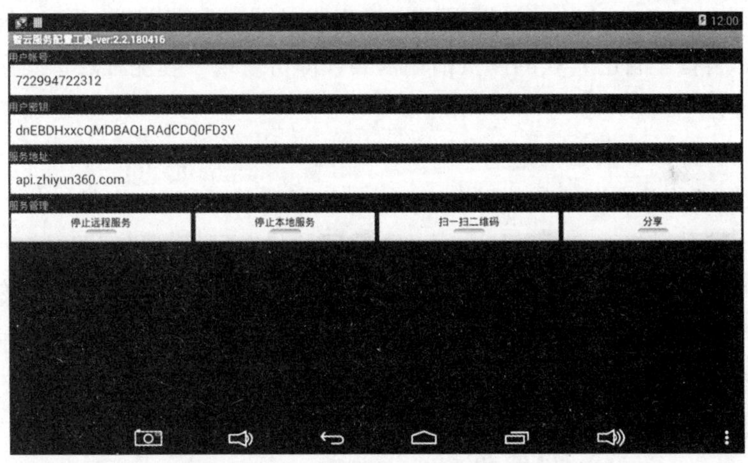

案例图 8-6　智能网关配置服务操作界面

（3）数据存储及处理功能。

在智能网关设备中，可以通过 ZCloudTools 程序的图形界面实时查看接入该网关的 ZigBee 协调器所构建网络的 ZigBee 节点信息，以及传感器所采集到的数据信息。

如案例图 8-7 所示，左上是 ZigBee 网络拓扑图，其中不同圆点表示的是远程智云平台、网关协调器节点、ZigBee 终端节点、ZigBee 路由节点。通过网络拓扑图，可以直观地看到 ZigBee 网络节点的连接情况。

图中左下显示的是绿色家居板卡上安防类传感器模块所采集的数据情况，包括当前传感器未检测到报警值和传感器检测到报警值。两路 RGB 灯可以通过“关、红、绿、蓝”四个按钮分别控制其状态。

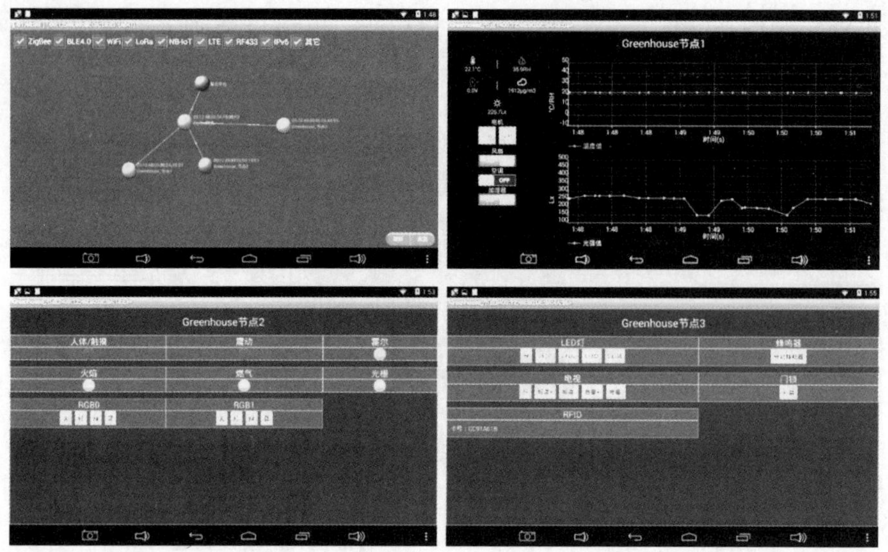

案例图 8-7　智云物联 ZCloudTools 数据展示及控制 UI 集合

（4）基于 Web 的应用功能。

中智讯公司在智云物联平台上提供了一套 Web JavaScript 的 API，开发人员通过引入 js 接口文件，参考 API 的接口规则连接远程服务器，发送数据查询指令，接收返回数据并解析，再搭配自己喜欢的网页前端框架，即可呈现一套优雅的智能家居安防监控系统网页端操作平台。

本案例网页界面开发基于 HTML5+CSS3+JavaScript 技术，选择 Bootstrap v4 作为 Web 应用界面的前端框架，选择 JQuery v3.7 作为 JavaScript 框架进行数据交互。界面中部署了火焰、燃气、人体红外和振动传感器的状态显示（案例图 8-8）。其中“在线”表示这些传感器的数据都与智云物联平台保持着数据传输的状态，当传感器采集的数据在正常范围内时，界面显示的所有传感器信息为正常。如果有燃气泄漏的情况，传感器检测到报警数据值后，会将数据实时上报到智云物联平台的数据中心，并且会在 Web 界面中反馈报警状态（案例图 8-9）。

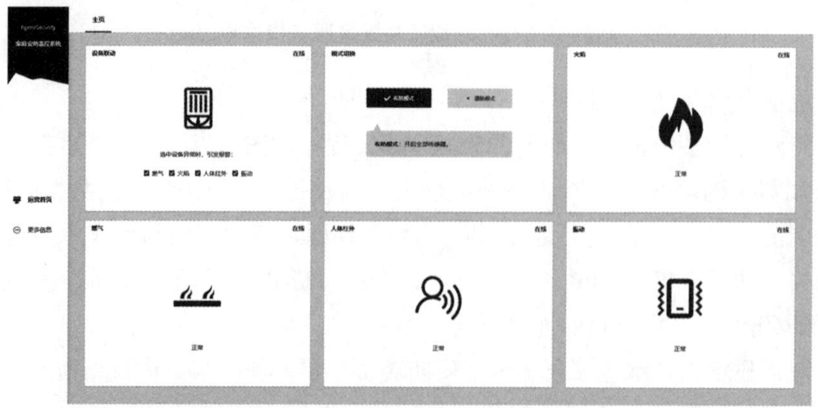

案例图 8-8　智能家居安防监控系统 Web 操作界面（传感器数据在线且正常）

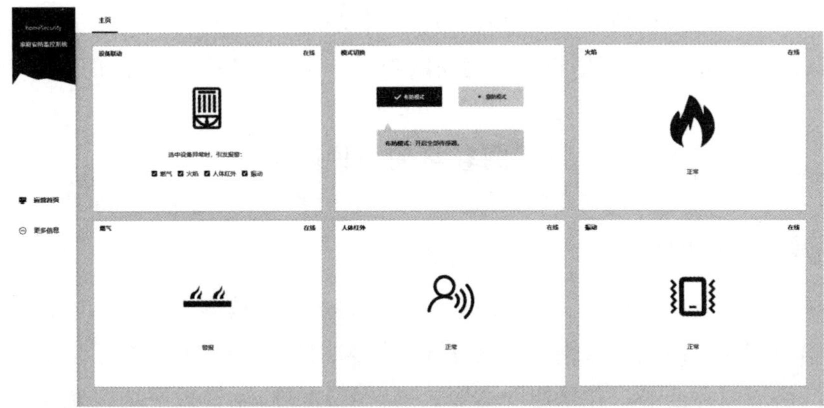

案例图 8—9　**智能家居安防监控系统** Web **操作界面（传感器数据在线且检测到燃气泄漏）**

本案例中的网页源码程序结构如案例图 8—10 所示。

案例图 8—10　HomeSecurity—Web **源码文件夹结构**

其中 index. html 为网页操作界面的入口文件，如果用户将该文件夹存放在本地计算机上，则只需要双击打开该文件即可查看到案例图 8—10 所示的界面。文件夹 css 中存放的是样式表文件，负责处理案例图 8—8 所示的界面布局和美化效果。文件夹 img 中存放的是网页中所需的图片或图标文件。文件夹 js 中存放的是智云物联平台的 Web JavaScript 接口文件、jQuery 文件以及其他网页交互中所需的 js 源码文件。

本案例中的网页源码可以部署在云端服务器上，通过网络域名方式访问，也可以部署在家庭自用联网的计算机上，通过点击网页文件进行访问。

4. 结尾

智能家居（Smart Home）是以家为平台，集建筑、自动化、智能化于一体的高效、舒适、安全、便利的家居环境。它的目标是通过网络等信息通信技术手段实现对家居整体环境的智能控制，使其能够按照人们的设定工作运行，而不论距离的远近。智能化与远程控制是智能家居的两大特点。

本案例主要介绍如何在智云物联平台框架下搭建一套基于 ZigBee 的家庭安防监控系统，该设计方案在智能家居应用领域具有代表性。中智讯科技有限公司自主研发的智云物联框架所提供的四层架构，以及数据通信协议和 Web JavaScript 接口，解决了物联网应用项目开发过程中复杂的网关协议转换以及云端数据库访问接口兼容的问题，这使得开发人员可以将主要精力集中在具体传感器设备的驱动和功能开发上，而轻量的基于 Web JavaScript 的 API 更是降低了物联网项目上层应用功能开发的门槛。

案例教学使用说明

1. 教学目的与用途

单片机原理与应用课程教学中往往会结合传感器讲解具体的应用。相比较于在计算机端通过串口方式与传感器数据进行交互而言，采用物联网、云计算等技术将传感器的数据通过网络传输到云端，并采用网页形式进行管理的应用模式更加容易吸引学生的学习兴趣，丰富的交互场景、所见即所得的网页版代码设计也容易让学生建立学习自信，有利于激发学生的创新意识。

将智能家居作为从单片机应用到进入物联网技术开发领域的教学案例，可以利用学生日常生活中与智能家居产品接触的经验，帮助学生快速建立智能家居项目应用原型，并以此开展丰富的应用设计。与此同时，通过学习智能家居项目的设计与开发，可以让学生掌握物联网应用技术的开发能力，建立物联网应用项目的工程思维，学会使用物联网云平台服务中的接口进行数据处理，并掌握最基本的物联网数据通信协议的开发。

2. 启发思考题

（1）什么是 ZigBee，ZigBee 有哪些特点？

（2）请说出 ZigBee 的工作频段与信道划分方案。

（3）ZigBee 的网络拓扑有哪些？

（4）ZigBee 的设备类型有哪些，分别有什么工作特点？

（5）请描述 Z－Stack 的体系结构。

（6）ZXBee 数据通信协议的数据格式采用 json 格式，请简要说明采用 json 格式的优势是什么？

（7）请简要说明智云物联平台基础框架中各个层的功能与作用。

3. 分析思路

智能家居是物联网工程的典型应用项目，一般物联网应用工程项目从系统架构上来看总体分成四个部分，按照从硬件到应用的次序，依次是感知层、网络传输层、数据存储层和用户终端应用层。具体结构请参考案例图 8－3。

（1）感知层。

感知层主要是利用传感器设备或模块对现实世界的信息进行收集。例如温度、湿度、光照强度、火焰、可燃气体浓度、分贝、空气质量、图像等，这些信息的采集需要依靠专用的传感器，并将数据以数字量或者模拟量的形式存储在单片机系统中。

在现场环境部署的感知设备往往不止一个，这些设备在空间分布的位置也不一样。通常需要两个或多个感知设备之间进行联动，例如：检测室内可燃气体浓度的传感器设备部署在厨房燃气管道卡口附近，而当燃气泄漏时会发出警报的声光报警器部署在客厅，当厨房的可燃气体传感器采集到可燃气体浓度达到预警值时，需要将这个“危险已发生”的信号传递到声光报警器上，并由此启动警报提醒人们“有燃气泄漏危险”。这种联动往往通过网络传输的方式实现。

本案例中选择 CC2530 作为感知层传感器模块的核心芯片，一方面是其内部继承了增强型的 8051CPU，拥有串行通信控制器、AD 转换、定时器以及电源管理等功能，另一方面是其内置了可以进行 ZigBee 通信的射频芯片，只要搭配 TI 的 Z-Stack 便可以轻松构建 ZigBee 网络，方便传感器模块之间的联动。

本案例中 CC2530 无线模组的驱动代码是基于 TI 的 Z-Stack 2.4.0 设计编写的，项目文件夹需要建立在“协议栈目录 \ Projects \ zstack \ Samples \ ”目录下才能正常运行。

为了保证 ZigBee 网络通信顺利，作为采集现场数据功能的 CC2530 无线模组只能选择 ZigBee 普通节点或者路由节点，还需要设置 ZigBee 通信信道的编号以及个域网 ID。这个配置信息在协议栈工程项目目录中“Tools”文件夹下名为“f8wConfig. cfg”的文件中（案例图 8-11）。

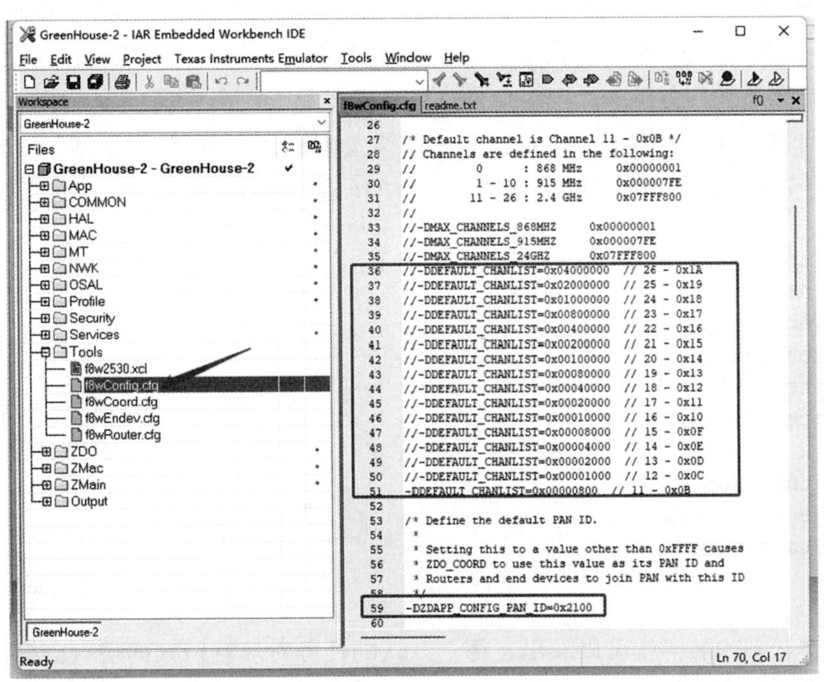

案例图 8-11　在 IAR 中查看编辑 Z-Stack 工程中的 ZigBee 网络参数配置信息

如案例图 8-11 所示，在 IAR 中打开项目工程的配置文件后，右侧编辑区中的36~51 行是 ZigBee 通信信道编号的选择部分，每行前的“//”表示本行被注释，图片中第 51 行没有注释符号，因而当前选择的信道编号是 11。在第 59 行，可以看到“PAN_ID”字样，这里配置的是 ZigBee 个域网的 ID，取值为 0x0000~0x3FFF 之间的数值，图片中配置了个域网的 ID 为 0x2100。

Z-Stack 的工作流程如案例图 8-12 所示，运行机制中最重要的是 OSAL 调度管理，而OSAL中的核心是对系统事件以及用户自定义事件的轮询。

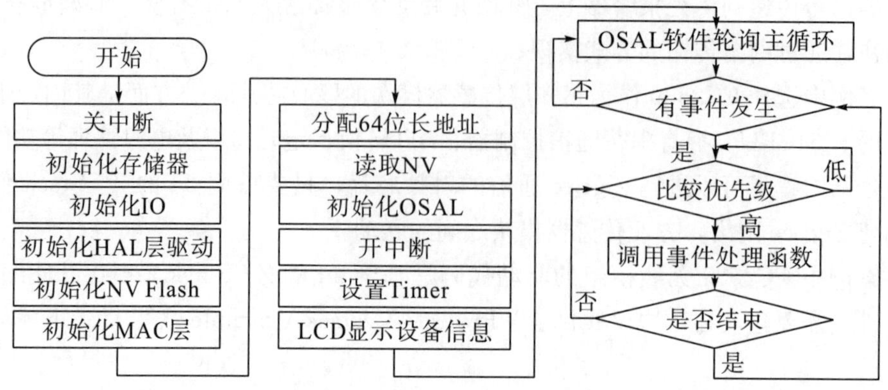

案例图8－12　Z－Stack **工作流程**

OSAL中判断事件是否发生是通过tasksEvents［idx］任务事件数组来进行的。在OSAL初始化的时候，tasksEvents［］数组被初始化为零，一旦系统中有事件发生，就用osal _ set _ event函数把tasksEvents［taskID］赋值为对应的事件。不同的任务有不同的taskID，这样任务事件数组tasksEvents就表示系统中哪些任务存在没有处理的事件。然后就会调用各任务处理对应的事件，任务是OSAL中很重要的概念。任务通过函数指针来调用，参数有两个：任务标识符（taskID）和对应的事件（event）。Z－Stack中有7种默认的任务，它们存储在taskArr这个函数指针数组中，定义如下：

```
const pTaskEventHandlerFn tasksArr[] = {
  macEventLoop,
  nwk_event_loop,
  Hal_ProcessEvent,
#if defined( MT_TASK )
  MT_ProcessEvent,
#endif
  APS_event_loop,
  ZDApp_event_loop,
  SAPI_ProcessEvent,
};
```

从7个任务的名字就可以看出，每个默认的任务对应着协议的层次。根据ZStack协议栈的特点，这些任务从上到下的顺序反映出了任务的优先级，如MAC事件处理macEventLoop的优先级高于网络层事件处理nwk _ event _ loop的优先级。这7个任务中的最后一个，也就是“SAPI _ ProcessEvent”是指“Simple API Task event processor”，用于处理所有的除系统事件外的其他事件，包括定时器事件、收发消息事件以及其他的用户自定义事件。

当OSAL在轮询到SAPI _ ProcessEvent任务时，如果这时有用户自定义事件发生，那么OSAL调度就会进入SAPI _ ProcessEvent函数内，并进入与当前发生的事件ID值匹配的判断语句中执行（案例图8－13）。

```
  // This must be the last event to be processed
  if ( events & ( ZB_USER_EVENTS ) )
  {
    // User events are passed to the application
#if ( SAPI_CB_FUNC )
    zb_HandleOsalEvent( events );
#endif

    // Do not return here, return 0 later
  }
```

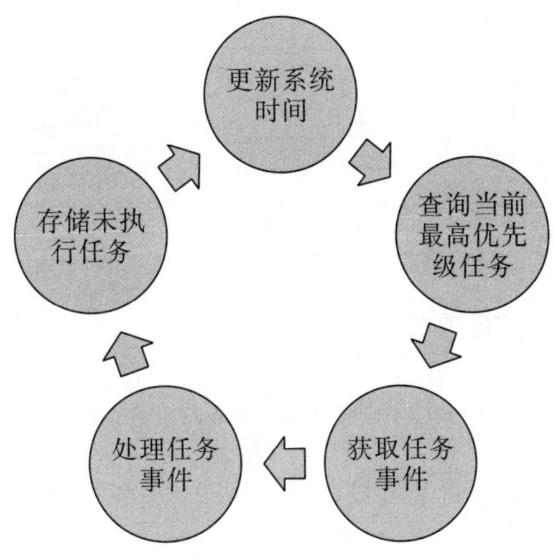

案例图 8－13　Z－Stack OSAL **任务轮询示意图**

上面的代码取自 sapi. c 文件中 SAPI _ ProcessEvent 函数内的最后一个事件匹配判断，其中“ZB _ USER _ EVENTS”是在“sapi. h”文件中定义的一个用户自定义事件常量名，“zb _ HandleOsalEvent”是 sapi 事件处理函数，该函数根据“events”所传递的用户自定义事件 ID 值来转到具体的功能进行处理。

TI 官方为了方便用户通过 Z－Stack 协议栈实现快速的 ZigBee 项目开发，提供了一个功能最为全面的例程 SimpleApp，并把 Z－Stack 关键接口都封装在了“sapi. c”文件中，主要函数如案例表 8－1 所示。

案例表 8－1　Z－Stack **主要函数**

函数名称	函数说明
zb_HandleOsalEvent()	sapi 事件处理函数，当一个任务事件发生之后，调用这个函数
zb_StartConfirm()	当 ZStack 协议栈启动完成后，进行入网确认时执行这个函数
zb_ReceiveDataIndication()	当接收到下行无线数据后，调用这个函数
zb_SendDataRequest()	节点发送无线数据包函数
osal_start_timerEx()	启动系统定时器，触发用户传感器事件

根据这些关键接口和项目应用需求可以设计出如案例图 8－14 所示的 SAPI 框架调用关系。

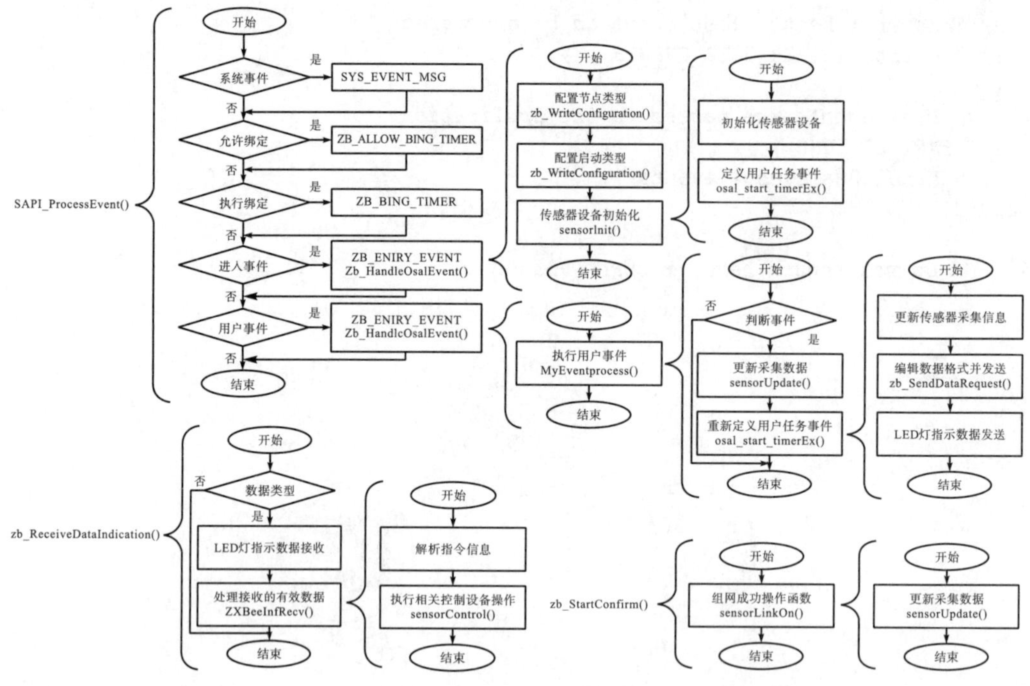

案例图 8－14　Z－Stack OSAL SAPI **框架与项目功能函数调用关系图**

针对本案例的功能需求，对关键接口进行修改，并编写合理的传感器驱动及功能函数即可。

（2）网络传输层。

网络传输层中需要一个网关设备，这个设备一方面在物联网应用工程架构中负责构建一个有线或无线的网络环境，所有传感设备都可以接入这个网络环境中与网关设备进行通信；另一方面，这个网关设备还需要将传感器提交的数据信息向上层的数据存储层传输。

网关与感知层的设备进行数据通信可以采用有线和无线两种形式。其中有线通信主要以串口通信为主；无线通信又分为短距离与长距离两种情况：短距离无线传输可以选择 ZigBee、蓝牙或者 Wi－Fi，长距离无线传输可以选择 LoRa 或者 NB IoT。

网关与数据存储层之间进行数据传输也分为有线和无线两种形式。网关设备可以通过以太网网线与互联网的数据存储中心进行数据传输，也可以选择 4G 或者 5G 移动通信方式与互联网的数据存储层进行无线方式的数据传输。

由于网关设备本身集成了多种网络通信协议，因此不能由单片机来承担核心任务，需要选择可以运行多任务操作系统的高性能处理器来承担。考虑到设备本身的工作主要是数据的收发和转存，因而选择 ARM 系列处理器并运行开源的 Linux 操作系统会更加符合应用需求。

本案例中选择采用以三星 ARM Cortex A9 S5P4418 四核处理器为主控芯片的 Android 网关则十分符合上述分析。

网络传输层还有一个重要的资源需要配置，那就是感知层与网关设备之间进行数据通信的通信协议。本案例中的通信协议选择的是 json 格式封装，具体协议内容的定义如案例表 8-2 所示。

案例表 8-2　智能家居安防监控网络数据通信协议

查询指令	描述	反馈指令	描述
{A0=?}	人体红外状态检测	{A0=0} {A0=1}	0 表示未检测到 1 表示检测到
{A1=?}	振动状态检测	{A1=0} {A1=1}	0 表示未检测到 1 表示检测到
{A3=?}	火焰状态检测	{A3=0} {A3=1}	0 表示未检测到 1 表示检测到
{A4=?}	燃气泄漏状态检测	{A4=0} {A4=1}	0 表示未检测到 1 表示检测到

（3）数据存储层。

传感器采集的数据经过网关设备传递到数据存储中心后，需要利用专门的数据库管理工具对这些数据进行存储和管理。一般会选择云服务器承担这一角色。云服务器可供选择的品牌很多，可以根据工程项目的具体需求来制订云服务器产品的选购计划。当然对于一些物联网工程项目来说，如果数据涉密，就需要自己搭建云服务器的运行环境。但无论是云服务器运营商提供的产品，还是自行搭建的云服务器，数据存储中心只需要考虑将具体的数据存放在哪种数据库即可。MySQL、Oracle、SQL Server 都是非常优秀的数据管理系统，选择哪种要具体情况具体分析。

本案例中的数据存储中心部署在阿里云，选择 MySQL 数据库对智能家居的安防检测数据进行存储。这一方案的制订主要考虑到两个方面的指标：数据存储中心的部署成本和运维能力。

就部署成本来讲，因为数据不涉密，所以购置一台高性能服务器并架设网络专线及不间断电源控制进行长期运行的成本远远高于选择云服务器运营商所提供的产品。

就运维能力来说，自购服务器设备需要安排专门的机房，架设网络专线和 UPS，而且当网络访问需求量增加时还需要另外购置服务器，需要配备专门的人员进行设备的监管；考虑有网络病毒或者攻击的可能，不仅要保护网络安全，还要对数据进行备份等。

无论从部署成本还是从运维能力来看，对于中小型企业来说，选择云服务运营商提供的产品都是最好的方案。

MySQL 数据库有免费的版本可供使用，兼容 Windows、Linux 及 MacOS 等多种操作系统，并且在 RDBMS 方面有着足够的运行能力，网络上可供参考的资料也很多，因此经常在中小型的物联网工程项目中被采用。

（4）用户终端应用层。

物联网工程项目建设的目的是通过采集现场环境数据，进行分析后做出响应动作。这些响应动作有的是智能化自动完成的，有的则需要通过分析工具进行处理后由人为操作。无论是哪种响应动作，作为管理者的人们都希望可以随时随地对物联网环境中设备的运行情况进行掌控。为了达到使用者的需求，可以采用在用户手持设备（个人手机或专用嵌入式移动设备）中安装应用软件（App）的方式，也可以采用在云端部署网页的形式来实现。

随着网页前端开发技术的不断成熟，许多应用性能良好且免费的功能框架应运而生。这些开发框架都提供了“脚手架”功能，开发人员只需要执行几个简单的命令或者编写几句简单的代码就能把一个基本的网页应用环境搭建起来。

对于通过网页形式展现的功能应用，可以随时修改随时使用，网页应用的优点包括开发的技术门槛低、成本低，并且维护成本低。

本案例中的用户终端应用就是采用 Bootstrap+jQuery 来搭建的网页应用程序。传感器信息以及智云物联网络连接的参数在 config. js 文件中进行配置，代码如下：

```
1  //id key等参数配置文件：修改后请点击版本日志后的清除localStorage按钮
2  var config = {
3      'id': '1234567890',
4      'key': 'ABCDEFGHIJKLMNOPQRSTUVWXYZ',
5      'server': 'api.zhiyun360.com',
6      'Sensor_B': "00:00:00:00:00:00:00:00",
7      'Sensor_C': "00:00:00:00:00:00:00:00",
8      'mode': 'secutiry-mode',                    //布防模式,另一个是撤防模式(homeout-mode)
9  }
10 
11 var sensors = {
12     body: {                                      //人体
13         tag: "A0",
14         query: "{A0=?}"
15     },
16     vibrate: {                                   //震动
17         tag: "A1",
18         query: "{A1=?}"
19     },
20     fire: {                                       //火焰
21         tag: "A3",
22         query: "{A3=?}"
23     },
24     gas: {
25         tag: "A4",
26         query: "{A4=?}"
27     },
28     switch: {                                    //警报开关（bit3）
29         tag: "D1",
30         query: "{D1=?}",
31         open: "{OD1=8,D1=?}",
32         close: "{CD1=8,D1=?}"
33     },
34     all: "{A0=?,A1=?,A3=?,A4=?,D1=?}",           //查询所有传感器状态
35 }
```

以上代码中的第 3 行的 id 和第 4 行的 key 是智云物联平台为每一个接入的网关设备所生成的独立的密钥信息，第 5 行的 server 是智云物联平台的网址，第 6 行和第 7 行的 Sensor _ B 和 Sensor _ C 表示的是接入网关的传感器模块上 CC2530 的 Mac 地址，这个地址是全球唯一的 64 位物理地址。

从第 11 行开始是针对当前项目中网络通信协议编写的配置代码，这些代码与案例表 8－1 中的内容是一致的。

正确配置 config. js 文件的内容后，就可以在浏览器中看到案例图 8－9 所示的智能家居安防监控界面的展示内容了。

4. 理论依据与分析

该案例需要学生掌握 ZigBee 的有关概念、ZigBee 的设备种类、个域网 ID、通信信道编号，并且掌握 Z－Stack 协议栈的框架结构、OSAL 运行机制，以及 SAPI 框架的开

发流程。此外，掌握如何针对物联网工程项目设计专门的通信协议也是十分必要的，特别是对于一些有特殊用途的通信数据，使用专用协议会更加安全。

5. 背景信息

智能家居是物联网工程项目应用中与学生的日常生活最能找到相关点的应用案例。学生在学习了单片机、传感器、短距离无线网络通信的有关知识后，利用智能家居项目的拓展训练可以锻炼自己对物联网工程应用项目的分析、设计与开发能力。

6. 关键点

本案例中的关键点在于掌握 ZigBee 通信的有关概念，Z-Stack OSAL 中 SAPI 框架关键接口的开发，以及在制定好数据通信协议后在“感知层”和“用户端应用层”对协议内容的解析与封装。

7. 建议课堂计划

本案例教学宜安排在讲解完 ZigBee 有关概念、Z-Stack 协议栈、基于 HTML5 的网页设计等知识的基础上开展。可根据实验设备的数量安排每组 3～5 人共同完成该案例的项目设计，并引导学生对案例功能进行有意义的改进，激发学生的创新意识。建议学时为 15 学时。

8. 相关附件

本案例功能的有关源码已分享至学习通，可通过以下链接访问下载。

https://pan-yz.chaoxing.com/external/m/file/761775685191184384

案例9　智能家居系统

——基于 BLE 的灯光控制系统

案例正文

作者：刘华（石家庄学院）

内容提要：案例介绍了通过微信小程序连接智能家居环境中的蓝牙低功耗控制模块，并通过小程序的操作界面发送蓝牙控制命令，实现家庭灯光环境的亮灭控制。案例选择以乐鑫 ESP32－WROOM－32 开发板为蓝牙低功耗主控模块，板载 LED 用于模拟家庭灯光系统。选用 uni－App 作为微信小程序的开发框架，HBuilder X 3.4.18 为 uni－App 开发的 IDE。

关键词：智能家居、BLE、智能灯光控制

1. 引言

智能化的灯光调控可以营造舒适、温馨的家庭氛围，智能家居时代，灯光已经不仅仅是照明的作用了，利用灯光的颜色和不同的亮度可创造出立体感、层次感，让家庭生活变得浪漫多彩。

家庭灯具智能化调控的实现，需要打造一套智能灯控照明系统。本案例采用 BLE 4.0 蓝牙低功耗技术，提供基于微信小程序的灯光控制操作界面，通过低功耗蓝牙芯片 ESP32 与微信小程序连接，实现手机对灯光的智能控制与管理。

2. 相关背景

蓝牙低功耗（Bluetooth © Low Energy，或称 Bluetooth © LE、BLE）是蓝牙技术联盟设计和销售的一种个人局域网络技术，旨在满足医疗保健、运动健身、信标(Beacon)、安防、家庭娱乐等领域的新兴应用。相较经典蓝牙，蓝牙低功耗技术能够在保持同等通信范围的同时显著降低功耗和成本。由于低功耗的特点，BLE 经常用在各种常见的可穿戴装置及物联网装置上，使用纽扣电池就可以运行数月至数年，体积小、成本低，并与现有的大部分手机、平板电脑和计算机兼容。

蓝牙技术联盟发布的《2022 年蓝牙市场最新资讯》一文中提到："尽管 2020 年对全球范围内的许多市场来说都是艰难的一年，但在 2021 年，蓝牙市场开始迅速反弹至疫情前的水平。事实上，分析师预测，在 2022 年，蓝牙市场从疫情困境中恢复的速度

将比最初预计的更快。分析师预计，2021 年到 2026 年，蓝牙设备的年出货量将增长 1.5 倍，复合年增长率（CAGR）为 9%（案例图 9-1）。”

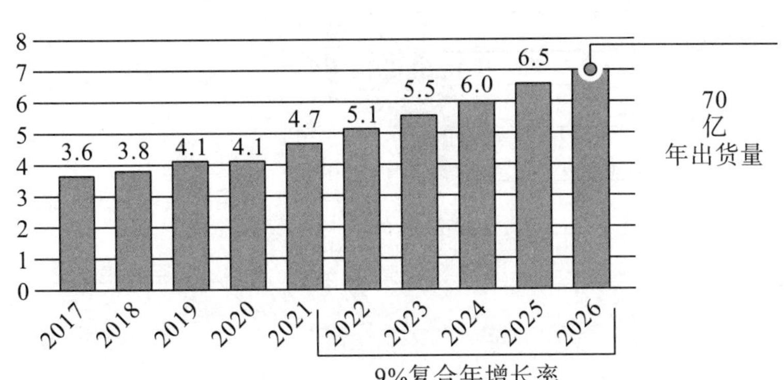

案例图 9-1　蓝牙设备年度总出货量

数据来源：蓝牙技术联盟《2022 年蓝牙市场最新资讯》

如今，从智能手机、平板电脑到笔记本电脑，所有关键平台设备都包含经典蓝牙和低功耗蓝牙（即双模蓝牙）。特别是智能手机，目前（截至 2022 年 6 月）几乎所有的智能手机都支持双模蓝牙，针对通过智能手机进行蓝牙设备控制的应用场景也逐渐走进我们的日常生活。其中最为普遍的就是蓝牙耳机、蓝牙手表等。近年来在家庭装修领域，越来越多的人选择采用蓝牙智能灯控系统打造更加智能、环保、富有科技感的家居环境。

据蓝牙技术联盟《2022 年蓝牙市场最新资讯》描述，蓝牙是实现智能家居设备联网的关键技术之一，蓝牙已经成为许多智能家居解决方案的首选应用技术，并且还在不断扩大其在家居物联网中的作用。在案例图 9-2 所示的 2022 年蓝牙智能家居设备出货情况中展示了各种蓝牙设备的出货比例，其中智能照明占到了 33%，应用市场潜力巨大。这主要得益于 LED 的普及，以及用户对更高能效、更快部署能力和更高质量使用体验的渴望。

在我国，易来（Yeelight）属于在研发与销售家居智能灯光控制产品方面涉足较早的公司。该公司于 2012 年在青岛成立，从 2013 年 5 月发布第一代智能 LED 灯泡产品，到 2014 年加入小米生态链，发展到 2019 年时已经达到智能照明产品全球出货量第三、中国第一的水平，其用户遍布全球 200 多个国家和地区，智能设备日活跃数超 600 万台，是目前最具潜力的智能硬件公司之一。

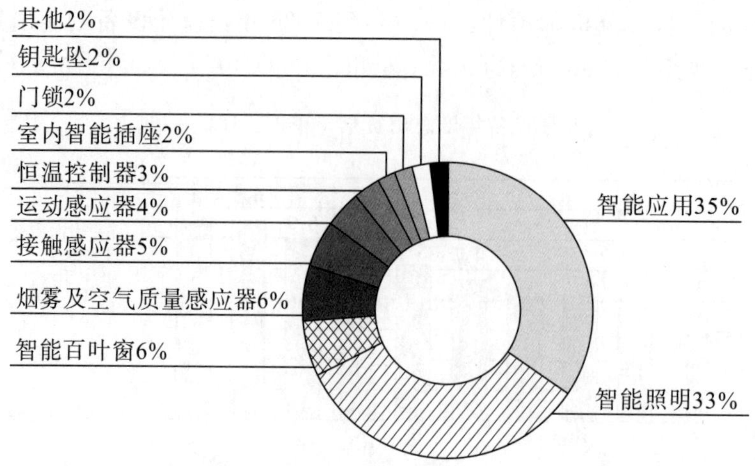

案例图 9－2　2022 年蓝牙智能家居设备出货情况

数据来源：蓝牙技术联盟《2022 年蓝牙市场最新资讯》

3. 主题内容

本案例主要介绍如何利用微信小程序与蓝牙低功耗主控芯片连接，通过蓝牙通信方式控制与主控芯片连接的 LED 小灯的亮灭。案例重点关注的是通过 microPython 对 ESP32 核心板载 LED 设备的控制，以及微信小程序中蓝牙功能的开发。

（1）ESP32 DEVKIT V1 开发板。

ESP32 DEVKIT V1 开发板上采用的 ESP32－WROOM－32 是一款通用型 Wi－Fi+Bluetooth+Bluetooth LE MCU 模组，其功能强大，用途广泛，可以用于低功耗传感器网络和要求极高的任务，例如语音编码、音频流和 MP3 解码等。

此款模组的核心是 ESP32－D0WDQ6 芯片，具有可扩展、自适应的特点。两个 CPU 核可以被单独控制。时钟频率的调节范围为 80～240MHz。用户可以切断 CPU 的电源，利用低功耗协处理器来不断地监测外设的状态变化或某些模拟量是否超出阈值。ESP32 还集成了丰富的外设，包括电容式触摸传感器、霍尔传感器、低噪声传感放大器、SD 卡接口、以太网接口、高速 SDIO/SPI、UART、I2S 和 I2C 等（案例图 9－3）。

在 ESP32 DEVKIT V1 开发板上有两个 LED 小灯，一个是红色的，一个是蓝色的，其中红色的 LED 在开发板通电后就会长亮，用于表示当前的通电状态。另一个蓝色的 LED 可以通过代码控制其亮灭，本案例就是利用该蓝色 LED 模拟蓝牙智能灯泡。具体电路如案例图 9－4 所示。

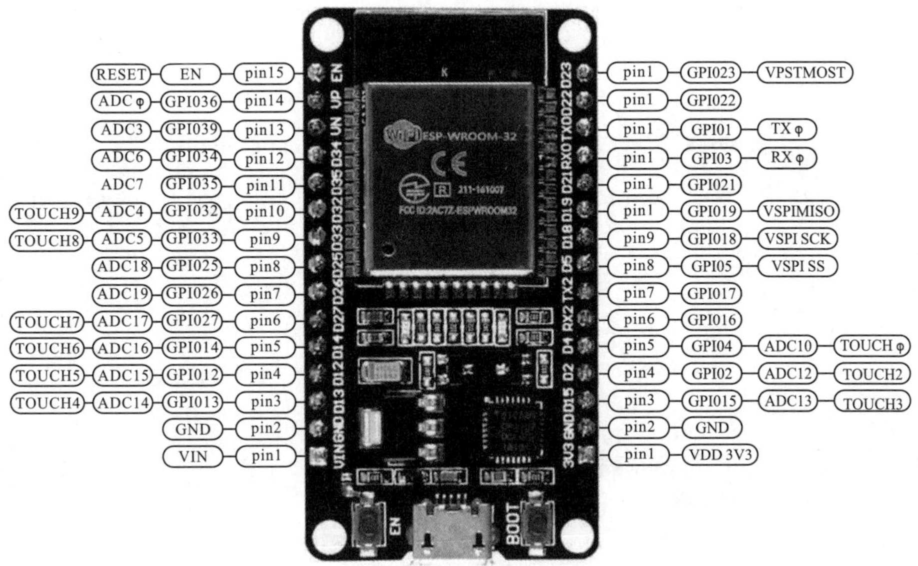

案例图 9-3　ESP32 DEVKIT V1 **的** GPIO **说明图**

GPIO2　ELUE1　R6　1K　GND

案例图 9-4　ESP32 DEVKIT V1 **开发板上蓝色** LED **的电路原理图**

（2）通过 microPython 控制 ESP32 DEVKIT V1 开发板上蓝色 LED 的亮灭。

MicroPython 是 Python 3 编程语言的精简高效实现，其中包括 Python 标准库的一小部分，并且经过优化，可在微控制器和受限环境中运行，它的最小体积仅 256K，运行时仅需 16K 内存。

MicroPython 可以运行在多种硬件平台中，截至目前（2022 年 7 月），MicroPython 的版本号为 v1. 19. 1。本案例选择的是 MicroPython 针对 ESP32 的固件“esp32-20220618-v1. 19. 1. bin”，可以选择多种开发工具将该固件烧写至板载核心芯片 ESP32-WROOM-32 中，之后便可以使用 Python 编写控制 LED 亮灭的代码。

（3）微信小程序蓝牙应用功能开发。

微信小程序将各平台的蓝牙功能通过统一的接口封装提供给开发者使用。利用小程序的蓝牙接口，开发者可以通过无线方式与其他蓝牙设备交换数据。

小程序功能的开发平台可以选择微信官方提供的微信开发者工具。对于具有前端网页开发经验的人员来说，还可以选择 uni-App 作为微信小程序功能的开发框架。

uni-App 是一个使用 Vue. js 开发所有前端应用的框架，开发者编写一套代码，可以发布到 iOS、Android、Web（响应式），以及各种小程序（微信/支付宝/百度/头条/飞书/QQ/快手/钉钉/淘宝）、快应用等多个平台（案例图 9-5）。

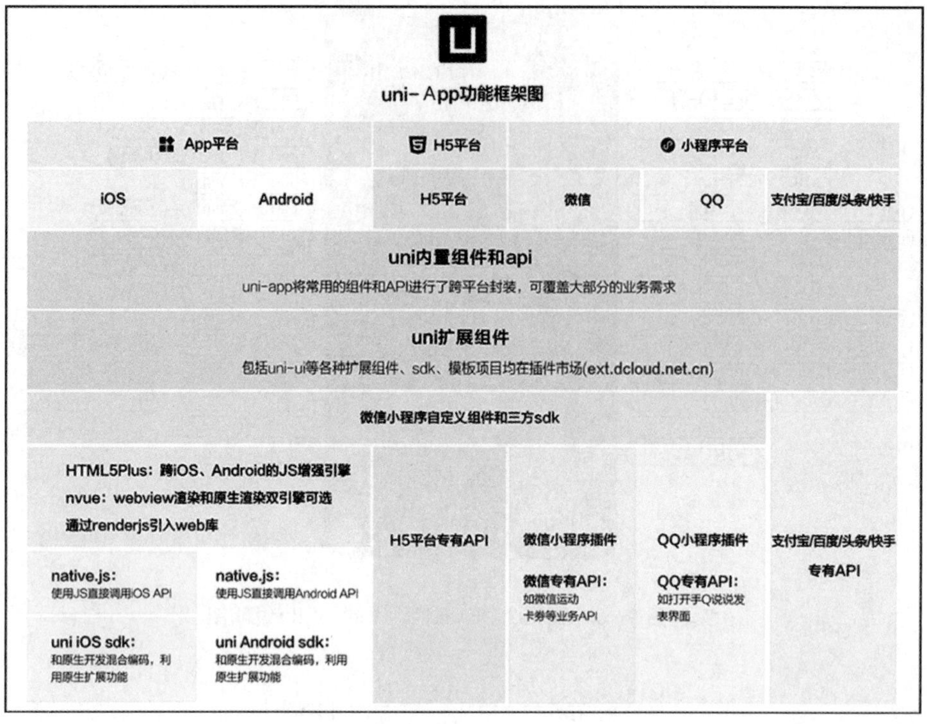

案例图 9-5　uni-App 功能框架图

本案例采用微信小程序实现了智能蓝牙设备的查找，蓝牙设备上 LED 状态的查询，LED 打开与关闭的控制，具体实现界面见案例图 9-6。

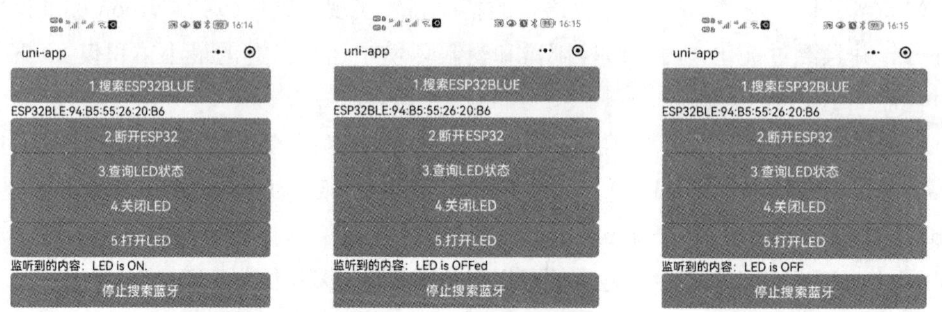

案例图 9-6　基于 uni-App 的蓝牙智能灯控制界面效果

小程序启动后会自动搜索“name”为 ESP32BLE 的蓝牙设备，找到后即进行连接，通过点击打开 LED 或关闭 LED 按钮可以实现对 ESP32 DEVKIT V1 上的蓝色 LED 亮灭的控制。蓝色 LED 打开的效果如案例图 9-7 所示。

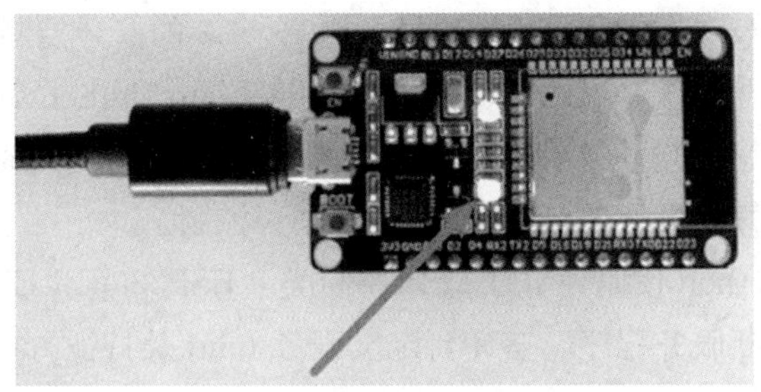

案例图 9－7　ESP32 DEVKIT V1 **开发板上蓝色** LED **亮**

4. 结尾

蓝牙低功耗应用场景很多，其中智能灯光控制最为直观。本案例仅从应用层面介绍如何通过微信小程序对蓝牙智能灯进行控制，并未深入探讨蓝牙低功耗技术的协议。

案例教学使用说明

1. 教学目的与用途

在物联网生态系统的搭建中，低功耗蓝牙无疑是最好的选择，它的优势比较明显：成本低、功耗低、传输快、移动终端设备普及率广，等等。因此，越来越多的智能家居、智能穿戴、医疗设备等将低功耗蓝牙通信协议视为首选。

通过学习如何使用 MicroPython 编写代码，用以控制 ESP32 DEVKIT V1 上的 LED，并学习如何利用强大的 uni－App 框架开发具有蓝牙控制功能的微信小程序，实现一套通过手机微信小程序就能够控制具有蓝牙通信功能的智能灯设备，可以让学生在体验蓝牙应用开发的同时，感受到我们的生活因为物联网技术的应用所带来的改变。

2. 启发思考题

(1) 什么是蓝牙?

(2) 什么是蓝牙低功耗技术?

(3) 目前比较流行的具有蓝牙低功耗技术的 SoC 有哪些?

(4) 蓝牙低功耗技术的特点有哪些?

(5) 什么是 MicroPython?

(6) 简要描述 ESP32－WROOM－32 的技术特点。

(7) uni－App 开发框架的技术优势有哪些?

3. 分析思路

(1) 熟悉 ESP32 DEVKIT V1 的外围设备及电路图。

ESP32 DEVKIT V1 开发板上选择的主控芯片是 ESP32－WROOM－32，板载一红一蓝两个 LED。红色 LED 用于显示当前开发板的通电状态，蓝色 LED 是可编程控制的 LED。通过阅读 ESP32 DEVKIT V1 开发板的电路图可以获取控制蓝色 LED 亮灭的引脚信息（案例图 9－4）。

（2）使用 MicroPython 编译 ESP32－WROOM－32 的蓝牙控制功能。

MicroPython 的语法与 Python3 完全兼容，将 MicroPython 针对 ESP32 的固件烧写至 ESP32－WROOM－32 内，即可通过编写 Python 代码实现通过蓝牙连接后，对 ESP32 DEVKIT V1 开发板上蓝色 LED 小灯的亮灭控制。

本案例中通过 Python 代码建立了蓝牙控制类“ESP32 _ BLE”，设计了蓝牙连接、断开连接、蓝牙的中断服务程序、蓝牙自定义服务 uuid 及特征 uuid 注册、蓝牙数据的发送、蓝牙广告的功能。

蓝牙的中断服务程序主要判断当前蓝牙状态是什么，然后根据状态码做出相应的反馈动作。具体代码如下：

```
def ble_irq(self, event, data):
    global BLE_MSG
    if event == 1: #_IRQ_CENTRAL_CONNECT 手机链接了此设备
        self.connected()
    elif event == 2: #_IRQ_CENTRAL_DISCONNECT 手机断开此设备
        self.advertiser()
        self.disconnected()
    elif event == 3: #_IRQ_GATTS_WRITE 手机发送了数据
        buffer = self.ble.gatts_read(self.rx)
        BLE_MSG = buffer.decode('UTF-8').strip()
```

蓝牙自定义服务 uuid 及特征 uuid 注册是基于蓝牙低功耗协议栈中通用属性规范（Generic Attribute Profile，GATT）层的格式要求来设计的。GATT 本身不提供数据，而是将 ATT 层提供的属性组合起来构成服务。一个 BLE 设备可以由多个服务组成，一个服务可以包含多个特征，一个特征可以包含多个属性（案例图 9－8）。

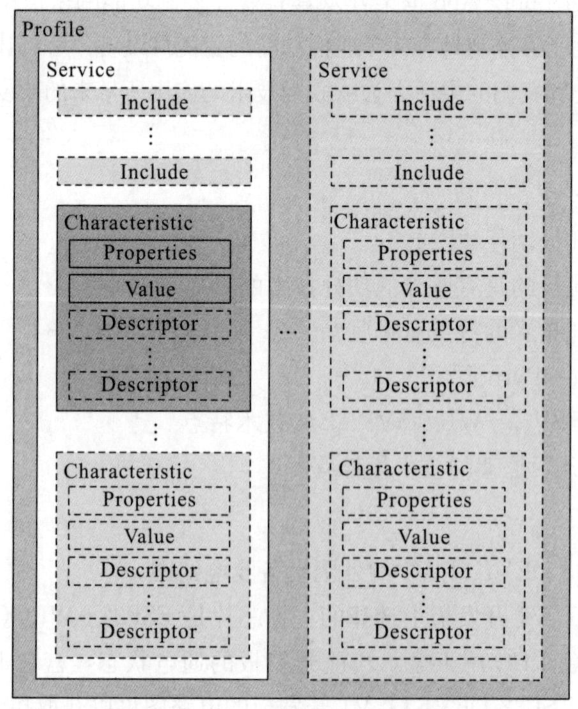

案例图 9－8　GATT Profile 架构示意图

我们如果想要开发属于自己的蓝牙应用，就需要设计自定义的蓝牙服务，并给服务指定 uuid，以及服务中的特征 uuid，而将这些 uuid 注册到蓝牙芯片中就是将这些服务的 uuid 以及对应的特征 uuid 写入 Flash 中。

因为是自定义的服务和特征，所以不能使用与蓝牙技术联盟规定重复的 uuid。实现服务及特征注册的代码如下：

```
def register(self):
    service_uuid = 'a36fad01-f61d-47aa-97d5-4ca689fdd4dd'
    reader_uuid = 'a36fad02-f61d-47aa-97d5-4ca689fdd4dd'
    sender_uuid = 'a36fad03-f61d-47aa-97d5-4ca689fdd4dd'

    services = (
        (
            bluetooth.UUID(service_uuid),
            (
                (bluetooth.UUID(sender_uuid), bluetooth.FLAG_NOTIFY),
                (bluetooth.UUID(reader_uuid), bluetooth.FLAG_WRITE),
            )
        ),
    )

    ((self.tx, self.rx,), ) = self.ble.gatts_register_services(services)
```

上述代码中定义了一个服务 uuid（service _ uuid），针对这个服务定义了两个特征 uuid（reader _ uuid 和 sender _ uuid），这两个特征分别对应“监听”和“写”蓝牙的功能。

在主程序中，通过无线循环体内的判断分支，针对当前“写入”蓝牙的消息内容做出对应的动作，具体代码如下：

```
while True:
    if BLE_MSG == 'read_LED':
        print(BLE_MSG)
        BLE_MSG = ""
        print('LED is ON.' if led.value() else 'LED is OFF')
        ble.send('LED is ON.' if led.value() else 'LED is OFF')
    if BLE_MSG == 'off_LED':
        print(BLE_MSG)
        BLE_MSG = ""
        led.value(0)
        print('LED is turned off')
        ble.send('LED is OFFed')
    if BLE_MSG == 'on_LED':
        print(BLE_MSG)
        BLE_MSG = ""
        led.value(1)
        print('LED is turned on')
        ble.send('LED is ONed')
    sleep_ms(100)
```

（3）利用 uni－App 框架编写具有蓝牙功能的微信小程序。

微信小程序端通过蓝牙与 ESP32 DEVKIT V1 开发板建立连接后，对开发板上蓝色 LED 小灯的亮灭控制是基于蓝牙串口透传的功能，微信开发平台将这些通用的功能封装在了相应的蓝牙功能模块中，编写代码时只需要了解调用哪些蓝牙通信功能函数即可。

所有的蓝牙功能都必须在对蓝牙模块进行初始化之后才可以执行，蓝牙初始化的 API 是“uni. openBluetoothAdapter”，这里将其放在小程序界面启动后的 onShow 方法中，即开启小程序后立刻初始化蓝牙模块。具体代码如下：

```
onShow(){
    uni.openBluetoothAdapter({
        success:(res)=> { //已打开
            uni.getBluetoothAdapterState({//蓝牙的匹配状态
                success:(res1)=>{
                    console.log(res1,'本机设备的蓝牙已打开')
                },
                fail(error) {
                    uni.showToast({icon:'none',title: '查看手机蓝牙是否打开'});
                }
            });
        },
        fail:err=>{ //未打开
            uni.showToast({icon:'none',title: '查看手机蓝牙是否打开'});
        }
    })
},
```

蓝牙模块初始化成功后，可以调用“uni. startBluetoothDevicesDiscovery”搜索周围的蓝牙设备，如果发现了，就可以调用“uni. onBluetoothDeviceFound”获取所有搜索到的蓝牙设备的名称和设备 ID。

案例图 9-6 中所示的“ESP32BLE：”字样就是设备的 name 值，这个值可以通过编写 Python 代码进行设置。在案例图 9-6 中看到的“94：B5：55：26：20：B6”是 ESP32-WROOM-32 的 ID，这个值是全球唯一的。

当发现设备后，就可以使用“uni. createBLEConnection”进行设备连接，并通过“uni. writeBLECharacteristicValue”对自定义服务的特征进行写操作，同时利用“uni. notifyBLECharacteristicValueChange”开启蓝牙接口的监听服务，并通过调用“uni. onBLECharacteristicValueChange”在监听到特征值有变化时，对小程序界面的内容进行更新。

4. 理论依据与分析

该案例需要学生掌握蓝牙低功耗协议栈的有关概念，特别是 GATT 层的有关知识后，才能正确理解蓝牙低功耗通信中自定义服务的设计方法。

5. 背景信息

智能家居是物联网工程项目应用中与学生日常生活关联最多的应用案例。学生在学习了单片机、传感器、短距离无线网络通信的有关知识后，利用智能家居项目的拓展训练可以锻炼自己对物联网工程应用项目的分析、设计与开发能力。

6. 关键点

本案例中的关键点在于掌握蓝牙低功耗协议栈的有关概念，特别是协议栈中 GATT 层的定义，理解“服务—特征—值”的关系，才能够设计出正确的自定义服务注册功能。

7. 建议课堂计划

本案例教学宜安排在讲解蓝牙低功耗技术有关概念、Python 程序设计、Vue. js 程序设计后开展。可根据实验设备的数量安排每组 3～5 人共同完成该案例的项目设计，并引导学生对案例功能进行有意义的改进，激发学生的创新意识。建议学时为 15 学时。

8. 相关附件

本案例功能的有关源码已分享至学习通，可通过以下链接访问下载。

https://pan-yz.chaoxing.com/external/m/file/761775685191184384

案例10　智能家居系统

——基于 Wi-Fi 的温度信息采集

案例正文

作者：刘华（石家庄学院）

内容提要：案例介绍了通过家庭 Wi-Fi 环境，使 Wi-Fi 局域网内手机上的微信小程序连接智能家居环境中的 Wi-Fi 控制模块，并通过小程序的操作界面发送基于 UDP 的控制命令，查询当前室内温度数据。案例选择以乐鑫 ESP32-WROOM-32 开发板为基于 Wi-Fi 局域网的 UDP 通信主控模块，外接 DS18B20 温度传感器采集温度信息，同时外接 1602LCD 显示屏实时显示室内温度。选用 uni-App 作为微信小程序的开发框架，以 HBuilder X 3.4.18 作为 uni-App 开发 IDE。

关键词：智能家居、Wi-Fi、温度传感器、UDP 通信

1. 引言

温度信息的采集与显示是智能家居系统中最常见的功能。目前比较常见的应用场景是温度传感器通过 GPIO 将采集到的温度数据发送至单片机，单片机内部经过数据处理后，将温度数据通过 I^2C 接口实时发送至 LCD 显示屏或 OLED 显示屏上，同时利用 SoC 集成的无线射频芯片将数据发送至无线网络的数据应用终端。

本案例介绍了 ESP32 如何获取 DS18B20 温度传感器的数据，并开启 ESP32 的无线 STA 功能，连接至家庭局域网 Wi-Fi 路由器后，在连接至家庭 Wi-Fi 路由器的手机上通过微信小程序以 UDP 协议向 ESP32 发送获取温度命令，ESP32 接收到命令后将采集到的温度值通过 UDP 协议反馈到微信小程序界面中。

2. 相关背景

Wi-Fi（Wireless Fidelity）是一种将电子终端设备以无线方式互相连接的局域网通信技术。Wi-Fi 技术基于 IEEE 802.11 标准，该标准是由电气和电子工程师协会（IEEE）定义的无线局域网通信标准，通过定义一个媒体访问控制层（MAC）和数个物理层（PHY）规范标准为便携式、可移动终端设备建立局域网无线连接。

Wi-Fi 技术具有短距传输、高速率等特点，率先在手机、笔记本电脑等消费级电子终端设备上实现大规模应用，并逐步向物联网、虚拟现实等应用场景渗透。

近年来，Wi-Fi 技术逐步拓展应用市场，向智能家居、智慧城市、智能制造等物

联网应用场景渗透，其中，Wi－Fi 技术在智能家居场景的应用推广步伐较快。Wi－Fi 技术具有短距传输、高速率等特点，能迎合智能家居场景的应用需求。

据 Wi－Fi 联盟官方网站上的文章《Wi－Fi© 物联网的优势》（https://www.wi-fi.org/download.php?file=/sites/default/files/private/IoT _ Highlights _ 20220713 _ Simplified _ Chinese.pdf）一文中描述："预计到 2025 年，Wi－Fi 将连接 270 台物联网设备，而这些设备的性能及延迟要求各不相同，对于这种情况 Wi－Fi 具备很强的优势。Wi－Fi 广泛的功能和其作为全球标准而扩散的情况，使其在应用于这些物联网产品、应用和用例时更加独特。Wi－Fi 具备很多核心竞争力，这将使它能够在几乎所有的物联网环境中发挥作用，无论是在单独的情况下，还是与更多的专业协议和技术一起。"

3. 主题内容

本案例中主要涉及 ESP32 获取 DS18B20 所采集的温度数据，并在 1602LCD 上进行显示的功能开发，以及 ESP32 接入家庭 Wi－Fi 网络环境功能开发。

（1）ESP32 DEVKIT V1 开发板连接 DS18B20 采集温度数据。

ESP32 DEVKIT V1 开发板的具体介绍请参考案例 9 的正文内容。DS18B20 是美国 DALLAS 半导体公司推出的第一片支持"一线总线"接口的温度传感器，它具有微型化、低功耗、高性能、抗干扰能力强、易配微处理器等优点，可直接将温度转化成数字信号供处理器处理（案例图 10－1）。DS18B20 的电压范围为 3.0～5.5 V，测量的温度范围是－55℃～125℃，在－10℃～85℃范围内精度为±0.5℃。可编程分辨率为 9～12 位，对应的可分辨温度分别为 0.5℃、0.25℃、0.125℃和 0.0625℃。单总线意味着没有时钟线，只有一根通信线。单总线读写数据是靠控制起始时间和采样时间来完成，因此时序要求很严格，这也是 DS18B20 驱动编程的难点。

案例图 10－1　DS18B20 **引脚图（左）、俯视图（中）、实物图（右）**

针对"一线总线"式的数据通信，MicroPython 有专门的 API，只需要根据实际连接的 GPIO 修改 pin 的编号即可。MicroPython 官网针对一线总线驱动的示例代码（http://docs.micropython.org/en/latest/esp32/quickref.html#onewire-driver）如案例图 10－2 所示，图片中还指出针对 DS18B20，MicroPython 有专用的驱动代码。本案例中选择将 DS18B20 的 DQ 与 ESP32 DEVKIT V1 开发板的 GPIO13 连接，因为 DS18B20

要求工作电压为 5V，所以 VDD 必须接在 ESP32 DEVKIT V1 的 VIN 引脚才行（VIN 引脚位置见案例图 9-3），GND 连接在 ESP32 DEVKIT V1 的任意一个 GND 即可。

OneWire driver

The OneWire driver is implemented in software and works on all pins:

```
from machine import Pin
import onewire

ow = onewire.OneWire(Pin(12)) # create a OneWire bus on GPIO12
ow.scan()               # return a list of devices on the bus
ow.reset()              # reset the bus
ow.readbyte()           # read a byte
ow.writebyte(0x12)      # write a byte on the bus
ow.write('123')         # write bytes on the bus
ow.select_rom(b'12345678') # select a specific device by its ROM code
```

There is a specific driver for DS18S20 and DS18B20 devices:

```
import time, ds18x20
ds = ds18x20.DS18X20(ow)
roms = ds.scan()
ds.convert_temp()
time.sleep_ms(750)
for rom in roms:
    print(ds.read_temp(rom))
```

案例图 10－2　MicroPython **官网中** OneWire driver **示例代码以及针对** DS18B20 **的专用驱动代码**

（2）通过 1602LCD 显示输出温度数据。

1602LCD 是指可以一行显示 16 个字符，一共可以显示 2 行的液晶模块（案例图 10－3）。该模块主要用来显示字符和数字，目前市面上大多采用 HD44780 液晶芯片来制作这样的 LCD 屏幕。为了减少接线，市面上售卖的 1602LCD 液晶屏模块会加载 I²C 的转接口，实际使用时只需要 4 根线即可。这 4 根线分别是 GND、VCC、SDA 和 SCL。其中 GND 需要接在 ESP32 DEVKIT V1 的 GND 端，VCC 要求供电电压为 5V，因此必须接在 ESP32 DEVKIT V1 的 VIN 引脚（VIN 引脚位置见案例图 9－3）。DS18B20 和 1602LCD 与 ESP32 DEVKIT V1 的电路接线见案例图 10－4。

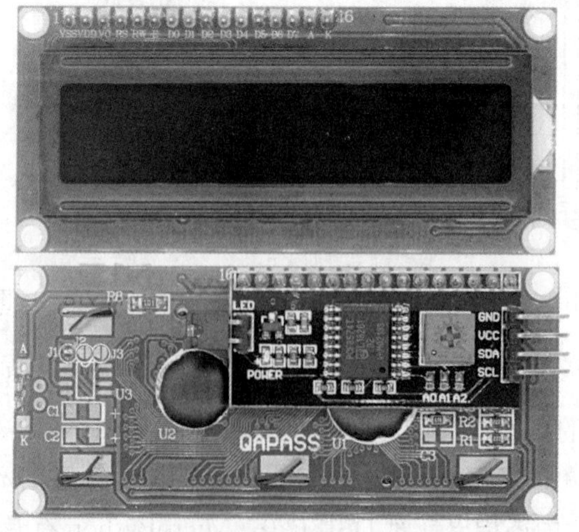

案例图 10－3　**带** I²C **转接口的** 1602LCD **实物正面及反面图**

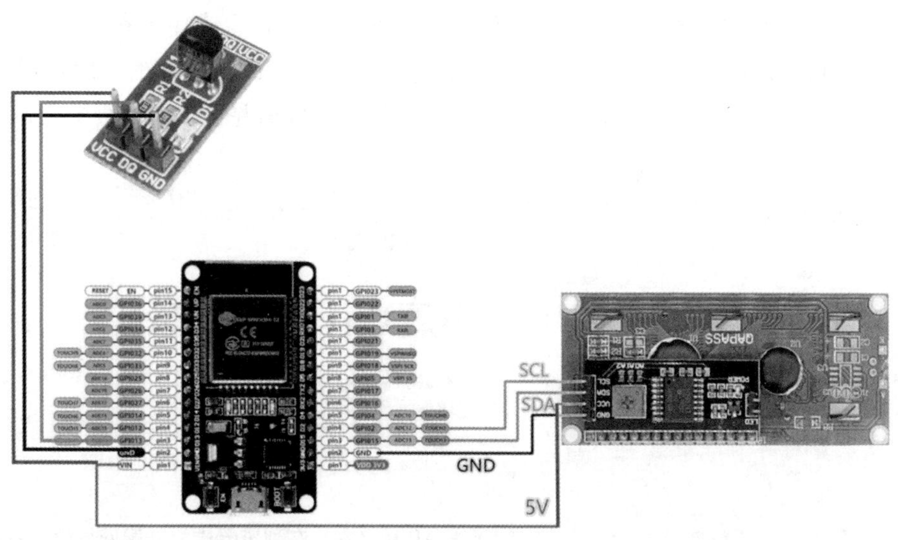

案例图 10－4　DS18B20、1602LCD 和 ESP32 DEVKIT V1 引脚连接示意图

为了实现连续的温度数据采集和显示，需要利用 ESP32 内部的定时器实现每秒检测一次温度并进行显示。运行后的实际效果如案例图 10－5 所示。

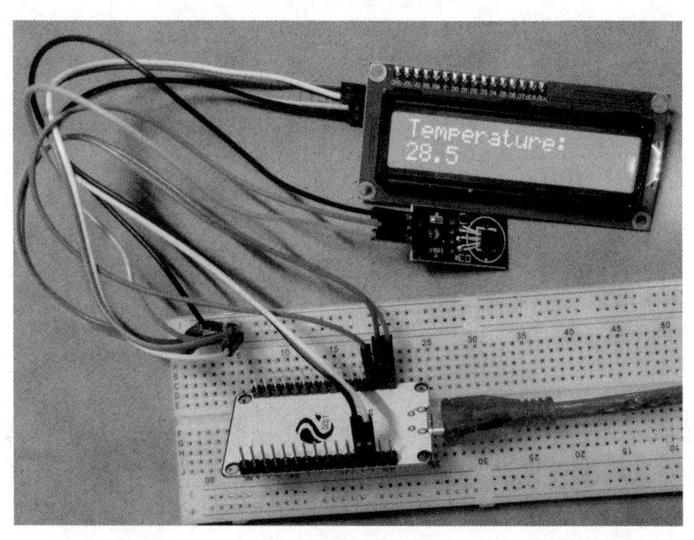

案例图 10－5　DS18B20、1602LCD 和 ESP32 DEVKIT V1 温度采集显示效果

（3）ESP32 接入家庭 Wi－Fi 局域网网络环境。

具有 Wi－Fi 功能的设备必须连接到家庭 Wi－Fi 网络环境中的无线接入点，也就是 AP 设备才能上网。但是很多具有 Wi－Fi 联网功能的智能家居设备由于无法提供无线网络接入的操作界面，需要人为通过手机 App 的界面或者网页界面对其进行配网设置。

本案例采用通过 MicroPython 编写 ESP32 的配网代码，实现当 ESP32 设备上电时，自动创建一个名称为“ESP32TEMP”的无线热点，通过手机连接至该热点后（案例图 10－6 左），可以在手机浏览器中输入“192.168.4.1”进入网络配置页面（案例图

10－6 右），在网页中输入家庭 Wi－Fi 路由器的 SSID 和密码后连接至家庭 Wi－Fi 网络中。连接成功后即可在网页中显示 ESP32 设备的 IP 地址，以及当前的温度数据（案例图 10－7）。点击“查询温度”链接可以查询当前的温度数据并显示在网页中。

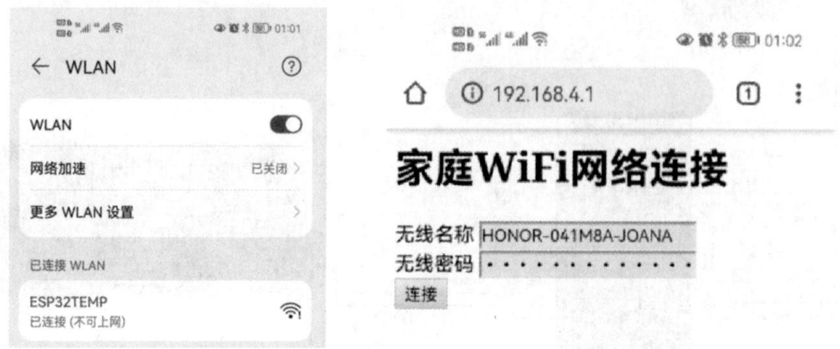

案例图 10－6　手机连接 ESP32TEMP 的无线 AP 后（左）在浏览器端打开配网界面（右）

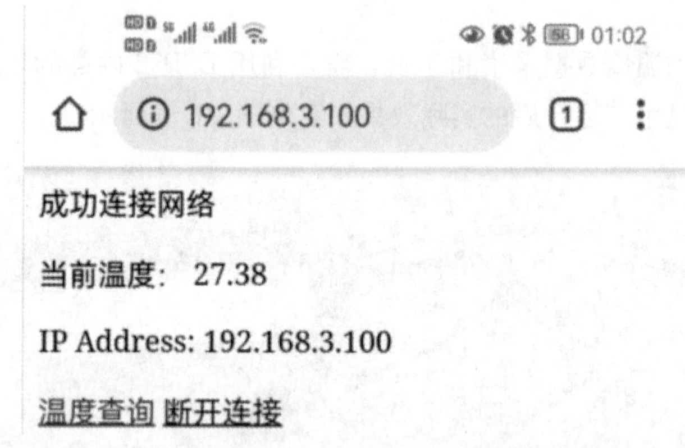

案例图 10－7　配网成功后在浏览器端查看到的温度数据展示效果

4. 结尾

本案例中选取的 ESP32、DS18B20 和 1602LCD 都属于价格较低的硬件产品，另外 MicroPython 针对这些硬件提供的功能完备的 API 是实现本案例快速开发并实现功能的关键所在。

案例教学使用说明

1. 教学目的与用途

基于 Wi－Fi 网络环境的智能家居产品逐步走进普通家庭，例如可以联网的冰箱、电视、空调、热水器等。这些家用电器的智能化让很多学生在未学习物联网相关知识之前就已经有了一定的体验。讲授基于 Wi－Fi 的智能家居设备功能开发，有利于学生在自身感性认识的基础上过渡到对功能实现原理和开发步骤学习的理性认识。

利用 MicroPython 编写能够运行在 ESP32 上的 Web 服务，实现了通过手机浏览器的网页进行 ESP32 的配网功能、实时查看温度数据的功能，让学生在学习了单片机、Python 语言、计算机网络、HTTP 协议后将这些知识融合进行综合项目的设计与开发，有利于学生建立物联网工程项目开发的思维，提升工程项目设计的能力。

2. 启发思考题

（1）什么是 Wi－Fi？

（2）ESP32 支持哪些 Wi－Fi 设备模式？

（3）什么是 ssid？

（4）什么是 Socket？

（5）如何利用 MicroPython 编写一个 TCP 服务器？

（6）HTTP 协议中 Header 的作用是什么？

（7）ESP32 有几个 Timer，如何编写一个每秒触发一次的定时功能？

3. 分析思路

（1）ESP32 DEVKIT V1 开发板连接 DS18B20 采集温度数据。

DS18B20 是“一线总线”驱动的芯片，MicroPython 针对 ESP32 需要获取 DS18B20 的数据封装了专门的“OneWire driver”，实际开发时只需要修改“OneWire driver”示例代码中 pin 的编号即可。

（2）通过 1602LCD 显示输出温度数据。

网络平台中有人已经编写好了 ESP32 操作 1602LCD 显示屏的 MicroPython 源码，我们只需要把文件复制到 ESP32 中，并在功能代码里指定 import 具体的类即可。这两个文件分别是“lcd _ api. py”和“esp32 _ i2c _ 1602lcd. py”。

（3）ESP32 接入家庭 Wi－Fi 局域网网络环境。

这部分功能实现比较复杂，主要分成三部分进行设计：

①ESP32 作为 AP 时的功能；

②ESP32 作为 STA 时的功能；

③ESP32 作为 Web 服务器返回网页信息的功能开发。

4. 理论依据与分析

该案例需要学生掌握 HTTP 协议、Socket 的有关概念，并能正确理解 ESP32 作为 Wi－Fi 智能设备的核心控制芯片，其基于 Wi－Fi 网络应用功能的设计方法。

5. 背景信息

智能家居是物联网工程项目应用中与学生日常生活关联最多的应用案例，学生在学习了单片机、Python 语言、计算机网络、HTTP 协议后，利用智能家居项目的拓展训练可以帮助自己提高对物联网工程应用项目的分析、设计与开发能力。

6. 关键点

本案例的关键点在于掌握 Socket 的有关概念，特别是 HTTP 协议中 Header 的作用，Socket 的连接，监听，数据发送以及反馈等知识，然后才能设计出正确的 Web

服务。

7. 建议课堂计划

本案例教学宜安排在讲解单片机、Python 语言、计算机网络、HTTP 协议后开展。可根据实验设备的数量安排每组 3～5 人共同完成该案例的项目设计，并引导学生对案例功能进行有意义的改进，激发学生的创新意识。建议学时为 15 学时。

8. 相关附件

本案例功能的有关源码已分享至学习通，可通过以下链接访问下载。

https://pan-yz.chaoxing.com/external/m/file/761775685191184384